# 天府肉羊
## 候选功能基因及分子标记辅助选择育种研究

汪代华　主编

中国农业科学技术出版社

### 图书在版编目（CIP）数据

天府肉羊候选功能基因及分子标记辅助选择育种研究 / 汪代华主编. -- 北京：中国农业科学技术出版社，2025.1. -- ISBN 978-7-5116-7176-9

Ⅰ. S827

中国国家版本馆CIP数据核字第2024EF5597号

| | |
|---|---|
| 责任编辑 | 贺可香 |
| 责任校对 | 李向荣 |
| 责任印制 | 姜义伟　王思文 |

| | |
|---|---|
| 出 版 者 | 中国农业科学技术出版社 |
| | 北京市中关村南大街12号　邮编：100081 |
| 电　　话 | （010）82106638（编辑室）　　（010）82106624（发行部） |
| | （010）82109709（读者服务部） |
| 网　　址 | https://castp.caas.cn |
| 经 销 者 | 各地新华书店 |
| 印 刷 者 | 北京捷迅佳彩印刷有限公司 |
| 开　　本 | 185 mm×260 mm　1/16 |
| 印　　张 | 14.5 |
| 字　　数 | 380千字 |
| 版　　次 | 2025年1月第1版　2025年1月第1次印刷 |
| 定　　价 | 88.00元 |

◆ 版权所有·侵权必究 ◆

# 《天府肉羊候选功能基因及分子标记辅助选择育种研究》

## 编委会

主　　编：汪代华

副 主 编：马基斯　陈浩林　郑程莉

参编人员：徐　胜　李文艳　任　彦　叶明伟　张　珂
　　　　　韦宏伟　黄　磊　姜　淦　赵伯阳　郑程莉
　　　　　陈浩林　云志彬　徐洪刚　吴婷婷　范　亮
　　　　　马基斯　万　璐　王念璐　黄建文　张毫其
　　　　　魏　聪　俎　国　余俊旭　杜　坤　赵云川
　　　　　李利君　陈兴莲

技术顾问：徐刚毅

# 前 言

肉羊产业是保障羊肉供给、增加农牧民收入、促进乡村振兴的重要产业。近年来，我国肉羊产业发展持续向好，生产水平逐步提升，产业提质增效成效明显。随着人们生活水平的提高和消费观念的改变，羊肉不仅在民族地区具有不可替代的作用，因其蛋白质含量高、胆固醇含量低、肉质鲜嫩，在广大城乡居民日常消费中也越来越受欢迎，消费量呈上升趋势。为加快推进肉羊产业高质量发展，2021年农业农村部制定了《全国羊遗传改良计划（2021—2035年）》，强调科技自立自强、种源自主可控；支持以提高生产性能和产品品质为主攻方向培育优良肉羊品种，形成了从源头上提高我国肉羊自给率的政策路径，开创了肉羊育种的新局面。

天府肉羊是正在培育的肉用山羊新品种，其杂交组合和新品系分别于2006年和2010年通过四川省科技厅成果鉴定，表现出肉用性能突出、耐粗饲、适合规模舍饲的优势，具有肉质细嫩、大理石纹好、膻味轻的特点。为加快天府肉羊的选育进程，课题组在完成"天府肉羊新品系培育及关键配套技术研究"的基础上，重点以天府肉羊候选功能基因及分子标记辅助选择为主要研究方向，通过探索取得了一些初步成效，为后续的深入研究奠定了基础。本专著收集整理了课题组带领研究生团队在"十二""十三五"及部分"十四五"期间取得的研究成果，内容涉及天府肉羊生长发育、肌肉品质、脂肪酸代谢候选基因的克隆、多态性、组织表达以及与相关性状的关联性分析。因编者水平有限，生物育种技术发展日新月异，新的技术手段不断涌现，不妥之处敬请同行们批评指正。

本研究得到国家现代肉羊产业技术体系、四川省畜禽育种科技攻关、四川省青年基金等项目的支持；试验过程中得到四川农业大学张红平教授、李利教授的指导；研究工作得到绵阳师范学院生命科学与技术学院、绵阳市农业农村局、盐亭县农业农村局等单位的支持；本书的出版与发行得到绵阳吉羊农牧科技有限公司的大力支持，在此一并致谢。

编 者
2024年5月

# 目录

## 第一章　生产性能候选基因研究 ………………………………………………………… 1

### 第一节　Myf5基因多态性及其与天府肉羊生长性状的关联性分析 ………………… 1
### 第二节　MyoG基因多态性及其与天府肉羊生长性状的关联性分析 ………………… 6
### 第三节　天府肉羊MYOZ2、MYOZ3基因克隆及在肌肉组织和部分器官中的表达分析 ……………………………………………………………………………… 11
### 第四节　天府肉羊Akirin基因克隆、生物信息学分析及其组织表达规律研究 …… 20
### 第五节　天府肉羊Akirin基因调控肌卫星细胞增殖及分化机制研究 ……………… 28
### 第六节　天府肉羊BTG1基因的克隆及其组织表达分析 ……………………………… 41
### 第七节　天府肉羊TCAP基因的克隆及其组织表达分析 ……………………………… 48
### 第八节　PRLR基因多态性及其与天府肉羊产羔数的相关性分析 …………………… 55
### 第九节　PRL、PL基因多态性与天府肉羊产羔数及哺乳期产奶量的关联性分析 … 61

## 第二章　肌肉品质候选基因研究 ………………………………………………………… 69

### 第一节　天府肉羊CAPN1基因的克隆及其在不同组织中的表达分析 ……………… 69
### 第二节　天府肉羊CAST基因克隆、组织表达及其多态性与肌肉品质的关联性分析 …………………………………………………………………………… 76
### 第三节　天府肉羊CAST基因Ⅱ型转录本的克隆及其在不同组织中的表达分析 … 85
### 第四节　天府肉羊TNNT1基因的克隆及其在不同组织的表达分析 ………………… 92
### 第五节　天府肉羊TNNT2、TNNI2基因克隆及组织表达分析 ……………………… 98
### 第六节　天府肉羊TNNI1、TNNI3基因克隆及组织表达分析 ……………………… 106
### 第七节　天府肉羊TNNT3基因的克隆及其在不同组织中的表达分析 ……………… 117
### 第八节　天府肉羊TNNC1、TNNC2基因的克隆及其在不同组织中的表达分析 … 121

| 第九节 | 天府肉羊*Pax3*、*Pax7*基因克隆及表达特性研究 | 128 |

## 第三章 脂肪酸代谢候选基因研究 ········ 136

| 第一节 | 天府肉羊*H-FABP*、*L-FABP*基因克隆、组织表达及其与肌内脂肪的关联性分析 ········ 136 |
| 第二节 | 天府肉羊*A-FABP*基因克隆、序列分析及其与肌内脂肪含量的相关性分析 ········ 147 |
| 第三节 | 天府肉羊*FAM134B*基因克隆、序列分析及其与肌内脂肪含量的相关性分析 ········ 155 |
| 第四节 | 天府肉羊*PID1*基因克隆、组织表达及其与肌内脂肪含量关系研究 ··· 164 |
| 第五节 | 天府肉羊*MYLPF*基因克隆、组织表达及其与肌内脂肪含量关系研究 ··· 173 |
| 第六节 | 天府肉羊*SCD1*基因在肌肉中的表达及与棕榈油酸和油酸含量的相关性分析 ········ 181 |
| 第七节 | 天府肉羊*LPL*基因在不同组织及年龄阶段的表达情况分析 ········ 193 |
| 第八节 | 天府肉羊*CTSD*、*CSTB*基因克隆及其组织表达分析 ········ 197 |
| 第九节 | 天府肉羊*CTSL*、*CTSH*和*CTSF*基因克隆及其在部分组织器官中的表达分析 ········ 208 |

**参考文献** ········ 222

# 第一章

## 生产性能候选基因研究

### 第一节 *Myf*5基因多态性及其与天府肉羊生长性状的关联性分析

生肌因子5（Myogenic factor 5，*Myf*5）是哺乳动物在胚胎时期调控肌细胞增殖、分化、与肌纤维数量和大小密切相关的调节因子，是生肌调节因子家族（*MRFs*）的一个成员，该家族还包括*MyoD*、*Myf*4和*Myf*6。研究表明，*Myf*5是在胚胎肌发育时肌祖细胞中最早被诱导表达的因子，接着*MyoD*和*Myf*4几乎同时表达，而*Myf*6在肌管成熟的时期表达。当*Myf*5缺失时，所引起的肌形成障碍可被随后表达的*MyoD*代偿；当两者都缺失时，则成肌细胞和分化的骨骼肌细胞都不出现。基因敲除试验表明，缺乏*MyoD*和*Myf*5基因的小鼠不能形成肌肉。鉴于*Myf*5基因是与畜禽肌肉生长发育密切相关的功能基因，本试验以天府肉羊为研究对象，克隆其*Myf*5基因相关目的片段，通过PCR-SSCP技术和基因测序技术，结合群体遗传学、生物统计学的方法，分析天府肉羊*Myf*5基因的多态性及其不同基因型与体重、体尺等生产性状的关联性，为下一步利用分子标记辅助选择（MAS）进行天府肉羊育种提供依据。

### 一、试验材料与方法

#### （一）试验材料

在天府肉羊育种基地随机选取天府肉羊145只，每个个体采血2.0 mL，用于DNA提取及*Myf*5基因目的片段克隆。收集整理试验羊从出生到24月龄的体重、体高、体长、胸围和管围测定数据，用于基因型与生产性状的关联性分析。

## (二)试验方法

### 1. DNA提取及 Myf5 基因目的片段克隆

采用酚-氯仿法提取基因组DNA,用1%琼脂糖凝胶电泳对提取的DNA进行纯度和浓度检测。参照张海军等(2007)的研究设计引物,扩增 Myf5 基因外显子1区域。用1%琼脂糖凝胶电泳进行PCR扩增产物检测。对出现单一且明亮的条带,大小也与预期一致、特异性较好的扩增产物保存于4 ℃的冰箱中,待PCR-SSCP用(表1-1)。

表1-1 Myf5 基因PCR扩增的引物序列

| 引物 | 序列(5′→3′) | 片段大小(bp) | 退火温度(℃) |
|---|---|---|---|
| Myf5 | F:5′-TGGACATGATGGACGGCT-3′<br>R:5′-CATGCCATCAGAGCAACTTG-3′ | 500 | 61.5 |

采用10 μL PCR反应体系,其中2×Master(含$Mg^{2+}$,dNTP,Tag DNA Polymerase)5 μL、上游引物(PF:10 pmol/μL)0.3 μL、下游引物(PR:10 pmol/μL)0.3 μL、模板DNA 1.0 μL、dd$H_2O$ 3.4 μL。PCR扩增程序如表1-2所示。

表1-2 Myf5 基因引物的PCR扩增程序

| 引物 | 预变性 | 变性 | 退火 | 延伸 | 循环数 | 延伸 |
|---|---|---|---|---|---|---|
| Myf5 | 94 ℃、5 min | 94 ℃、30 s | 61.5 ℃、30 s | 72 ℃、40 s | 38 | 72 ℃、10 min |

### 2. PCR扩增产物的PCR-SSCP分析及基因型判定

采用10%聚丙烯酰胺凝胶对PCR扩增产物进行电泳,使用硝酸银染色,用凝胶成像系统拍照并做好记录。根据显色条带的相对位置和数目判断基因型。将不同基因型所对应的DNA样品挑选出来,送上海英骏生物技术有限公司进行序列测定,采用单向(5′→3′)测序方法,用最终所得序列与已有的序列进行比对,找到碱基发生突变的具体位置。

### 3. 数据处理与统计分析

利用SAS 8.3软件GLM过程进行最小二乘方差分析,试验数据以平均值±标准误表示,计算基因型和基因频率,对所发现的突变位点与天府肉羊各年龄阶段的体重、体尺性状进行统计分析。统计分析模型如下:

$$y_{ijk}=\mu+G_i+A_j+C_k+e_{ijk}$$

式中，$y_{ijk}$为个体生长性状的观测值，$\mu$为生长性状的群体均值，$G_i$为基因型效应，$A_j$为年龄效应，$C_k$为场效应，$e_{ijk}$为随机残差效应。

## 二、试验结果与分析

### （一）PCR-SSCP结果检测及基因型分布

对$Myf$5基因PCR扩增产物用1%琼脂糖凝胶电泳进行检测，片段长度约为500 bp，与预期大小相一致，没有非特异性扩增条带，可以进行SSCP分析（图1-1）。

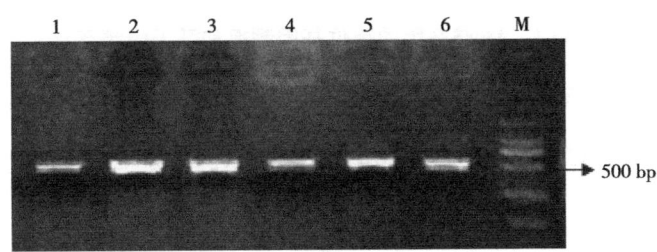

**图1-1　$Myf$5基因PCR产物**

注：1~6为PCR扩增产物，M为Marker DL2000。

通过SSCP分析发现扩增片段有特异性条带，用10%的聚丙烯酰胺凝胶进行检测分析发现3种基因型，分别为AA、AB和BB型（图1-2）。

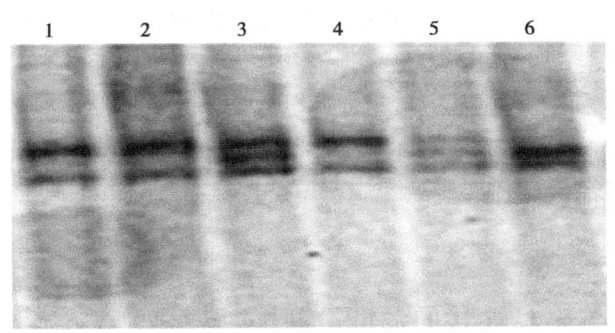

**图1-2　$Myf$5扩增片段的SSCP分析**

注：1、2、4为AA型，3、5为AB型，6为BB型。

将$Myf$5基因外显子1位点两种纯合基因型AA、BB的PCR扩增产物送至上海英骏生物技术有限公司直接测序。将2个纯合型测序结果与GeneBank上的序列用DNAman软件进行比对，结果发现：在外显子1区域第328碱基处有A→C突变，由此导致等位基因A突变为等位基因B，同时也增加了一个HaeⅢ酶切位点（图1-3）。

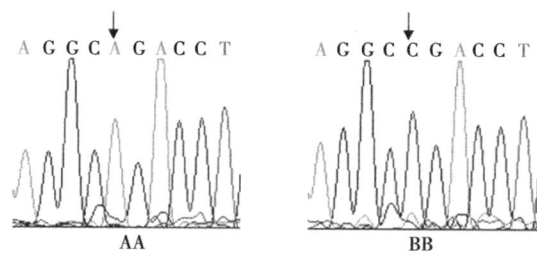

图1-3 天府肉羊Myf5等位基因A与B序列比较

进一步分析表明，AA、AB和BB基因型频率表现为AA>AB>BB；等位基因频率表现为A>B。对该位点的基因频率进行卡方检验，差异极显著（$P<0.01$）（表1-3）。

表1-3 Myf5基因的等位基因频率和基因型频率

| 基因型频率 | | | 基因频率 | | $\chi^2$值 |
|---|---|---|---|---|---|
| AA | AB | BB | A | B | |
| 0.552（80） | 0.276（40） | 0.172（25） | 0.690 | 0.310 | 70.862** |

注：括号内的数字是个体数；**表示不处于Hardy-Weinberg平衡状态（$P<0.01$）。

对Myf5基因多态性进行了统计分析，结果表明（表1-4），其多态信息含量为0.34，属于中度多态（$0.25<PIC<0.5$）。

表1-4 Myf5基因多态位点的遗传特性

| 品种 | 纯合度Ho | 杂合度He | 有效等位基因Ne | 多态信息含量PIC |
|---|---|---|---|---|
| 天府肉羊 | 0.57 | 0.43 | 1.75 | 0.34 |

注：$0.25<PIC<0.5$为中度多态。

## （二）基因型与生长性状的关联分析

计算各基因型天府肉羊的体重、体长、体高、胸围和管围的最小二乘均值及标准误，结果表明（表1-5），各基因型对天府肉羊各阶段的体长、体高和胸围的影响均不显著（$P>0.05$）；出生重、12月龄体重AA型显著高于BB型（$P<0.05$），AB型与AA和BB型均不显著；6月龄、9月龄和24月龄的体重AA型和AB型均极显著高于BB型（$P<0.01$）；6月龄、9月龄的管围AA型显著高于BB型（$P<0.05$）；12月龄和24月龄的管围AA型和AB型均极显著高于BB型（$P<0.01$）。

表1-5 天府肉羊 $Myf5$ 基因座的不同基因型与生长性状的关联分析

| 月龄 | 基因型 | 体重（kg） | 体长（cm） | 体高（cm） | 胸围（cm） | 管围（cm） |
|---|---|---|---|---|---|---|
| 初生重 | AA | $3.34 \pm 0.07^a$ | | | | |
| | AB | $3.25 \pm 0.09^{ab}$ | | | | |
| | BB | $3.04 \pm 0.12^b$ | | | | |
| 6月龄 | AA | $25.66 \pm 0.19^A$ | $59.67 \pm 0.36$ | $54.11 \pm 0.29$ | $62.39 \pm 0.32$ | $6.74 \pm 0.04^a$ |
| | AB | $25.33 \pm 0.26^{AB}$ | $59.37 \pm 0.50$ | $53.81 \pm 0.41$ | $61.35 \pm 0.45$ | $6.66 \pm 0.05^{ab}$ |
| | BB | $24.61 \pm 0.33^B$ | $58.95 \pm 0.64$ | $53.58 \pm 0.52$ | $60.98 \pm 0.57$ | $6.56 \pm 0.07^b$ |
| 9月龄 | AA | $35.28 \pm 0.29^A$ | $63.31 \pm 0.24$ | $58.48 \pm 0.61$ | $73.01 \pm 0.23$ | $7.02 \pm 0.04^a$ |
| | AB | $34.01 \pm 0.41^A$ | $63.69 \pm 0.34$ | $57.82 \pm 0.87$ | $72.68 \pm 0.33$ | $6.92 \pm 0.06^a$ |
| | BB | $32.54 \pm 0.51^B$ | $62.98 \pm 0.43$ | $57.36 \pm 1.09$ | $71.92 \pm 0.41$ | $6.75 \pm 0.08^b$ |
| 12月龄 | AA | $42.39 \pm 0.29^a$ | $69.51 \pm 0.32$ | $63.00 \pm 0.32$ | $75.71 \pm 0.33$ | $7.79 \pm 0.05^a$ |
| | AB | $41.08 \pm 0.40^{ab}$ | $69.16 \pm 0.45$ | $62.26 \pm 0.46$ | $74.99 \pm 0.47$ | $7.69 \pm 0.07^a$ |
| | BB | $40.91 \pm 0.51^b$ | $68.77 \pm 0.57$ | $61.82 \pm 0.58$ | $74.40 \pm 0.60$ | $7.39 \pm 0.09^b$ |
| 24月龄 | AA | $53.01 \pm 0.36^A$ | $72.94 \pm 0.26$ | $67.15 \pm 0.41$ | $83.89 \pm 0.36$ | $8.76 \pm 0.05^a$ |
| | AB | $52.26 \pm 0.51^A$ | $72.38 \pm 0.36$ | $66.77 \pm 0.59$ | $83.05 \pm 0.51$ | $8.61 \pm 0.07^a$ |
| | BB | $50.02 \pm 0.64^B$ | $72.08 \pm 0.46$ | $65.61 \pm 0.74$ | $82.32 \pm 0.65$ | $8.48 \pm 0.09^b$ |

注：同一列数据肩标有不同小写字母表示差异显著（$0.01<P<0.05$）；不同大写字母表示差异极显著（$P<0.01$）。

## 三、主要研究结论

本研究发现，天府肉羊 $Myf5$ 基因第1外显子第328位发生 A→C 突变，检测到A、B共2个等位基因以及AA、AB、BB共3种基因型。A等位基因频率为0.69，B等位基因频率为0.310。从所有的检测个体来看，在两种等位基因中A等位基因频率具有优势。适合性检验结果显示，天府肉羊 $Myf5$ 基因多态位点极显著偏离了Hardy-Weinberg平衡（$P<0.01$）。不同基因型与体重、体尺等生长性状指标的相关性分析结果表明：天府肉羊群体内AA型和AB型个体在各个年龄阶段的体重和管围均显著或极显著大于BB型，而群体内不同基因型在体长、体高和胸围上无显著差异（$P>0.05$）。本试验结果显示，$Myf5$ 基因的A等位基因作为优势等位基因，对天府肉羊的生长性状表现出显著的影响，可以作为候选基因进一步扩大样本群体数量进行深入研究。

# 第二节 *MyoG*基因多态性及其与天府肉羊生长性状的关联性分析

肌细胞生成素（myogenin，*MyoG*）是生肌调节因子家族中最重要的成员之一，在肌细胞的形成过程中起着关键的调控作用。在1989年，Wright等研究表明：*MyoG*基因的表达具有控制成肌细胞融合起始、促使成肌细胞增殖的作用，可以使单核成肌细胞转变成为多核的肌纤维。在该基因家族中，*MyoG*基因在所有骨骼肌细胞系中均有表达，是骨骼肌分化所必需的因子，它控制着整个肌肉的发育过程。从前体肌细胞的定型、增殖及肌纤维的形成，直到个体出生后的成熟和功能的完善过程中都有*MyoG*基因的参与，其功能不可被其他生肌调节因子所代替。Buckingham等（2001）在*MyoG*基因敲除试验中研究表明，*MyoG*基因直接与骨骼肌纤维数目、肌肉组织相关，是重要的功能基因。

鉴于*MyoG*基因在肌细胞形成过程中的重要作用，本试验以天府肉羊为研究对象，克隆其*MyoG*基因相关目的片段，通过PCR-SSCP技术和基因测序技术，结合群体遗传学、生物统计学的方法，分析天府肉羊*MyoG*基因的多态性及其不同基因型与体重和体尺等生产性状的关联性，为下一步利用分子标记辅助选择（MAS）进行天府肉羊育种提供依据。

## 一、试验材料与方法

### （一）试验材料

在天府肉羊育种基地随机选取天府肉羊145只，每个个体采血2.0 mL，用于DNA的提取及*MyoG*基因目的片段克隆。收集、整理试验羊从出生到24月龄的体重、体高、体长、胸围和管围测定数据，用于基因型与生产性状的关联性分析。

### （二）试验方法

1. DNA提取及*MyoG*基因目的片段克隆

采用酚—氯仿法提取基因组DNA，用1%琼脂糖凝胶电泳对提取的DNA进行纯度和浓度检测。参照刘永斌等（2007）研究的设计引物，扩增*MyoG*基因第1外显子区域；参照GenBank登录号DQ453548序列设计引物，扩增*MyoG*基因包含第1外显子和第1内含子部分序列的区域（表1-6）。

表1-6　*MyoG*基因的PCR扩增的引物序列

| 引物 | 序列（5→3） | 片段大小（bp） | 退火温度（℃） |
|---|---|---|---|
| P1 | F：5′-TCCACCTCCAGGGCTTTGA-3′<br>R：5′-TGCAGGCGCTCTATGTACTG-3′ | 325 | 57.8 |
| P2 | F：5′-CCAAAGTGGAGATC-3′<br>R：5′-TAGACCTGTCGGAGT-3′ | 184 | 59.4 |

采用10 μL PCR反应体系，其中2×Master（含$Mg^{2+}$，dNTP，Tag DNA Polymerase）5 μL、上游引物（PF：10 pmol/μL）0.3 μL、下游引物（PR：10 pmol/μL）0.3 μL、模板DNA 1.0 μL、dd$H_2O$ 3.4 μL。PCR反应条件见表1-7。

表1-7　*MyoG*基因引物PCR扩增程序

| 引物 | 预变性 | 变性 | 退火 | 延伸 | 循环数 | 延伸 |
|---|---|---|---|---|---|---|
| P1 | 94 ℃、4 min | 94 ℃、40 s | 57.8 ℃、40 s | 72 ℃、40 s | 40 | 72 ℃、8 min |
| P2 | 94 ℃、4 min | 94 ℃、30 s | 59.4 ℃、30 s | 72 ℃、30 s | 35 | 72 ℃、8 min |

**2. PCR扩增产物的PCR-SSCP分析及基因型判定**

采用10%聚丙烯酰胺凝胶对PCR扩增产物进行电泳，使用硝酸银染色，用凝胶成像系统拍照并做好记录。根据显色条带的相对位置和数目判断基因型。将不同基因型所对应的DNA样品挑选出来，送上海英骏生物技术有限公司进行序列测定，采用单向（5′→3′）测序方法，用最终所得序列与已有的序列进行比对，找到碱基发生突变的具体位置。

**3. 数据处理与统计分析**

利用SAS 8.3软件GLM过程进行最小二乘方差分析，试验数据以平均值±标准误表示，计算基因型和基因频率，对所发现的突变位点与天府肉羊各年龄阶段的体重、体尺性状进行统计分析。统计分析模型如下：

$$y_{ijk}=\mu+G_i+A_j+C_k+e_{ijk}$$

式中，$y_{ijk}$为个体生长性状的观测值，$\mu$为生长性状的群体均值，$G_i$为基因型效应，$A_j$为年龄效应，$C_k$为场效应，$e_{ijk}$为随机残差效应。

## 二、试验结果与分析

### （一）PCR-SSCP结果检测及基因型分布

对*MyoG*基因PCR扩增产物用1%琼脂糖凝胶电泳进行检测，片段长度与预期大小相一致，没有非特异性扩增条带，可以进行SSCP分析（图1-4、图1-5）。

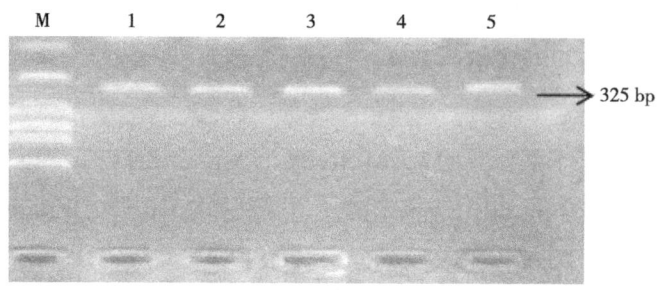

**图1-4　引物1的PCR产物（1%）**

注：1～5PCR扩增产物，M为Marker DL2000。

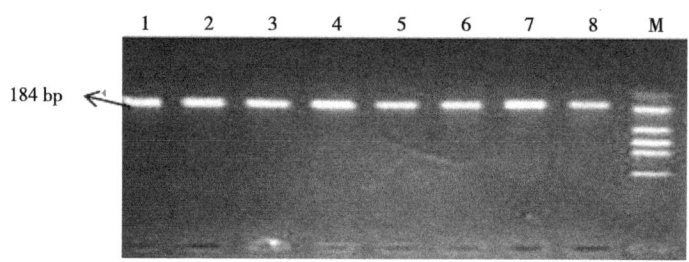

**图1-5　引物2的PCR产物（1%）**

注：1～8为PCR扩增产物，M为Marker DL2000。

对两对引物扩增的PCR产物进行SSCP分析，发现引物P2扩增片段有特异性条带，可分为3种基因型：EE、EF和FF型；引物P1未发现特异性条带（图1-6、图1-7）。

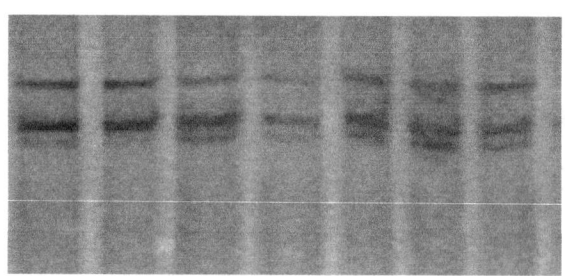

**图1-6　引物1扩增片段的SSCP分析**

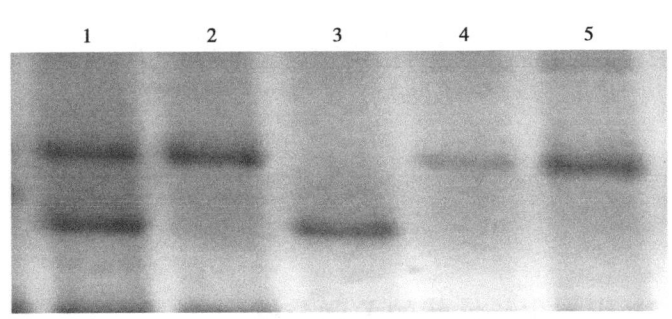

**图1-7 引物2扩增片段的SSCP分析**

注：2、4、5为EE型，1为EF型，3为FF型。

对 *MyoG* 基因的引物P2电泳结果中的两种纯合基因型EE、FF的PCR扩增产物送至上海英骏生物技术有限公司直接测序。将2个纯合型测序结果与GeneBank上的序列（登录号：DQ453548）用DNAman软件进行比对，结果发现：在内含子1区域第422碱基处有C→T突变，由此导致等位基因E突变为等位基因F（图1-8）。

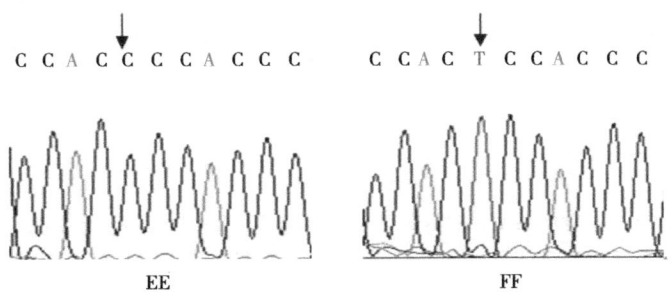

**图1-8 天府肉羊 *MyoG* 等位基因E和F序列比较**

进一步分析发现（表1-8），EE、EF和FF基因型频率表现为EE>EF>FF；等位基因频率E>F。对该位点的基因频率进行卡方检验，差异极显著（$P<0.01$）。

表1-8 *MyoG* 基因的等位基因频率和基因型频率

| 基因型频率 | | | 基因频率 | | $\chi^2$值 |
| --- | --- | --- | --- | --- | --- |
| EE | EF | FF | E | F | |
| 0.614（89） | 0.303（44） | 0.083（12） | 0.766 | 0.234 | 104.186** |

注：括号内的数字是个体数；**表示不处于Hardy-Weinberg平衡状态（$P<0.01$）。

对 *MyoG* 基因多态性进行了统计分析（表1-9），多态信息含量为0.30，均属于中度多态（$0.25<PIC<0.5$）。

表1-9 *MyoG*基因多态位点的遗传特性

| 品种 | 纯合度Ho | 杂合度He | 有效等位基因Ne | 多态信息含量PIC |
|---|---|---|---|---|
| 天府肉羊 | 0.64 | 0.36 | 1.56 | 0.30 |

注：0.25<PIC<0.5为中度多态。

## （二）*MyoG*基因与生长性状的关联分析

计算各基因型天府肉羊体重、体长、体高、胸围和管围的最小二乘均值及标准误，结果表明（表1-10）：EE型和EF型的初生重均极显著高于FF型（$P<0.01$）；在6月龄阶段中，EE型和EF型的体重和胸围均显著高于FF型的体重和胸围（$P<0.05$），EE型的管围极显著高于FF型（$P<0.01$），EF型显著高于FF型（$P<0.05$）；在9月龄阶段中，EE型和EF型的管围显著高于FF型（$P<0.05$），其他性状与基因型之间没有显著相关关系；在12月龄阶段中，EE型的体高显著高于FF型（$P<0.05$），EF型与它们均不显著（$P>0.05$），这个阶段的体重、体长、管围在各基因型间无显著相关关系（$P>0.05$）；在24月龄阶段中，EE型的体重显著高于EF型和FF型（$P<0.05$）；EE型和EF型的管围极显著高于FF型（$P<0.01$）；体长、体高和胸围在各基因型间无显著相关关系（$P>0.05$）。

表1-10 天府肉羊*MyoG*基因座的不同基因型与生长性状的关联分析

| 月龄 | 基因型 | 体重（kg） | 体长（cm） | 体高（cm） | 胸围（cm） | 管围（cm） |
|---|---|---|---|---|---|---|
| 初生重 | EE | 3.44 ± 0.05[A] | | | | |
|  | EF | 3.35 ± 0.08[A] | | | | |
|  | FF | 2.88 ± 0.14[B] | | | | |
| 6月龄 | EE | 24.02 ± 0.34[a] | 59.07 ± 0.29 | 54.10 ± 0.28 | 60.71 ± 0.46[a] | 6.71 ± 0.04[Aa] |
|  | EF | 23.92 ± 0.48[a] | 58.91 ± 0.41 | 53.89 ± 0.40 | 60.59 ± 0.48[a] | 6.70 ± 0.06[a] |
|  | FF | 21.47 ± 0.92[b] | 58.78 ± 0.78 | 53.34 ± 0.77 | 58.53 ± 0.92[b] | 6.42 ± 0.11[Bb] |
| 9月龄 | EE | 34.06 ± 0.40 | 62.44 ± 0.32 | 57.83 ± 0.36 | 71.18 ± 0.57 | 7.00 ± 0.05[a] |
|  | EF | 33.34 ± 0.57 | 62.78 ± 0.46 | 57.69 ± 0.51 | 70.70 ± 0.81 | 6.91 ± 0.07[a] |
|  | FF | 32.24 ± 1.08 | 62.30 ± 0.88 | 57.40 ± 0.97 | 69.95 ± 1.56 | 6.55 ± 0.12[b] |
| 12月龄 | EE | 41.13 ± 0.47 | 69.42 ± 0.30 | 61.24 ± 0.31[a] | 74.19 ± 0.35[A] | 7.78 ± 0.05 |
|  | EF | 40.09 ± 0.66 | 68.77 ± 0.43 | 60.66 ± 0.45[ab] | 73.78 ± 0.49[A] | 7.73 ± 0.07 |
|  | FF | 39.14 ± 1.27 | 68.55 ± 0.82 | 59.08 ± 0.85[b] | 69.63 ± 0.94[B] | 7.66 ± 0.13 |

(续表)

| 月龄 | 基因型 | 体重（kg） | 体长（cm） | 体高（cm） | 胸围（cm） | 管围（cm） |
|---|---|---|---|---|---|---|
| 24月龄 | EE | 51.60 ± 0.61$^a$ | 73.01 ± 0.41 | 66.15 ± 0.34 | 82.01 ± 0.41 | 8.75 ± 0.05$^A$ |
| | EF | 50.49 ± 0.86$^b$ | 72.81 ± 0.58 | 65.48 ± 0.48 | 81.59 ± 0.59 | 8.70 ± 0.07$^A$ |
| | FF | 49.82 ± 1.65$^b$ | 71.99 ± 1.11 | 65.16 ± 0.92 | 81.23 ± 1.13 | 8.27 ± 0.13$^B$ |

注：同一列数据肩标有不同小写字母表示差异显著（$0.01<P<0.05$）；不同大写字母表示差异极显著（$P<0.01$）。

### 三、主要研究结论

本研究发现，天府肉羊 MyoG 基因第1内含子第422碱基处有 C→T 突变，检测到 E、F 2个等位基因，以及 EE、EF、FF 3种基因型。E 等位基因频率为0.766，F 等位基因频率为0.234。从所有的检测个体来看，在两种等位基因中的 E 等位基因频率具有优势。适合性检验结果显示，天府肉羊 MyoG 基因多态位点极显著偏离了 Hardy-Weinberg 平衡（$P<0.01$）。不同基因型与体重、体尺等生长性状指标相关性分析的结果表明：天府肉羊群体内 EE 型和 EF 型个体在各个年龄阶段的体重、体高、胸围和管围均显著或极显著大于 FF 型（$P<0.01$，$P<0.05$）。储明星等（2005）采用 PCR-SSCP 技术分析 MyoG 基因外显子1在小尾寒羊、湖羊、多赛特羊和萨福克羊4个绵羊品种中的多态性研究表明，在 MyoG 基因 cDNA 第183碱基处发生了 C→T 突变，形成了3种基因型，其中以 AA 基因型频率最高，A 等位基因频率均明显高于 B 等位基因。高勤学等（2005）对猪 MyoG 进行 PCR-RFLP 分型发现有3种基因型（MM、MN、NN），其中 M 等位基因为优势基因；在对不同基因型与猪生长性能和肌纤维数目的相关性分析中发现，NN 基因型猪的初生重显著高于其他基因型猪（$P<0.05$）。本试验提示，MyoG 基因不同基因型天府肉羊个体的生长性状表现出显著差异，可以作为候选基因进一步扩大样本群体数量进行深入研究。

## 第三节　天府肉羊 *MYOZ2*、*MYOZ3* 基因克隆及在肌肉组织和部分器官中的表达分析

钙调磷酸酶肌小节结合蛋白家族（MYOZs）又称为 FATZs 家族或 Calsarcin 家族，

是一个与钙调磷酸酶结合的具有横纹肌特异性的蛋白家族。该基因家族包括 *myozenin*-1（*MYOZ1*，*FATZ-1*，*CS-2*）、*myozenin-2*（*MYOZ2*，*FATZ-2*，*CS-1*，*C4orf*5）和 *myozenin*-3（*MYOZ3*，*FATZ-3*，*CS-3*）三个成员。在成年的动物组织中，*MYOZ1*、*MYOZ3* 基因在快肌组织中表达丰富，而 *MYOZ2* 基因则在慢肌组织和心肌中含量丰富。研究表明，*MYOZs* 基因可以参与肌细胞内 $Ca^{2+}$ 的调控，进而调节肌纤维类型的转变，其中 *MYOZ2*、*MYOZ3* 基因已经成为影响畜禽肉质性状的重要候选基因。

本试验以天府肉羊为研究对象，通过克隆天府肉羊 *MYOZ2*、*MYOZ3* 基因，并测定其在不同组织、不同时期的表达量及变化情况，为进一步研究 *MYOZ2*、*MYOZ3* 基因在天府肉羊肌纤维分化上的作用机制奠定试验基础。

## 一、试验材料与方法

### （一）试验材料

选择5个不同生长阶段（1 d、75 d、150 d、225 d、300 d）的健康的天府肉羊共25只，每个生长阶段5只，采用常规方法进行屠宰。屠宰后，立即采取心肌，肝脏、脾脏、肺、肾脏、股二头肌、腹肌、背最长肌和比目鱼肌组织的样品。将采集的样品用贴好标签的样品袋装好，并用锡箔纸包好后，迅速置于液氮罐中，立即带回实验室中于-80 ℃超低温冰箱中保存，用于总RNA和总蛋白质的提取。

### （二）试验方法

1. 基因引物设计

参考NCBI数据库提供的猪、牛和绵羊的 *MYOZ2* 和 *MYOZ3* 基因序列，设计克隆天府肉羊 *MYOZ2* 和 *MYOZ3* 基因的特异引物。选择 *GAPDH*（甘油醛-3-磷酸脱氢酶）基因作为内参基因并设计出合适的内参定量引物，使用荧光定量的方法判断组织是否有 *MYOZ2*、*MYOZ3* 基因和内参基因表达，并对组织 *MYOZ2* 和 *MYOZ3* 基因表达的丰度进行相对定量。利用软件Primer5.0与DNAman进行引物设计，经分析、筛选后确定基因引物（表1-11）。

表1-11 *MYOZ2*、*MYOZ3* 和 *GAPDH* 基因的引物信息

| 引物名称 | 引物序列（5'-3'） | 片段长度（bp） | 用途 |
|---|---|---|---|
| *MYOZ2*-1F | 5'-TGAAAAGCAAGGGAACAA-3' | 806 | 克隆 |
| *MYOZ2*-1R | 5'-TGTCGCACATACAACTTT-3' | | |

(续表)

| 引物名称 | 引物序列（5'-3'） | 片段长度（bp） | 用途 |
|---|---|---|---|
| *MYOZ2*-2F | 5'-TAAGATGCGACAAAGAAGAT-3' | 155 | 荧光定量 |
| *MYOZ2*-2R | 5'-TAGGAGGAGTAAATGGTGCT-3' | | |
| *GAPDH*-F | 5'-GTCACCAACTGGGACGACA-3' | 118 | 荧光定量 |
| *GAPDH*-R | 5'-AGGCGTACAGGGACAGCA-3' | | |
| *MYOZ3*-1F | 5'-CCCCACTCTAGGCACTAAGGATA-3' | 827 | 克隆 |
| *MYOZ3*-1R | 5'-TGAGGGAAGTGAAGGTGC-3' | | |
| *MYOZ3*-2F | 5'-CTGGGCAAGAAACTGAGCG-3' | 254 | 荧光定量 |
| *MYOZ3*-2R | 5'-GAGGCGGGATAGATGTGGAG-3' | | |

### 2. RT-PCR扩增与基因克隆

按照"组织样总RNA的抽取→总RNA的质量与浓度检测→cDNA第一条链的合成→目的基因克隆→目的基因与载体连接→连接产物感受态细胞转化→阳性克隆筛选及测序"流程，首先参照宝生物工程（大连）有限公司RNAisoPlus试剂盒所提供的试验方法进行天府肉羊组织样品的总RNA的提取，在凝胶成像系统检测观察RNA条带的完整性，用核酸蛋白分析仪测定提取的总RNA浓度，再按照宝生物工程（大连）有限公司生产的PrimeScipt™ RT reagent Kit（DRR037A）反转录试剂盒说明书进行反转录合成cDNA。以cDNA为模板，分别加入设计合成的引物*MYOZ2*-1和*MYOZ3*-1进行PCR扩增，克隆*MYOZ2*基因和*MYOZ3*基因，将目的基因与pMD19-T载体进行连接反应，将连接产物在感受态细胞中进行转化，选择阳性克隆菌落进行菌液PCR鉴定并送样测序。

### 3. 荧光定量PCR

通过常规PCR反应制备*MYOZ2*-2、*MYOZ3*-2和*GAPDH*标准品，纯化回收PCR扩增产物。将*MYOZ2*、*MYOZ3*和*GAPDH*基因荧光定量PCR的反应体系总体积设为25 μL，其中cDNA模板为天府肉羊不同组织的RNA反转录的cDNA。*MYOZ2*、*MYOZ3*和*GAPDH*基因荧光定量PCR在Bio-RadCFX荧光定量PCR仪上进行。在反应过程中，设定阴性对照（用水代替cDNA为模板）、模板间对照，目的基因的表达均以*GAPDH*基因为对照。将纯化回收得到的PCR扩增产物溶液用EASYDilution依次进行稀释，稀释成$1 \times 10^{-1} \sim 1 \times 10^{-7}$共7个不同的浓度梯度（10倍梯度）。各取不同浓度梯度的溶液1 μL，加入相同的反应体系中，进行同样反应条件的扩增，绘制相应的标准曲线。通过荧光定量PCR系统自动分析得到目的基因*MYOZ2*和*MYOZ3*，以及内参基因*GAPDH*不同组织样品的不同*Ct*值，计算不同组织样品的表达量。

### 4. 蛋白免疫印迹

参照生工生物工程（上海）股份有限公司全蛋白提取试剂盒（BSP003）说明书提取组织总蛋白。按照上海碧云天生物技术有限公司生产的BCA蛋白浓度测定试剂盒，测定组织样蛋白含量。经变性处理后，进行SDS-聚丙酰胺凝胶电泳。待电泳结束后，进行切胶，制备PVDF膜，按滤纸-1、PVDF膜、凝胶和滤纸-2的顺序将滤纸和PVDF膜铺在转膜仪上进行转膜，将含有目的条带的PVDF膜转移到含封闭液的离心管中，进行孵育封闭，再分别进行一抗孵育、二抗孵育，用凝胶成像仪进行显影反应和拍照。

## 二、试验结果与分析

### （一）天府肉羊*MYOZ2*和*MYOZ3*基因的测序结果

测序结果表明，天府肉羊*MYOZ2*基因序列长为856 bp，将此序列信息提交到NCBI在线数据库上，获得天府肉羊*MYOZ2*基因的登录号为JX573191，此序列中包含一个完整的开放阅读框（ORF），其大小为795 bp，可编码264个氨基酸。预测其蛋白质分子式为$C_{1348}H_{2100}N_{370}O_{402}S_9$，蛋白质分子量的大小为30.2 kDa，等电点（pI）为6.99。天府肉羊*MYOZ3*基因序列长为832 bp，将此序列信息提交到NCBI在线数据库上，获得天府肉羊*MYOZ3*基因的登录号为KC537058，其中包含一个完整的开放阅读框（ORF），其大小为735 bp，编码244个氨基酸。预测其蛋白质分子式为$C_{1197}H_{1878}N_{340}O_{354}S_6$，分子量的大小为26.9 kDa，等电点（pI）为8.94。

### （二）天府肉羊*MYOZ2*和*MYOZ3*基因生物信息学分析

#### 1. 天府肉羊*MYOZ2*基因的生物信息学分析

分析结果显示，天府肉羊*MYOZ2*基因与绵羊、牛、猪、人和小鼠的CDS相似性分别为99.5%、98.5%、95.0%、91.8%和86.4%，碱基A、T、C、G的数目分别为275、182、186和117，所占比例分别为34.6%、22.9%、23.4%和19.1%。其中G+C含量（42.52%）略低于A+T的含量（57.48%）。天府肉羊MYOZ2蛋白是非分泌蛋白，不含有信号肽序列，不存在跨膜结构域，无糖基化位点，含有7个Ser磷酸化位点、8个Thr磷酸化位点和4个Tyr磷酸化位点，具有6个特异激酶的磷酸化位点，存在一个保守结构域，该结构域所在位置为MYOZ2蛋白的1~264位氨基酸，属于Calsarcin家族的典型结构域，含有钙调磷酸酶的结合位点。氨基酸序列中无规则卷曲、α-螺旋和延伸片段分别为60.98%、28.79%和10.23%。

#### 2. 天府肉羊*MYOZ3*基因的生物信息学分析

天府肉羊*MYOZ3*基因CDS序列与绵羊、牛、猪、人和小鼠五种不同的哺乳动物的相似性分别为98.5%、96.6%、85.5%、82.8%和74.4%，碱基A（167）、T（121）、C（231）和G（216）的比例分别为22.7%、16.5%、31.4%和29.4%，其中G+C含量（60.82%）明显高于A+T的含量（39.18%）。天府肉羊MYOZ3蛋白含有8个Ser磷酸化位点、6个Thr磷酸化位点和1个Tyr磷酸化位点，具有7个PKC磷酸化位点，不含有信号肽序列，是非分泌蛋白，不含有跨膜结构域，不含有N-糖基化位点和O-糖基化位点。含1个Calsarcin保守结构域，该结构域是Calsarcin家族的典型保守结构域，位于第1~244位氨基酸。MYOZ3蛋白的二级结构仍以无规则卷曲（67.21%）和α-螺旋（27.72%）为主，而延伸片段（11.07%）含量不高。

### （三）天府肉羊*MYOZ2*和*MYOZ3*基因的mRNA表达

1. 天府肉羊*MYOZ2*基因的mRNA表达

本研究结果表明（图1-9）：在300日龄的天府肉羊的8个不同组织中，*MYOZ2*基因在腹肌中的表达含量最高，极显著高于其他组织（$P<0.01$），其次是心肌，极显著高于剩下的6个组织（$P<0.01$），股二头肌和背最长肌也极显著高于肝脏、脾脏、肺、肾脏4个内脏组织（$P<0.01$），同时两者差异极显著（$P<0.01$），肝脏、脾脏、肺和肾脏表达量极其微小，且4个内脏组织之间表达差异不显著（$P>0.05$）。

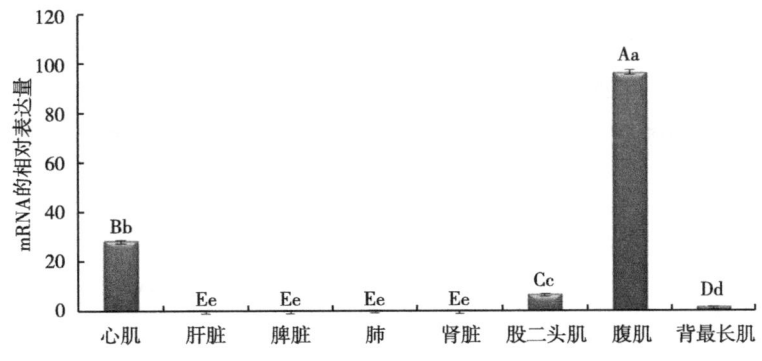

**图1-9 天府肉羊*MYOZ2*基因在不同组织中的相对表达量**

在4种不同的肌肉组织中，*MYOZ2*基因随着日龄的增加而出现不同的变化趋势，其中在心肌中，150 d的表达量最高，极显著高于其他日龄的表达量（$P<0.01$），225 d也是极显著高于1 d、75 d和300 d（$P<0.01$），300 d的表达量最低；在股二头肌中，75 d的表达量极显著高于1 d、150 d、225 d和300 d的表达量（$P<0.01$），225 d的表达量也极显著高于1 d、150 d和300 d的表达量（$P<0.01$），300 d的表达量最低；而在腹肌中，则发现与股二头肌完全相反的变化趋势，其中1 d的表达量极显著高于余下4个生长阶段（$P<0.01$），其次是300 d的表达量，显著高于225 d（$P<0.05$），极显著高于75和150 d（$P<0.01$），150 d显著高于75 d（$P<0.05$），75 d的表达量最低；在背最

长肌中，1 d表达量极显著高于其他日龄的表达量（$P<0.01$），其次是75 d极显著高于150 d、225 d和300 d（$P<0.01$），三者之中以150 d显著高于剩下两个生长阶段的表达量（$P<0.05$），300 d显著高于225 d（$P<0.05$），225 d的表达量最低（图1-10）。

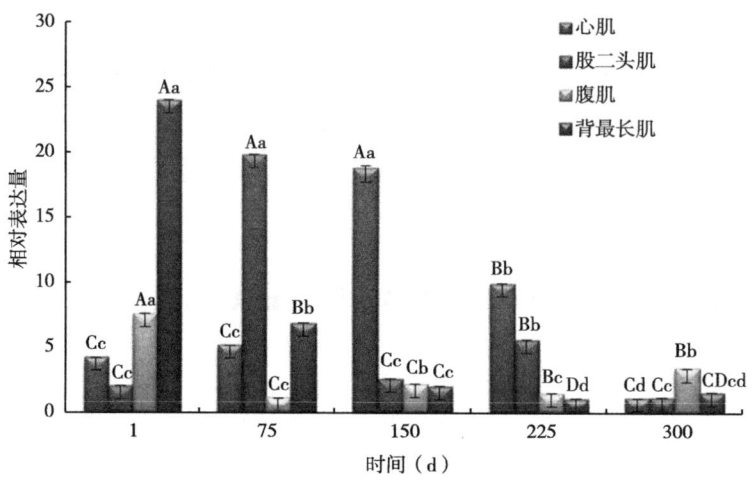

图1-10　天府肉羊*MYOZ2*基因在不同年龄及肌肉组织的相对表达量

**2. 天府肉羊*MYOZ3*基因的mRNA表达**

结果表明（图1-11）：在上述的8个组织中，天府肉羊*MYOZ3*基因在腹肌表达量最高，极显著高于剩下的7个组织（$P<0.01$），股二头肌、肾脏和肺的表达量较高，极显著高于心肌、肝脏、脾脏和背最长肌（$P<0.01$），背最长肌和脾脏中表达较少，两者差异不显著（$P>0.05$），心肌和肝脏几乎不表达，并且两者之间的表达差异不显著（$P>0.05$）。

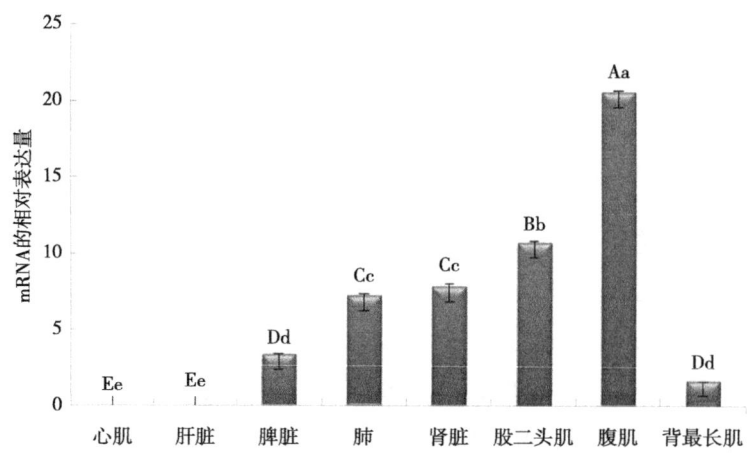

图1-11　天府肉羊*MYOZ3*基因在不同组织中的相对表达量

检测天府肉*MYOZ3*基因在不同生长阶段的不同肌肉组织的表达情况结果表明（图

1-12）：天府肉羊*MYOZ3*基因在不同生长阶段的不同肌肉组织中，表达量变化出现不同的波动。在1～75 d，在心肌、股二头肌和腹肌中*MYOZ3*基因的表达量呈下降趋势，而在背最长肌中则呈上升趋势；然后在75～150 d，所有组织中的*MYOZ3*基因的表达量都呈上升趋势；在150～225 d，*MYOZ3*基因在心肌中表达上升，在其余的三个组织中下降；而在225～300 d时，*MYOZ3*基因的表达量在心肌中下降，其余三个组织中上升。

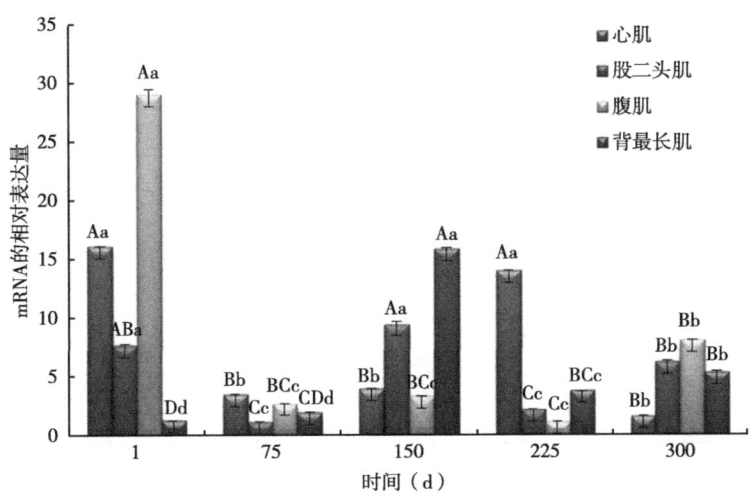

**图1-12　天府肉羊*MYOZ3*基因在不同年龄及肌肉组织的相对表达量**

在心肌的这5个生长阶段中，1 d的表达量最高，其次是225 d，它们之间差异不显著（$P>0.05$），但是极显著高于75 d、150 d和300 d的表达量（$P<0.01$），300 d的表达量最低；在股二头肌中，150 d最高，显著高于1 d（$P<0.05$），极显著高于剩下的三个年龄段（$P<0.01$），三者之中以300 d时的表达量极显著高于75 d和225 d的表达量（$P<0.01$），75 d表达量最低；在腹肌中，1 d的表达量最高，极显著高于其他4个生长阶段（$P<0.01$），其次是300 d的表达量显著高于75 d和150 d（$P<0.05$），极显著高于225 d（$P<0.01$），而75 d和150 d之间差异不显著（$P<0.05$），极显著高于225 d（$P<0.01$），225 d表达量最低；在背最长肌中，150 d的表达量极显著高于剩下的4个生长阶段（$P<0.01$），其次是300 d的表达量显著高于225 d（$P<0.05$），极显著高于1 d和75 d（$P<0.01$），三者之中以225 d的表达量极显著高于1 d和75 d（$P<0.01$），而75 d的表达量极显著高于1 d（$P<0.01$），1 d的表达量最低。

### （四）蛋白质的表达

**1. 天府肉羊MYOZ2蛋白的表达**

在检测的相同日龄的8个不同组织中，心肌、股二头肌、腹肌和背最长肌4个肌肉组织中均检测到了MYOZ2蛋白的表达，而肝脏、脾脏、肺和肾脏4个内脏组织没有检测到，其中股二头肌和腹肌中的表达量明显高于心肌和背最长肌，背最长肌中表达量最低（图1-13）。

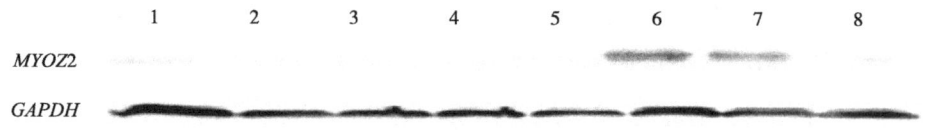

**图1-13　天府肉羊MYOZ2蛋白在不同组织中的表达**

注：1~8分别表示心肌、肝脏、脾脏、肺、肾脏、股二头肌、腹肌和眼肌。

在背最长肌的5个生长发育阶段中，均检测到了MYOZ2蛋白的表达，其中表达量较高的是在1 d、75 d和150 d，225 d的表达量最低；同样，在比目鱼肌的5个日龄中也均检测到了MYOZ2蛋白，其中表达量较高的年龄阶段是150 d、225 d和300 d，而1 d的表达量最低（图1-14）。

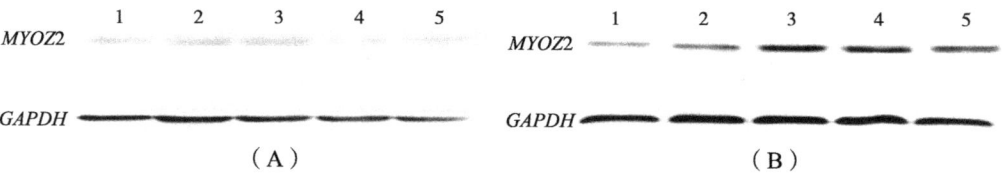

**图1-14　天府肉羊MYOZ2蛋白在不同生长阶段背最长肌和比目鱼肌中的表达**

注：1~5分别代表1 d、75 d、150 d、225 d、300 d 5个不同生长阶段。A、B分别表示MYOZ2蛋白在不同生长阶段的背最长肌和比目鱼肌中的表达。

**2. 天府肉羊MYOZ3蛋白的表达**

在检测300 d的心肌、肝脏、脾脏、肺、肾脏、股二头肌、腹肌和眼肌8个组织中，MYOZ3蛋白存在于心肌、股二头肌、腹肌和背最长肌中，而肝脏、脾脏、肺和肾脏则没有检测到MYOZ3蛋白的表达，与MYOZ2蛋白表达模式相类似的是在股二头肌和腹肌中的表达量也明显高于心肌和背最长肌，但是表达量最低的是心肌（图1-15）。

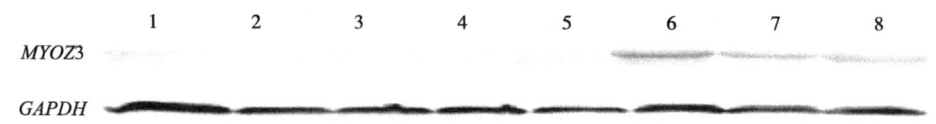

**图1-15　天府肉羊MYOZ3蛋白在不同组织中的表达**

注：1~8分别表示心肌、肝脏、脾脏、肺、肾脏、股二头肌、腹肌和眼肌。

由图1-16可知，无论是背最长肌还是比目鱼肌，5个不同生长阶段都检测到了MYOZ3蛋白的表达；在背最长肌中，随着年龄的不断增加，MYOZ3蛋白表达呈现上升后下降的趋势，其中75 d和150 d的表达量明显高于其他日龄，1 d、225 d和300 d的表达量均很低；在比目鱼肌中，MYOZ3蛋白的表达也随着日龄的增加呈现先上升后下降的变化趋势，但是75 d的表达量相较其他年龄段要高，其次是150 d和225 d，1 d和300 d的表达量较低。

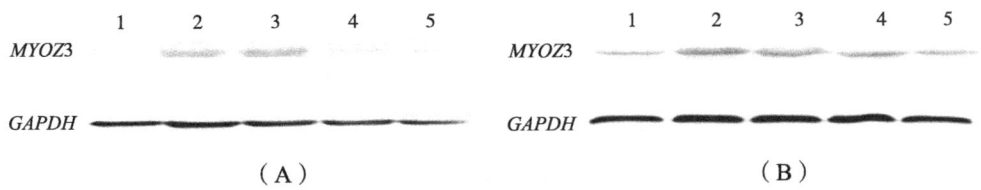

**图1-16　天府肉羊MYOZ3蛋白在不同生长阶段背最长肌和比目鱼肌中的表达**

注：1~5分别代表1 d、75 d、150 d、225 d、300 d 5个不同生长阶段。A、B分别表示MYOZ3蛋白在不同生长阶段的背最长肌和比目鱼肌中的表达。

### 三、主要研究结论

本研究成功获得天府肉羊 *MYOZ2*、*MYOZ3* 基因的cDNA全编码序列，*MYOZ2* 基因序列长806 bp，包含一个长度为795 bp的ORF框，编码264个氨基酸；*MYOZ3* 基因序列长为827 bp，含有一个大小为735 bp的ORF框，编码244个氨基酸。将其提交至NCBI，获得两个基因登录号，分别为JX573191和KC537058。核酸序列和氨基酸序列比对发现，*MYOZ2* 基因较 *MYOZ3* 基因更加保守；系统进化分析发现，*MYOZ2* 进化更早于 *MYOZ3* 基因。蛋白性质和结构分析发现MYOZ2蛋白和MYOZ3蛋白都含有若干个磷酸化位点（MYOZ2含有19个，MYOZ3含有15个），都是亲水蛋白，不含跨膜结构、信号肽序列以及糖基化位点，而且它们具有相同的Calsarcin保守结构域，二级结构上都包含α-螺旋、无规则卷曲及延伸片段三种形式，且以前两者为主。

利用实时荧光定量PCR技术检测 *MYOZ2*、*MYOZ3* 基因在300日龄8个不同组织中的相对表达量结果显示 *MYOZ2* 基因在天府肉羊的腹肌和心肌中有较高水平的表达，股二头肌和背最长肌的表达量较低，而肝脏、脾脏、肺和肾脏的表达量极其微小；*MYOZ3* 基因在腹肌中表达量最高，股二头肌、肾脏、肺、背最长肌和脾脏中的表达量也较高，心肌和肝脏中几乎没有表达。在不同的日龄的4种不同肌肉组织中，*MYOZ2*、*MYOZ3* 基因的表达量变化波动各不相同。

使用蛋白免疫印迹方法检测天府肉羊MYOZ2蛋白和MYOZ3蛋白在300日龄8个不同组织中的表达情况结果显示MYOZ2蛋白和MYOZ3蛋白只在心肌、股二头肌、腹肌和背最长肌中检测到表达，而内脏组织中没有检测到表达，并且它们在股二头肌中表达量明显高于其他组织，但是MYOZ2蛋白在背最长肌中表达最低，而MYOZ3蛋白则是在心肌中表达最低；不同生长阶段的背最长肌和比目鱼肌中都检测到MYOZ2蛋白和MYOZ3蛋白的表达，但是表达的变化趋势各不相同。关于天府肉羊MYOZ2和 *MYOZ3* 基因及其翻译蛋白的功能及机理有待进一步研究。

# 第四节　天府肉羊Akirin基因克隆、生物信息学分析及其组织表达规律研究

Akirin基因是一个具有多种功能、参与多条新陈代谢途径的新基因，其功能与动物胚胎发育、肌内脂肪含量、肌肉受损修复等均有关联。该基因在进化过程中发生了分化，形成2个同源的Akirin1、Akirin2基因。大量的研究表明，Akirin1基因与动物肌肉生长发育有密切的关系，Akirin2基因与肌肉大理石花纹含量显著相关。Akirin1基因位于MyoD、MyoG、p21等肌肉分化标志因子上游，又同时作为肌肉生长负调节因子MSTN的下游基因，可能通过调节肌肉分化标志因子的表达水平参与对动物体肌肉生长分化过程的调节；Akirin2基因由于可能参与调节大理石花纹含量作为提高家畜肉品质的功能候选基因。本研究采用分子克隆技术、荧光定量PCR和WB技术，对天府肉羊Akirin1和Akirin2基因全部编码区序列进行克隆；采用生物信息学相关软件分析了这2个基因序列，并检测两基因在不同时期、不同组织中mRNA和蛋白质的时空表达情况，为进一步探索Akirin1和Akirin2基因及其编码产物在天府肉羊肌肉生长发育和改善肉品质方面的作用机理以及在新品种选育中的应用提供依据。

## 一、试验材料与方法

### （一）试验材料

本试验以天府肉羊作为研究对象，选择饲养条件一致、体况中等、健康、发育正常的5个日龄阶段（1日龄、90日龄、180日龄、270日龄和360日龄）天府肉羊各4只（共20只，公母各半），宰前禁食24 h后禁水2 h，采用常规方法屠宰，屠宰后立即采集所有试验羊只心肌、肝脏、脾脏、肺脏、肾脏、股二头肌、腹直肌和背最长肌的样品，将采集的样品用贴好标签的样品袋装好，并用锡箔纸包好后，迅速置于液氮罐中，并立即带回实验室，并保存于-80 ℃低温冰箱中。

### （二）试验方法

1. 引物设计

为了设计本试验所需的基因克隆引物，选择NCBI在线数据库中绵羊和牛的Akirin1基因序列，以及牛的Akirin2基因序列作为参考，用Primer 5.0软件设计得到Akirin1和

*Akirin*2基因的特异性克隆引物。荧光定量引物参考本试验，克隆得到的两个基因全部CDS区序列设计，并选择*GAPDH*（甘油醛-3-磷酸脱氢酶基因）作为内参基因。经筛选、分析后确定的基因的引物见表1-12。

表1-12 *Akirin*1、*Akirin*2和*GAPDH*引物信息

| 基因 | 引物名称 | 片段长度(bp) | 序列（5'→3'） | 用途 | NCBI登录号 |
| --- | --- | --- | --- | --- | --- |
| *Akirin*1 | *Akirin*1-F | 157 | 5'-ATAGTCGTTATCAGAGGTGGAG-3' | 荧光定量 | KF515991 |
| | *Akirin*1-R | | 5'-TGTCGGAGGGTAAAGGTG-3' | | |
| *Akirin*2 | *Akirin*2-F | 165 | 5'-CTTATTCACTCTACGGCAGGTT-3' | 荧光定量 | KF515992 |
| | *Akirin*2-R | | 5'-TCTCCATATCGTCGCATTATCT-3' | | |
| *GAPDH* | *GAPDH*-F | 118 | 5'-GCAAGTTCCACGGCACAG-3' | 定量对照 | AJ431207 |
| | *GAPDH*-R | | 5'-TCAGCACCAGCATCACCC-3' | | |
| *Akirin*1 | *Akirin*1-f | 482 | 5'-CCTGGTCTTTCAGCGGCAT-3' | 基因克隆 | KF515991 |
| | *Akirin*1-r | | 5'-CTTGAGGTCAAACCTGGTA-3' | | |
| *Akirin*2 | *Akirin*2-f | 660 | 5'-TCCCTTCCCTGACTCCAC-3' | 基因克隆 | KF515992 |
| | *Akirin*2-r | | 5'-CTCAACAAGGAACAAGGC-3' | | |

2. *Akirin*1和*Akirin*2基因cDNA克隆测序

提取组织总RNA，检测总RNA提取质量，加入适量的DEPC水稀释备用。按照宝生物工程（大连）有限公司生产的PrimeScipt™ RT reagent Kit（DRR037A）反转录试剂盒说明书进行反转录合成cDNA。以cDNA为模板，选用*Akirin*1-rf和*Akirin*2-rf引物，进行常规PCR反应。待反应结束，取适量PCR产物，使用电泳仪进行琼脂糖凝胶电泳检测，在紫外线下将含有*Akirin*1和*Akirin*2基因目的片段的胶块切下，参照OMEGA公司的TheE.Z.N.A.®Gel Extraction Kit胶回收试剂盒说明书的操作步骤进行目的片段的纯化回收。将目的片段与pMD19-T载体连接，用感受态细胞进行连接产物转化，观察克隆菌落的实际生长情况，进行蓝白斑显色筛选。最后将含有目的基因克隆片段的菌液送至华大基因科技服务有限公司完成测序。

3. 实时荧光定量PCR

制作*Akirin*1、*Akirin*2、*GAPDH*基因的标准品，用1.5%的琼脂糖凝胶检测扩增产物，扩增效果好的样品用于胶回收，纯化回收DNA。将纯化回收得到的DNA溶液用EASYDilution稀释成$1 \times 10^{-1} \sim 1 \times 10^{-7}$共7个浓度（10倍梯度），制作标准曲线。

4. 蛋白质免疫杂交

提取组织样品总蛋白，按照上海碧云天生物技术有限公司生产的BCA蛋白浓度测定试剂盒的方法测定蛋白含量。用酶标仪测定各样品$A_{562}$的波长，根据获得的不同波长值建立蛋白浓度的标准曲线，计算出待测组织样品的蛋白浓度。经变性处理后，进行SDS-PAGE聚丙酰胺凝胶电泳，当蓝色蛋白条带刚跑出分离胶时终止电泳，进行切胶，制备PVDF膜，按滤纸-1、PVDF膜、凝胶和滤纸-2的顺序将滤纸和PVDF膜铺在转膜仪上进行转膜，将含有目的条带的PVDF膜转移到含封闭液的离心管中，进行孵育封闭；再分别进行一抗孵育、漂洗、二抗孵育、漂洗，将凝胶成像系统调节到合适化学发光和成像条件，用凝胶成像仪进行显影反应和拍照。

## 二、试验结果与分析

### （一）Akirin1和Akirin2基因克隆与序列分析

1. Akirin1基因序列分析

测序结果显示（表1-13），Akirin1基因cDNA序列全长为480 bp，通过NCBI的在线OFRFinder工具得到天府肉羊Akirin1基因最长的开放阅读框为426 bp，共编码141个氨基酸。将天府肉羊Akirin1基因与其他物种进行比对，结果表明克隆的目的片段为天府肉羊Akirin1基因全编码区序列片段，提交序列至GenBank数据库，获得登录号：KF515991。

用DNAman 6.0软件将天府肉羊Akirin1氨基酸序列与其他物种Akirin1氨基酸序列进行比对。结果显示天府肉羊Akirin1氨基酸序列与牛、绵羊、猪、黑猩猩、爵猴、人、虎鲸和小鼠的Akirin1氨基酸序列相似性分别为73.34%、73.51%、72.21%、72.59%、72.25%、72.71%、72.33%和69.40%。使用MEGE 5.10软件构建Akirin1氨基酸序列的分子进化树，结果显示天府肉羊Akirin1与牛和绵羊Akirin1的同源性最高，与斑马鱼Akirin1的同源性最低。

表1-13 天府肉羊Akirin1氨基酸组成

| 氨基酸 | 数量（个） | 比例（%） | 氨基酸 | 数量（个） | 比例（%） |
| --- | --- | --- | --- | --- | --- |
| Ala（A） | 6 | 4.3 | Leu（L） | 10 | 7.1 |
| Arg（R） | 11 | 7.8 | Lys（K） | 8 | 5.7 |
| Asn（N） | 4 | 2.8 | Met（M） | 3 | 2.1 |
| Asp（D） | 4 | 2.8 | Phe（F） | 4 | 2.8 |
| Cys（C） | 3 | 2.1 | Pro（P） | 10 | 7.1 |

（续表）

| 氨基酸 | 数量（个） | 比例（%） | 氨基酸 | 数量（个） | 比例（%） |
| --- | --- | --- | --- | --- | --- |
| Gln（Q） | 12 | 8.5 | Ser（S） | 13 | 9.2 |
| Glu（E） | 13 | 9.2 | Thr（T） | 11 | 7.8 |
| Gly（G） | 5 | 3.5 | Trp（W） | 2 | 1.4 |
| His（H） | 3 | 2.1 | Tyr（Y） | 7 | 5.0 |
| Ile（I） | 7 | 5.0 | Val（V） | 5 | 3.5 |

用ProtParam程序预测显示Akirin1氨基酸化学分子式为$C_{722}H_{1132}N_{206}O_{223}S_6$。Akirin1氨基酸序列含有17个带负电荷的氨基酸残基（Asp+Glu），19个带正电荷的氨基酸残基（Arg+Lys）。在线软件预测的分子量大小为16.8 kDa，等电点为8.44，表示Akirin1氨基酸在生理pH值条件下带正电荷。用NetPhos 2.0在线软件预测天府肉羊Akirin1基因氨基酸序列磷酸化位点发现，天府肉羊Akirin1蛋白含有Ser磷酸化位点、Thr磷酸化位点和Tyr磷酸化位点三种磷酸化位点，共11个，它们的数量分别是5、3和3。利用软件ExPASy-ProtScale预测结果显示，天府肉羊Akirin1氨基酸总平均疏水指数为-0.782，其氨基酸多数是亲水的。

用在线预测软件SignalP-4.1预测天府肉羊Akirin1蛋白信号肽，结果显示：Akirin1蛋白是非分泌蛋白，不含有信号肽序列。利用TMHMM-2在线跨膜结构预测软件发现天府肉羊Akirin1蛋白不存在跨膜结构域，不是跨膜蛋白。通过NetOGlyc 3.1和NetNGlyc 1.0糖基化位点在线预测软件结果表明，天府肉羊Akirin1蛋白无糖基化位点。利用在线预测软件HNN预测Akirin1蛋白的二级结构。结果表明，天府肉羊Akirin1氨基酸序列中主要有无规则卷曲、α-螺旋和延伸片段三种形式，三者所占比例分别为48.36%、47.55%和4.09%。

**2. Akirin2基因克隆序列分析**

测序结果显示，克隆的Akirin2基因cDNA序列全长为660 bp，使用NCBI的在线ORFFinder工具得到Akirin2基因最长的开放阅读框为579 bp，总共编码192个氨基酸。将天府肉羊Akirin2基因与其他物种进行比对，结果表明：克隆的目的片段为天府肉羊Akirin2基因全编码区序列片段，提交序列至GenBank数据库，获得登录号：KF515992。

用DNAman 6.0软件将多个物种Akirin2氨基酸序列与天府肉羊Akirin2氨基酸序列进行比对。结果显示，天府肉羊Akirin2氨基酸序列分别与牛、绵羊、猪、黑猩猩、猕猴、人、大猩猩和小鼠Akirin2氨基酸序列相似性分别为94.09%、94.09%、94.09%、

93.10%、93.10%、93.10%、93.10%和91.04%。天府肉羊Akirin2氨基酸序列和牛的相比，除了在第39～49位缺失11个氨基酸外，两序列的其余氨基酸完全相同。

用MEGA5.10软件构建Akirin2氨基酸的分子系统发育树，结果显示，天府肉羊Akirin2与牛和绵羊Akirin2的同源性最高，与斑马鱼Akirin2的同源性最低。

用ProtParam程序预测显示（表1-14）：Akirin2氨基酸化学分子式为$C_{946}H_{1507}N_{269}O_{290}S_{10}$，Akirin2氨基酸序列含有22个带负电荷的氨基酸残基（Asp+Glu），27个带正电荷的氨基酸残基（Arg+Lys）。在线软件预测得到Akirin2的氨基酸分子量为21.61 kDa，等电点（pI）为8.96。

表1-14　天府肉羊Akirin2蛋白的氨基酸组成

| 氨基酸 | 数量（个） | 比例（%） | 氨基酸 | 数量（个） | 比例（%） |
| --- | --- | --- | --- | --- | --- |
| Ala（A） | 18 | 9.4 | Leu（L） | 18 | 9.4 |
| Arg（R） | 15 | 7.8 | Lys（K） | 12 | 6.2 |
| Asn（N） | 2 | 1.0 | Met（M） | 5 | 2.6 |
| Asp（D） | 7 | 3.6 | Phe（F） | 8 | 4.2 |
| Cys（C） | 5 | 2.6 | Pro（P） | 16 | 8.3 |
| Gin（Q） | 12 | 6.2 | Ser（S） | 19 | 9.9 |
| Glu（E） | 15 | 7.8 | Thr（T） | 13 | 6.8 |
| Gly（G） | 7 | 3.6 | Trp（W） | 0 | 0.0 |
| His（H） | 3 | 1.6 | Tyr（Y） | 7 | 3.6 |
| He(1) | 5 | 2.6 | Vai（V） | 5 | 2.6 |

用NetPhos 2.0在线软件预测天府肉羊Akirin2基因氨基酸序列磷酸化位点发现，天府肉羊Akirin2蛋白含有Ser、Thr和Tyr三种磷酸化位点，共13个，它们的数量分别是7、3和3个位点。

利用软件ExPASy-ProtScale进行预测结果显示，天府肉羊Akirin2氨基酸总平均疏水指数为-0.892，其氨基酸多数是亲水的。用在线预测软件SignalP-4.1预测结果显示Akirin2蛋白是非分泌蛋白，不含有信号肽序列。利用TMHMM-2在线跨膜结构预测软件进行分析发现Akirin2蛋白不存在跨膜结构域，不是跨膜蛋白。

通过NetOGlyc3.1和NetNGlyc1.0糖基化位点在线预测软件预测结果表明天府肉羊Akirin2蛋白无糖基化位点。利用在线预测软件HNN预测Akirin2蛋白的二级结构结果表明，Akirin2氨基酸序列中主要有无规则卷曲、a-螺旋和延伸片段三种形式，三者所占比例分别为49.48%、46.88%和3.65%。

### (二) *Akirin*1和*Akirin*2基因荧光定量PCR结果分析

1. PCR检测及其标准曲线

用荧光定量引物进行常规PCR扩增，用1.5%琼脂糖凝胶电泳检测结果显示，PCR产物条带大小与设计相符且只有一个条带，说明引物可以进行荧光定量PCR扩增。

熔解曲线和标准曲线中，目的基因和内参基因扩增曲线均为单一波峰，没有杂峰，不存在非特异性扩增。*Akirin*1基因（$R^2=0.998$，Efficiency=99.5%）、*Akirin*2基因（$R^2=0.997$，Efficiency=103.6%）和*GAPDH*基因（$R^2=1.000$，Efficiency=103.8%）的效率良好，试验所得到的*Ct*值能够准确地确定反映目的基因和内参基因mRNA的表达情况。

2. *Akirin*1基因mRNA的时空表达

采用RT-qPCR检测心肌、肝脏、脾脏、肺脏、肾脏、股二头肌、腹直肌和背最长肌8个组织在270日龄的天府肉羊中*Akirin*1基因的表达情况，以及1日龄、90日龄、180日龄、270日龄和360日龄这5个年龄段*Akirin*1基因在背最长肌组织中的表达情况，结果显示：270日龄天府肉羊的8个组织样本中均检测到*Akirin*1基因表达，在肺脏和脾脏中检测到的*Akirin*1基因表达水平相对较高，显著高于其他组织（$P<0.05$）；肝脏、肾脏和股二头肌中*Akirin*1基因的表达水平相对较低（$P<0.05$），只有少量的*Akirin*1基因表达在心肌、腹直肌和背最长肌中被检测到（表1-15）。对5个日龄阶段的天府肉羊背最长肌*Akirin*1基因mRNA表达水平进行检测，结果表明：背最长肌中*Akirin*1基因的表达水平先从1日龄到180日龄逐渐升高，然后从180日龄到360日龄逐渐降低；180日龄表达水平极显著高于其余年龄段（$P<0.01$），最低的表达水平出现在360日龄（表1-16）。

表1-15 270日龄天府肉羊各组织中*Akirin*1基因的相对表达量

| 组织 | 心肌 | 肝脏 | 脾脏 | 肺脏 | 肾脏 | 股二头肌 | 腹直肌 | 背最长肌 |
|---|---|---|---|---|---|---|---|---|
| 表达量 | $1.278 \pm 0.037^{Dd}$ | $6.272 \pm 0.649^{Cc}$ | $24.449 \pm 0.809^{Bb}$ | $38.668 \pm 1.604^{Aa}$ | $6.325 \pm 0.282^{Cc}$ | $7.506 \pm 0.448^{Cc}$ | $0.796 \pm 0.448^{Dd}$ | $0.997 \pm 0.003^{Dd}$ |

注：大小写字母分别表示不同组别进行比较差异极显著和差异显著。

表1-16 5个年龄阶段天府肉羊背最长肌中*Akirin*1基因的相对表达量

| 年龄 | 1日龄 | 90日龄 | 180日龄 | 270日龄 | 360日龄 |
|---|---|---|---|---|---|
| 表达量 | $1.274 \pm 0.156^{cd}$ | $1.728 \pm 0.091^{Bc}$ | $6.172 \pm 0.470^{Aa}$ | $2.310 \pm 0.155^{Bb}$ | $1.096 \pm 0.068^{Cd}$ |

注：大小写字母分别表示不同组别进行比较差异极显著和差异显著。

## 3. *Akirin2*基因mRNA的时空表达

用RT-qPCR对360日龄天府肉羊组织中*Akirin2*基因表达水平进行检测。结果显示：肺脏和脾脏中*Akirin2*基因的表达水平相对较高（$P<0.05$），肾脏中*Akirin2*基因的表达水平相对较低（$P<0.05$），肝脏、心肌、腹直肌、股二头肌和背最长肌中只检测到少量的*Akirin2*基因表达（表1-17）。背最长肌中*Akirin2*基因的表达水平先从1日龄到180日龄逐渐升高，然后从180日龄到360日龄逐渐降低；180日龄表达水平显著高于其余年龄段（$P<0.05$），最低的表达水平出现在360日龄（表1-18）。

表1-17　360日龄天府肉羊各组织中*Akirin2*基因的相对表达量

| 组织 | 心肌 | 肝脏 | 脾脏 | 肺脏 | 肾脏 | 股二头肌 | 腹直肌 | 背最长肌 |
|---|---|---|---|---|---|---|---|---|
| 表达量 | $2.238 \pm 1.119^{Dd}$ | $0.369 \pm 0.498^{d}$ | $19.403 \pm 1.143^{Bb}$ | $42.130 \pm 1.211^{Aa}$ | $8.505 \pm 0.762^{Cc}$ | $0.863 \pm 0.229^{De}$ | $1.168 \pm 0.979^{De}$ | $1.024 \pm 0.311^{De}$ |

表1-18　5个日龄天府肉羊背最长肌中*Akirin2*基因的相对表达量

| 日龄 | 1日龄 | 90日龄 | 180日龄 | 270日龄 | 360日龄 |
|---|---|---|---|---|---|
| 表达量 | $9.867 \pm 0.156^{Bc}$ | $13.654 \pm 0.090^{Bb}$ | $35.860\ 4 \pm 0.429^{Aa}$ | $11.506 \pm 0.147^{Bc}$ | $1.482 \pm 0.052^{Cd}$ |

### （三）Akirin1和Akirin2蛋白的时空表达差异

#### 1. Akirin1蛋白的时空表达差异

提取270日龄天府肉羊心肌、肝脏、脾脏、肺脏、肾脏、股二头肌、腹直肌和背最长肌8个组织样品总蛋白。使用Akirin1抗体和内参GAPDH抗体，采用Western Blotting方法检测Akirin1蛋白在同一时期不同组织间的表达水平。Western Blotting检测结果显示，内参蛋白表达水平在肝脏、脾脏、肺脏和肾脏4个内脏组织中基本一致，在心肌、股二头肌、腹直肌和背最长肌组织中基本一致。Akirin1蛋白在同一时期的8个组织中表达水平差异较大，除了肺脏、股二头肌、腹直肌和背最长肌组织有免疫印迹条带以外，心肌、肝脏、脾脏和肾脏都未发现免疫印迹条带。使用蛋白条带灰度定量分析软件检测各条带的累积光密度值，后用目标蛋白条带的光密度值除以内参蛋白条带的光密度值校正误差。

结果显示在4个表达Akirin1蛋白的组织中，由高到低表达量依次为背最长肌>股二头肌>腹直肌>肺脏。背最长肌表达量最高且极显著高于肺脏、股二头肌和腹直肌（$P<0.01$）。

总蛋白提取自5个日龄段天府肉羊背最长肌组织。使用Akirin1抗体和内参GAPDH抗体，采用Western Blotting方法检测Akirin1蛋白在同一组织不同时期的表达水平，Western Blotting检测结果显示，内参蛋白表达水平基本一致，Akirin1蛋白在5个日龄段天府肉羊背最长肌中的表达趋势为：随着日龄的增长Akirin1蛋白表达量先升高后下降；在5个日龄阶段中蛋白表达量最高的时期为180日龄，较高的时期为90日龄和270日龄，最低的时期为1日龄和360日龄（表1-19）。

表1-19　270日龄天府肉羊各8个组织中Akirin1蛋白表达量

| 组织 | 心脏 | 肝脏 | 脾脏 | 肺脏 | 肾脏 | 股二头肌 | 腹直肌 | 背最长肌 |
| --- | --- | --- | --- | --- | --- | --- | --- | --- |
| 表达量 | 0 | 0 | 0 | $0.203 \pm 0.002^c$ | 0 | $1.937 \pm 0.415^B$ | $1.858 \pm 0.116^B$ | $8.389 \pm 1.224^A$ |

2. Akirin2蛋白的时空表达差异

心脏、肝脏、脾脏、肺脏、肾脏、股二头肌、腹直肌和背最长肌组织样品取自360日龄天府肉羊，提取8个组织样品的总蛋白。使用Akirin2抗体和内参GAPDH抗体，采用Western Blotting方法检测Akirin2蛋白在同一时期不同组织的表达水平。检测结果显示，内参蛋白表达水平在肝脏、脾脏、肺脏和肾脏4个内脏组织中基本一致，在心肌、股二头肌、腹直肌和背最长肌4个肌肉组织中基本一致。

在相同时期不同组织中，只有肺脏、股二头肌、腹直肌和背最长肌检测到Akirin2蛋白表达信号，而心脏、肝脏、脾脏和肾脏未检测到表达信号（表1-20）。使用蛋白条带灰度定量分析软件检测各条带的累积光密度值，用目标蛋白条带的光密度值除以内参蛋白条带的光密度值校正误差。灰度扫描结果显示，所有表达组织中背最长肌Akirin2蛋白表达量最高且极显著高于肺脏、股二头肌和腹直肌（$P<0.01$）；股二头肌和腹直肌之间表达量差异不显著（$P>0.05$），但均极显著高于肺脏（$P<0.01$）。

表1-20　360日龄天府肉羊各组织中Akirin2蛋白的相对表达量

| 组织 | 心脏 | 肝脏 | 脾脏 | 肺脏 | 肾脏 | 股二头肌 | 腹直肌 | 背最长肌 |
| --- | --- | --- | --- | --- | --- | --- | --- | --- |
| 表达量 | 0 | 0 | 0 | $0.132 \pm 0.093^c$ | 0 | $1.458 \pm 0.163^b$ | $1.304 \pm 0.014^b$ | $4.301 \pm 1.026^a$ |

## 三、主要研究结论

本试验运用RT-PCR结合克隆测序方法获得天府肉羊Akirin1和Akirin2基因的全编码区序列。Akirin1基因序列长度为480 bp，包括426 bp的开放阅读框，编码141个氨基酸，序列提交NCBI得到登录号KF515991。Akirin1氨基酸序列含有11个磷酸化位点。

系统进化树分析表明：天府肉羊Akirin1基因序列与牛和绵羊的具有较高的相似性。Akirin2基因序列长度为660 bp，包括579 bp的开放阅读框，编码192个氨基酸，序列提交NCBI得到登录号KF515992。Akirin2氨基酸序列含有13个磷酸化位点。系统进化树分析表明：天府肉羊Akirin2基因氨基酸序列和牛的具有较高的相似性。

RT-qPCR检测Akirin1基因在270日龄天府肉羊和Akirin2基因在360日龄天府肉羊8个组织中的表达情况。结果显示：在8个被检测的组织中均有Akirin1和Akirin2基因表达。Akirin1基因表达水平较高的组织为肺脏和脾脏，表达水平较低的组织为肝脏、肾脏和股二头肌；在背最长肌中，Akirin1基因的表达量随着年龄的增加表现为先升高后降低。Akirin2基因高表达组织为肺脏和脾脏，低表达组织为心肌、肝脏、腹直肌、股二头肌和背最长肌；在背最长肌中，Akirin2基因表达量随日龄的增加先上升后下降。

Westren Blotting检测Akirin1蛋白在270日龄天府肉羊与Akirin2蛋白在360日龄天府肉羊8个组织中的表达情况，以及天府肉羊5个日龄阶段背最长肌中Akirin1蛋白表达情况。结果显示Akirin1蛋白只在肺脏、股二头肌、腹直肌和背最长肌组织中表达。在肺脏、股二头肌、腹直肌和背最长肌中检测到Akirin2蛋白的表达，心肌、肝脏、脾脏和肾脏中未检测到Akirin2蛋白的表达。天府肉羊5个日龄段背最长肌中Akirin1蛋白的表达水平随日龄的增加先升高后降低。

本试验对Akirin1和Akirin2基因的表达情况做了初步研究，有待作为提高天府肉羊肌肉品质的功能候选基因进行深入研究。

## 第五节 天府肉羊Akirin基因调控肌卫星细胞增殖及分化机制研究

骨骼肌卫星细胞（SMSCs）是骨骼肌前体细胞，在骨骼肌生长和修复中起着重要作用，SMSCs经历增殖、分化和融合形成新的肌管。在新生肌肉生长过程中，大量的间充质干细胞增殖并与生长的肌纤维融合。这些复杂的过程受肌源性调控因子（MRFs基因家族）的调控，主要包括MyoD、MyoG和Myf5。有研究表明，在骨骼肌发育的早期，Akirin1和Akirin2基因在骨骼肌中表达尤其高，Akirin1基因只能在活化的SMSCs中检测到，提示Akirin1基因可能与SMSCs活化有关。Akirin基因家族在骨骼肌发育的早期可能是必要的，Akirin1和Akirin2基因可能在SMSCs的增殖和分化中发挥作用。本试验以天府肉羊骨骼肌卫星细胞为试验材料，分析Akirin1和Akirin2基因对天府肉羊骨骼肌卫星细胞增殖和分化的影响，为将其作为天府肉羊选育的候选功能基因提供试验参考。

## 一、试验材料与方法

### （一）试验材料

本试验所用骨骼肌卫星细胞，选取1日龄天府肉羊背最长肌分离、纯化并鉴定后冻存的组织。

### （二）试验方法

**1. 提取样品总RNA合成cDNA**

提取样品总RNA，用核酸蛋白检测仪（Smartpec™Plus，Thermo公司，美国）对组织样本总RNA的质量和浓度进行检测。参考反转录试剂盒（PrimeScript™ RT reagent Kit with gDNA Eraser）的说明书进行cDNA合成。

**2. 构建Akirin基因真核表达载体**

参考NCBI中天府肉羊Akirin1基因全部编码区序列（GenBank：KF515991）、Akirin2基因全部编码区序列（GenBank：KF515992），运用Primer Premier6.0软件设计包含限制性内切酶EcoRI和BamHI酶切位点的引物（表1-21）。

表1-21 天府肉羊Akirin基因扩增引物

| 基因 | | 引物序列（5′–3′） | 产物长度（bp） |
| --- | --- | --- | --- |
| Akirin1 | Forward | 5′–CCGGAATTCCCTGGTCTTTCAGCGGCATGG–3′ | 443 |
| | Reverse | 5′–CGCGGATCCCGTCAGGACACATAGCTTGTTGGCCTTG–3′ | |
| Akirin2 | Forward | 5′–CCGGAATTCTCCCTTCCCTGACTCCACC–3′ | 617 |
| | Reverse | 5′–CGCGGATCCCGTCATGAAACATAACTAGCAGGCTG–3′ | |

PCR反应程序如下：95 ℃，5 min；98 ℃，10 s→55 ℃，5 s→72 ℃，40 s（循环35次）；72 ℃，10 min→4 ℃，持续。反应结束后用琼脂糖凝胶电泳检测PCR产物（琼脂糖凝胶的浓度为1.5%）。对PCR扩增片段进行纯化和回收。将目的基因与pMD19-T载体进行连接反应，分别构建天府肉羊pMD19-T-Akirin1、pMD19-T-Akirin2载体，将连接产物在感受态细胞（DH5α）中进行转化，选择阳性克隆菌落进行菌液PCR鉴定并送样测序。将测序正确的菌液用质粒提取试剂盒提取质粒，将提取好的质粒置于-20 ℃冰箱中保存备用。将已经测序鉴定好的天府肉羊pMD19-T-Akirin1、pMD19-T-Akirin2

载体质粒分别和pEGFP-N1空载质粒用限制性内切酶*BamH* I和*EcoR* I双酶切，37 ℃酶切4 h（表1-22）。

表1-22 双酶切反应体系

| 反应体系 | 10 μL |
|---|---|
| 10 × buffer | 1 μL |
| *BamH* I | 0.5 μL |
| *EcoR* I | 0.5 μL |
| 质粒 | 3 μL |
| ddH$_2$O | 5 μL |

酶切完成后回收和纯化双酶切的目的基因片段，以及pEGFP-N1空载。并将回收和纯化双酶切目的基因片段和双酶切的pEGFP-N1空载用T4连接酶进行16 ℃水浴连接16 h，分别构建天府肉羊pEGFP-N1-*Akirin*1、pEGFP-N1-*Akirin*2载体（表1-23）。

表1-23 T$_4$连接酶连接反应体系

| 反应体系 | 用量（μL） |
|---|---|
| 目的片段 | 8 |
| 10 × T4DNA连接酶Buffer | 2.5 |
| pEGFP-N1空载 | 1 |
| T4DNA连接酶 | 1 |
| ddH$_2$O | 12.5 |

将连接好的pEGFP-N1载体在含有Kan的LB培养基中，进行转化进入感受态细胞（DH5α），单克隆阳性菌落挑选和测序。最后，将测序结果正确的菌液扩大培养，并用无内毒素质粒提取试剂盒进行质粒提取。将所提取的质粒参考双酶切反应体系进行双酶切鉴定，然后，将鉴定正确的质粒用核酸蛋白检测仪测定浓度，最后，将测定好浓度的质粒置于-20 ℃冰箱中保存备用。

3. 天府肉羊骨骼肌卫星细胞培养

从液氮罐中取出冻存的天府肉羊骨骼肌卫星细胞冻存管，解冻，进行细胞复苏处理，在细胞培养箱（CO$_2$浓度为5%，37 ℃）中培养，培养24 h后更换新的细胞生长培养基，然后进行细胞传代和骨骼肌卫星细胞诱导分化。

## 4. 天府肉羊pEGFP-N1-*Akirin*载体转染骨骼肌卫星细胞

按照Lipo3000转染试剂说明书进行转染试验,将转染试剂加入已经诱导分化的天府肉羊骨骼肌卫星细胞的六孔板中,六孔板每个孔内分别加入pEGFP-N1-*Akirin*1、pEGFP-N1-*Akirin*2载体质粒2.5 μg,在六孔板中继续培养;在转染后的24 h、48 h、72 h回收细胞样品用于RNA和蛋白的提取。

## 5. 雷帕霉素处理及pEGFP-N1-*Akirin*载体转染骨骼肌卫星细胞

将转染试剂和雷帕霉素(20 ng/mL)加入50%~60%融合的天府肉羊骨骼肌卫星细胞六孔板中,将六孔板在细胞培养箱中继续培养;在转染后24 h回收细胞样品用于RNA和蛋白的提取。

## 6. 实时荧光定量PCR

进行细胞样品RNA的提取及cDNA的合成,参考NCBI中各基因序列采用primer6.0软件设计荧光定量PCR引物(表1-24)。

表1-24 荧光定量PCR所用引物

| 引物名称 | 引物序列(5′–3′) | 产物长度(bp) | 基因登录号 |
| --- | --- | --- | --- |
| *Myf*5-F | 5′–GCAAGAGGAAGTCCACCACCAT–3′ | 180 | NM_001287037.1 |
| *Myf*5-R | 5′–GCAGGCTCTCAATGTAGCGGAT–3′ | | |
| MEF2A-F | 5′–CTCCTACAGGTGGTGGCAGTCT–3′ | 198 | NM_001314231.1 |
| MEF2A-R | 5′–GCAGGCTTGGCGTTGTCACA–3′ | | |
| MEF2B-F | 5′–GCCTGTGAACCCACTGGACTTG–3′ | 126 | JN967622.1 |
| MEF2B-R | 5′–GAGATGGCTCGGCGAGAAGAGA–3′ | | |
| MEF2C-F | 5′–ACACAACATGCCACCGTCCG–3′ | 144 | NM_001314204.1 |
| MEF2C-R | 5′–TCGCTGCCGTCGTAGGAACT–3′ | | |
| MEF2D-F | 5′–CTGAGGTGGACGAGGTGTTTGC–3′ | 188 | NM_001314200.1 |
| MEF2D-R | 5′–GCCGCTGGGATTGCTGAACT–3′ | | |
| mTOR-F | 5′–GGCAGCAATAGCGAGAGTGAGG–3′ | 177 | NM_001285748.1 |
| mTOR-R | 5′–GAGCGTGTCCTGGAGGTTGTTG–3′ | | |
| IGF2-F | 5′–CCTCGTGCTGCTATGCTGCTTA–3′ | 130 | KT445944.1 |
| IGF2-R | 5′–CGTCGGTTTATGCGGCTGGAT–3′ | | |

（续表）

| 引物名称 | 引物序列（5′–3′） | 产物长度（bp） | 基因登录号 |
| --- | --- | --- | --- |
| *MyoD*-F | 5′–CGCAACGCCATCCGCTATATCG–3′ | 186 | JX094434.1 |
| *MyoD*-R | 5′–GTCCATCATGCCGTCGGAACAG–3′ | | |
| *MyoG*-F | 5′–ACTACCTGCCTGTCCACCTCCA–3′ | 183 | NM_001285733.1 |
| *MyoG*-R | 5′–GGTCCACAGACACCGACTTCCT–3′ | | |
| MyHC-F | 5′–GGCTGGCTGGACAAGAACAAGG–3′ | 130 | NM_174117.1 |
| MyHC-R | 5′–TCTTTGGACCGCCCTCTGCTT–3′ | | |
| *GAPDH*-F | 5′–GCAAGTTCCACGGCACAG–3′ | 118 | AJ431207 |
| *GAPDH*-R | 5′–TCAGCACCAGCATCACCC–3′ | | |

7. 目标蛋白免疫印迹杂交（Western Blot）

提取细胞总蛋白：用蛋白浓度测定试剂盒测定样品的蛋白浓度，最后将测定好浓度的蛋白样品分装置于-80 ℃冰箱中保存备用。按Western Blot试验方法步骤实施目标蛋白免疫印迹杂交试验。

8. 细胞活性检测

在96孔板中接种细胞悬液（100 μL/孔），将96孔板放到细胞培养箱中（37 ℃，5%$CO_2$条件下）继续培养，96孔板中的细胞和转染的六孔板细胞同时接种和处理；将96孔板在细胞培养箱内继续孵育4 h；用酶标仪测定样品在450 nm波长处的吸光度。

## 二、试验结果与分析

### （一）*Akirin*1基因对天府肉羊肌卫星细胞增殖与分化的影响

1. 过表达*Akirin*1基因对*MRFs*基因家族表达的影响

荧光定量PCR结果显示：天府肉羊骨骼肌卫星细胞被pEGFP-N1-*Akirin*1质粒和pEGFP-N1空载质粒转染后的24～72 h，*MyoD*和*MyoG*基因的mRNA表达水平逐渐下降到一个较低水平，然而*Myf*5基因的mRNA表达水平缓慢地增加到一个较高水平。过表达*Akirin*1基因并没有显著改变所有时间点上*MyoD*、*MyoG*和*Myf*5基因的mRNA表达水平，仅在转染后的24 h和48 h时分别显著增加（$P<0.05$）了*MyoD*、*Myf*5基因的mRNA表达水平（图1-17）。

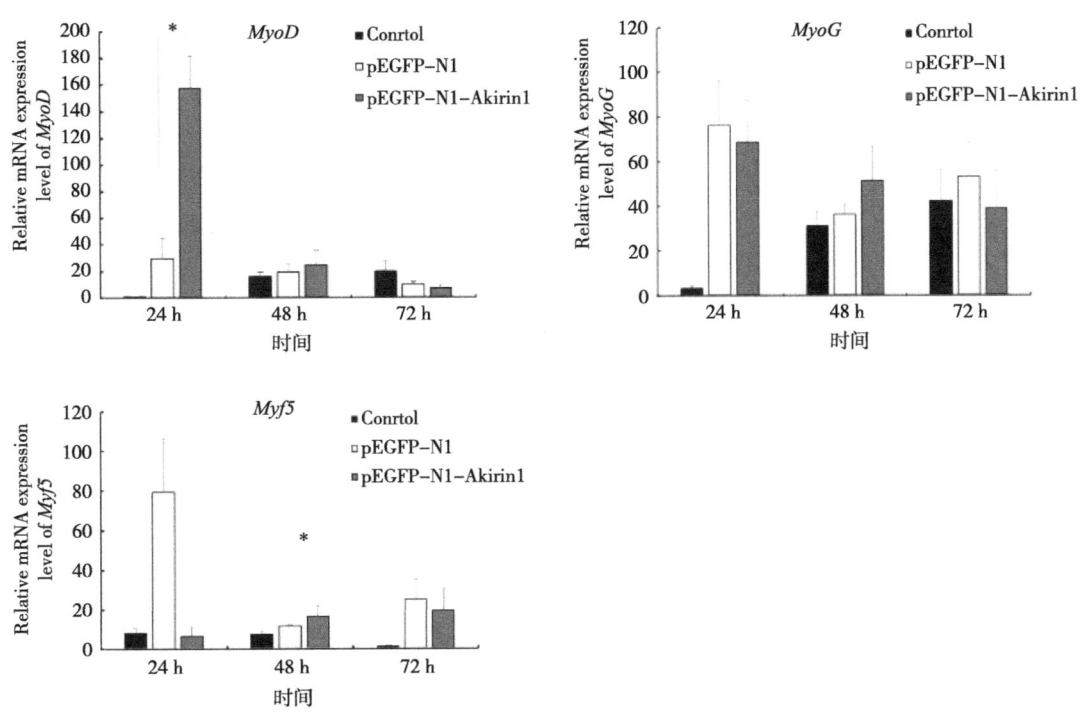

**图1-17 过表达Akirin1基因对MRFs基因家族mRNA表达水平的影响**

注：*表示差异显著（$P<0.05$）。

## 2. 过表达Akirin1基因对肌管形成的影响

荧光定量PCR和蛋白免疫印迹杂交结果显示（图1-18）：无论在转录水平还是在翻译水平，过表达天府肉羊Akirin1基因都没有显著改变MyHC基因的表达水平。

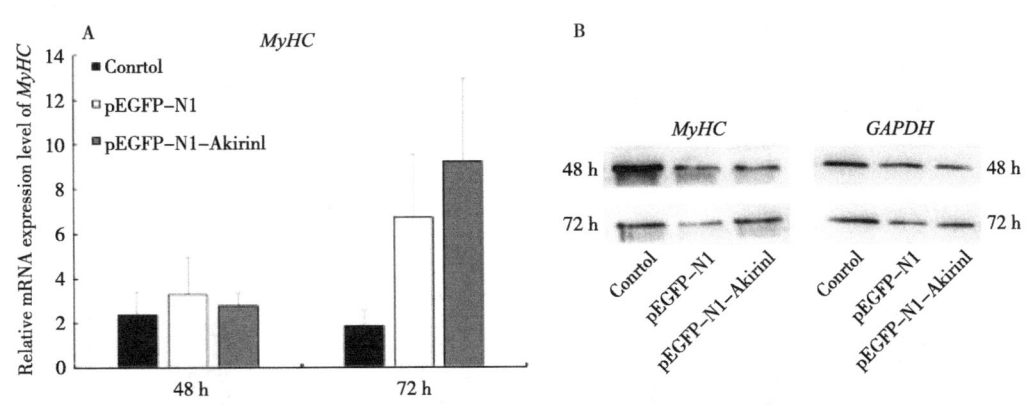

**图1-18 过表达Akirin1基因对MyHC基因表达的影响**

注：A和B分别用荧光定量PCR和蛋白免疫印迹杂交检测天府肉羊骨骼肌卫星细胞中MyHC基因的表达水平。每个蛋白免疫印迹杂交图像下面的数字表示目的基因相对于内参基因的丰度值。

## 3. 过表达Akirin1基因对骨骼肌卫星细胞活性的影响

CCK-8试剂盒检测结果显示（图1-19），pEGFP-N1-Akirin1组细胞活力从转染后的

24~48 h逐渐增加，48~72 h细胞活性逐渐下降。在转染后的24 h、48 h和72 h三个时间点，过表达Akirin1基因的试验组细胞活力均显著高于（P<0.05）空载对照组和空白对照组。

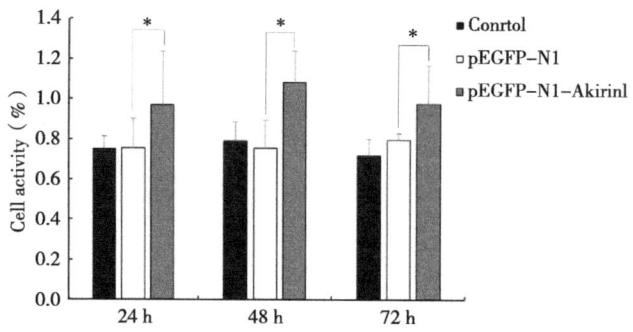

**图1-19　过表达Akirin1基因增加了天府肉羊骨骼肌卫星细胞的细胞活性**

注：用CCK-8试剂盒检测不同时间点的细胞活性。*表示差异显著（P<0.05）。

**4. 过表达Akirin1基因对骨骼肌卫星细胞增殖相关基因的影响**

荧光定量PCR结果显示（图1-20），在转染后的24 h MEF2A、MEF2B和MEF2D基因的mRNA表达水平显著增加（P<0.05）。此外，在天府肉羊骨骼肌卫星细胞增殖的过程中过表达Akirin1基因不仅显著增加（P<0.05）了IGF2基因的mRNA表达水平，而且显著增加（P<0.05）了mTOR基因的mRNA和蛋白表达水平。此外，在Akirin1基因过表达的试验组中phospho-mTOR（Ser2448）的蛋白表达水平也高于空载对照组和空白对照组（图1-21）。

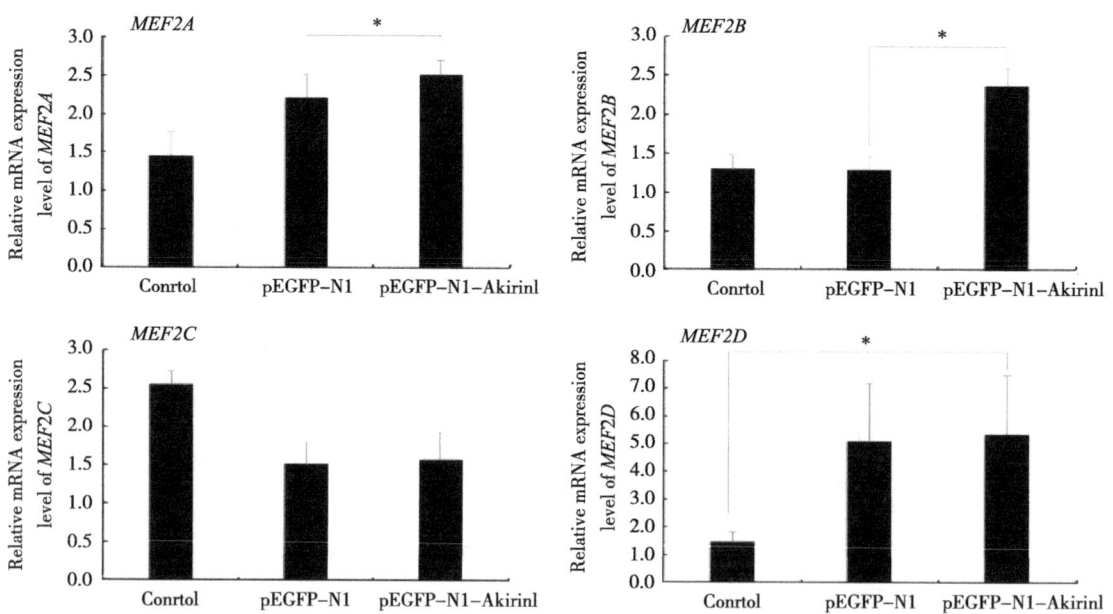

**图1-20　过表达Akirin1基因对天府肉羊MEF2s基因家族表达的影响**

注：过表达Akirin1基因增加了MEF2s基因家族的表达。*表示差异显著（P<0.05）。

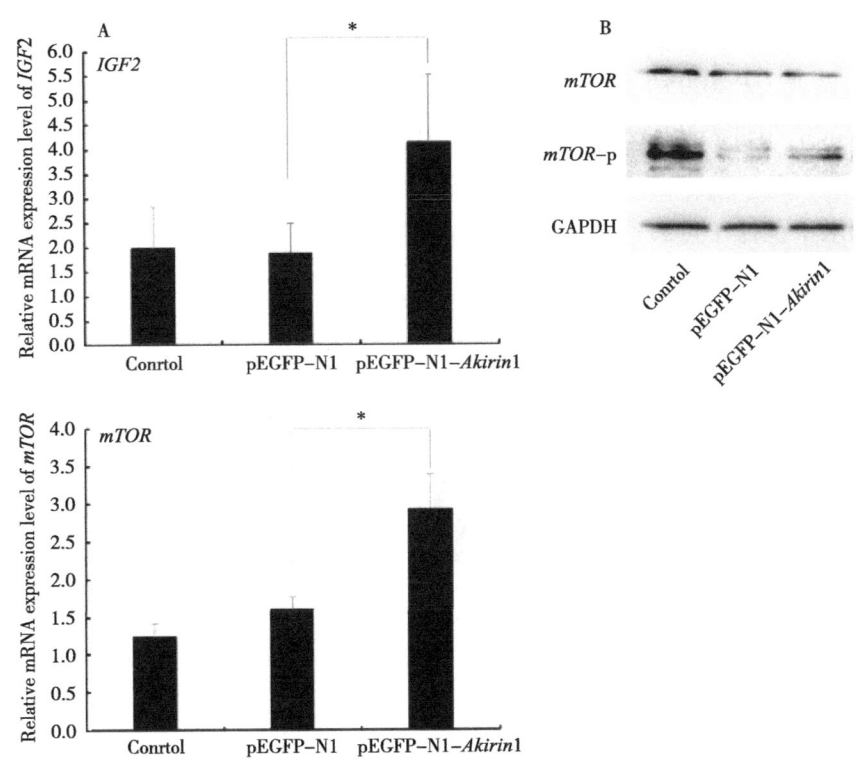

**图1-21 过表达Akirin1基因对天府肉羊骨骼肌卫星细胞增殖相关基因的影响**

注：过表达Akirin1基因增加了IGF2和mTOR基因的表达。在转染后的24 h采用荧光定量PCR和蛋白免疫印迹杂交检测了IGF2和mTOR基因的表达水平。每个蛋白免疫印迹杂交图像下面的数字表示目的基因相对于内参基因的表达丰度值。*表示差异显著（$P<0.05$）。

**5. 在过表达Akirin1基因的天府肉羊骨骼肌卫星细胞加入雷帕霉素对其增殖的影响**

为了进一步验证天府肉羊Akirin1基因是否通过mTOR/IGF2信号通路调节天府肉羊骨骼肌卫星细胞增殖，试验通过添加特异性抑制剂雷帕霉素，阻断mTOR/IGF2信号通路。CCK-8试剂盒检测结果显示（图1-22），当pEGFP-N1-Akirin1质粒和雷帕霉素

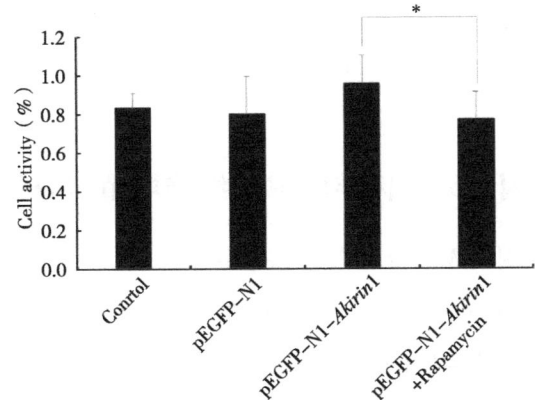

**图1-22 雷帕霉素和过表达Akirin1基因对天府肉羊骨骼肌卫星细胞活性的影响**

注：采用CCK-8试剂盒检测细胞活性。*表示差异显著（$P<0.05$）。

一起加入正在增殖的天府肉羊骨骼肌卫星细胞中后的24 h，天府肉羊骨骼肌卫星细胞的细胞活性显著（$P<0.05$）降低。此外，荧光定量PCR结果显示：*IGF*2和*mTOR*基因mRNA表达水平在过表达*Akirin*1基因的试验组中显著（$P<0.05$）高于加入雷帕霉素的试验组。*mTOR*和*phospho-mTOR*（Ser2448）在加入特异性抑制剂雷帕霉素的试验组中的蛋白表达水平也低于过表达天府肉羊*Akirin*1基因的试验组（图1-23）。

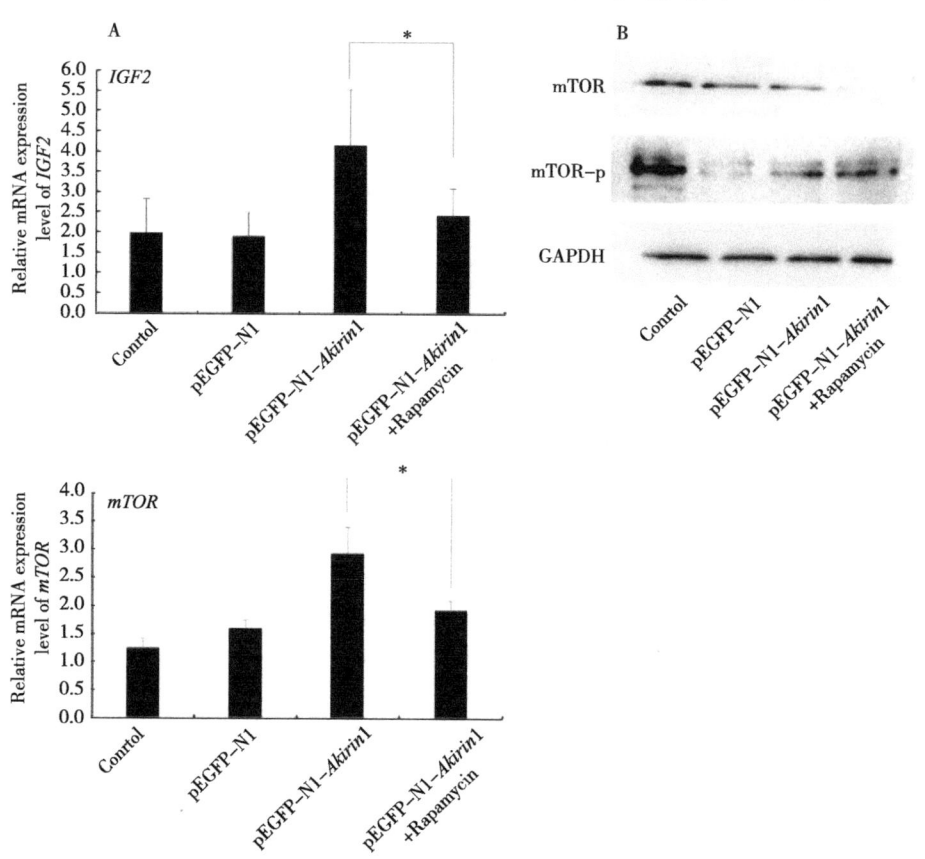

**图1-23　过表达天府肉羊*Akirin*1基因和雷帕霉素对天府肉羊骨骼肌卫星细胞增殖的影响**

注：A和B分别表示在转染后的24 h，采用荧光定量PCR和蛋白免疫印迹杂交检测*IGF*2和*mTOR*基因表达水平的结果。每个蛋白免疫印迹杂交图像下面的数字表示目的基因相对于内参基因的表达丰度值。*表示差异显著（$P<0.05$）。

## （二）*Akirin*2基因对天府肉羊肌卫星细胞增殖与分化的影响

**1. 过表达*Akirin*2基因对*MRFs*基因家族表达的影响**

荧光定量PCR结果显示（图1-24）：天府肉羊骨骼肌卫星细胞被pEGFP-N1-*Akirin*2质粒和pEGFP-N1空载质粒转染后的24～72 h，*MyoD*和*MyoG*基因在转染后的48～72 h保持相对较低的mRNA表达水平，*Myf*5基因的mRNA表达水平在转染后的24～72 h基本保持较低的表达。过表达*Akirin*2基因没有显著改变*Myf*5基因的mRNA表达水平，仅在转染后的24 h显著增加（$P<0.05$）了 *MyoD* 和 *MyoG* 基因的mRNA表达水平。

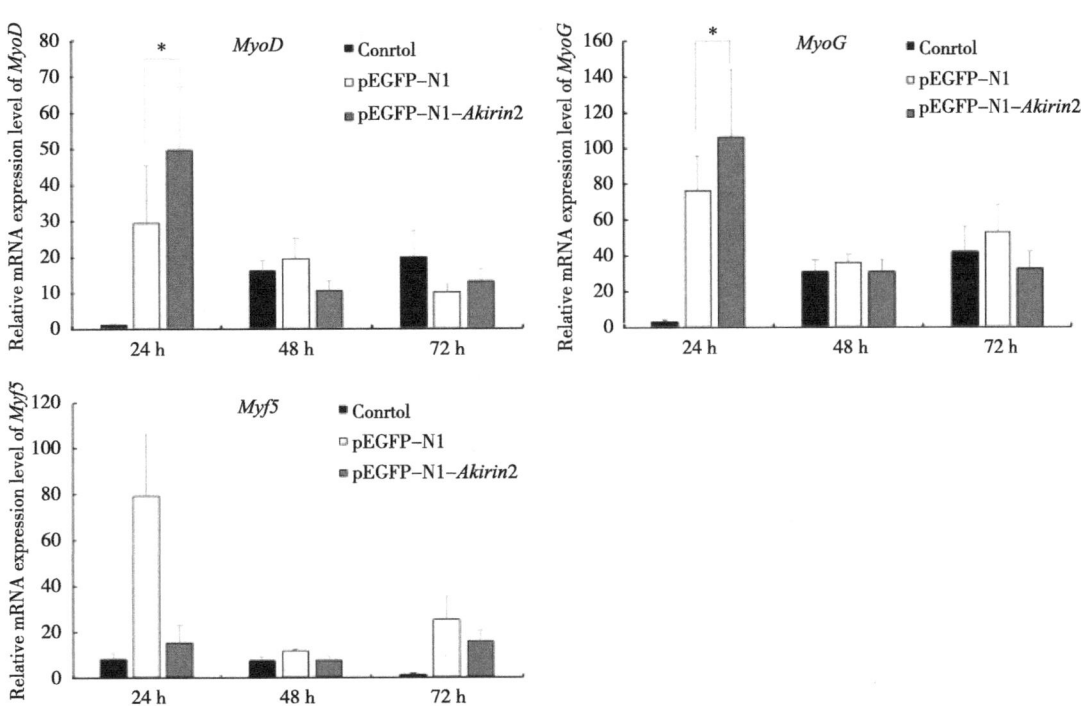

**图1-24　过表达*Akirin*2基因对MRFs基因家族mRNA表达水平的影响**

注：*表示差异显著（$P<0.05$）。

**2. 过表达*Akirin*2基因对肌管形成的影响**

荧光定量PCR检测结果显示，在转染后的48 h过表达*Akirin*2基因试验组*MyHC*基因mRNA表达水平显著高于（$P<0.05$）空载对照组和空白对照组；蛋白免疫印迹杂交结果显示，过表达天府肉羊*Akirin*2基因后的48 h，*MyHC*基因蛋白表达也高于空载和空白对照组（图1-25）。

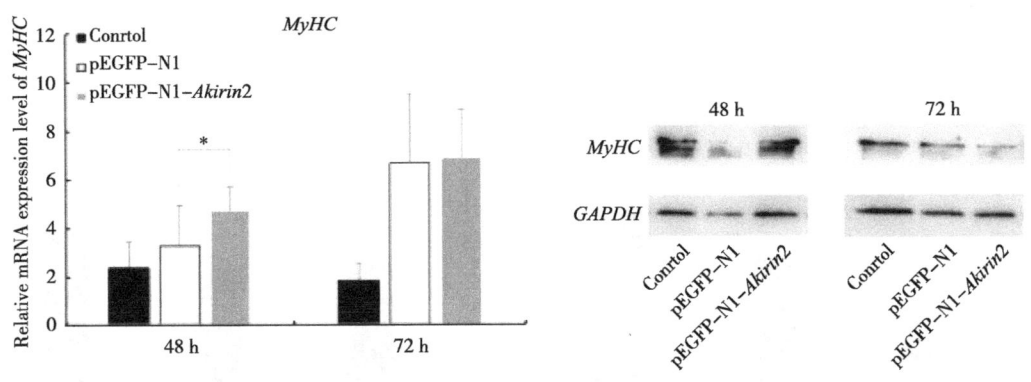

**图1-25　过表达*Akirin*2基因对*MyHC*基因表达的影响**

注：采用荧光定量PCR和蛋白免疫印迹杂交检测天府肉羊骨骼肌卫星细胞中*MyHC*基因的表达水平。每个蛋白免疫印迹杂交图像下面的数字表示目的基因相对于内参基因的丰度值。*表示差异显著（$P<0.05$）。

## 3. 过表达Akirin2基因对骨骼肌卫星细胞活性的影响

检测结果显示（图1-26），转染pEGFP-N1-Akirin2载体质粒试验组天府肉羊骨骼肌卫星细胞的细胞活力在转染后的24~48 h逐渐增加，48~72 h细胞活性缓慢下降。值得注意的是，在转染后的24 h、48 h和72 h这3个时间点，过表达Akirin2基因的试验组细胞活力均显著（$P<0.05$）空载和空白对照组。

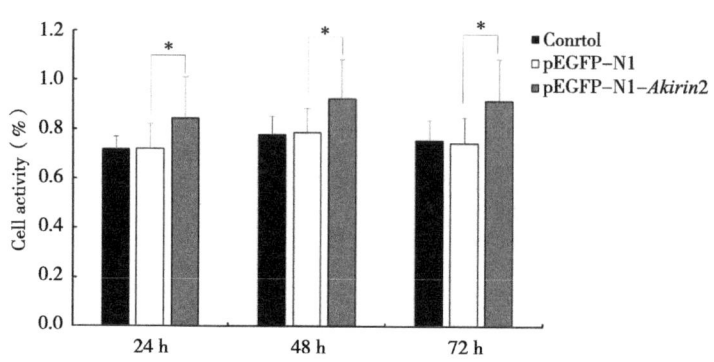

**图1-26 过表达Akirin2基因增加了天府肉羊骨骼肌卫星细胞的细胞活性**

注：用CCK-8试剂盒检测不同时间点的细胞活性。*表示差异显著（$P<0.05$）。

## 4. 过表达Akirin2基因对骨骼肌卫星细胞增殖相关基因的影响

由于肌细胞增强因子2基因家族（MEF2s）和细胞内相关蛋白的表达与天府肉羊骨骼肌卫星细胞的增殖密切相关。试验对正在增殖的天府肉羊骨骼肌卫星细胞中过表达天府肉羊Akirin2基因，并检测了其对MEF2s基因家族和细胞内相关蛋白表达水平的影响。荧光定量PCR结果显示（图1-27），转染后24 h的MEF2A、MEF2B和MEF2D基因的mRNA表达水平显著高于空载和空白对照组（$P<0.05$）。此外，在天府肉羊骨骼肌卫星细胞增殖的过程中，过表达Akirin2基因不仅显著增加（$P<0.05$）了IGF2基因的mRNA表达水平，而且显著增加（$P<0.05$）了mTOR基因的mRNA和蛋白表达水平。

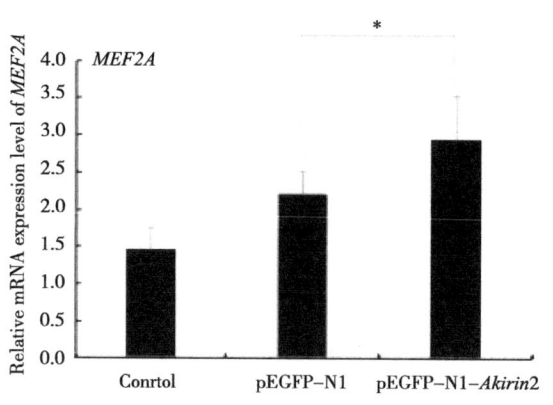
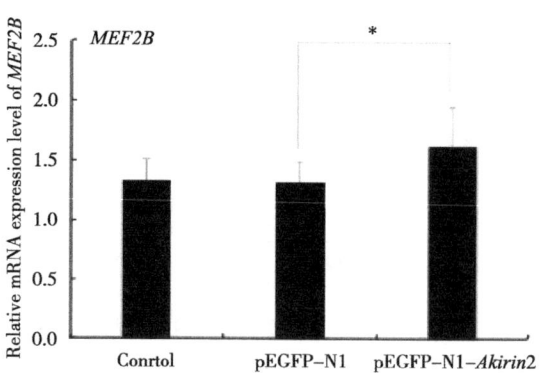

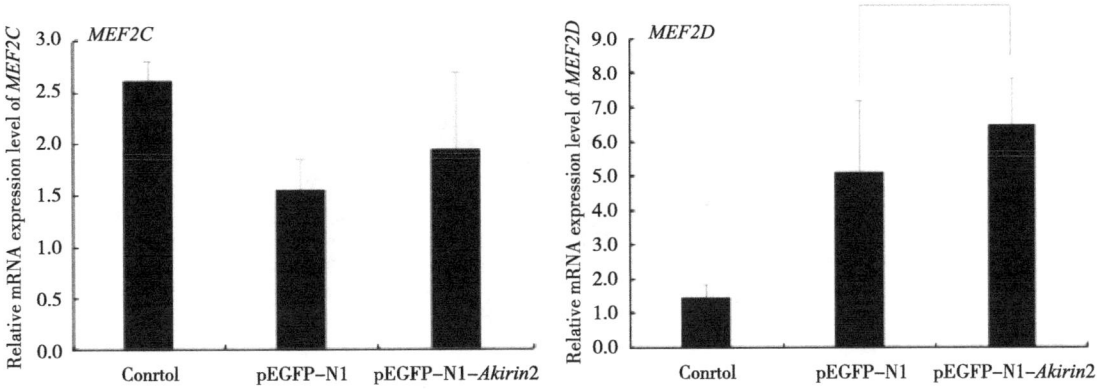

**图1-27　过表达Akirin2基因对天府肉羊MEF2s基因家族表达的影响**

注：过表达Akirin2基因增加了MEF2s基因家族的表达。*表示差异显著（$P<0.05$）。

在过表达天府肉羊Akirin2基因的试验组中phospho-mTOR（Ser2448）的蛋白表达水平也有所增加（图1-28）。

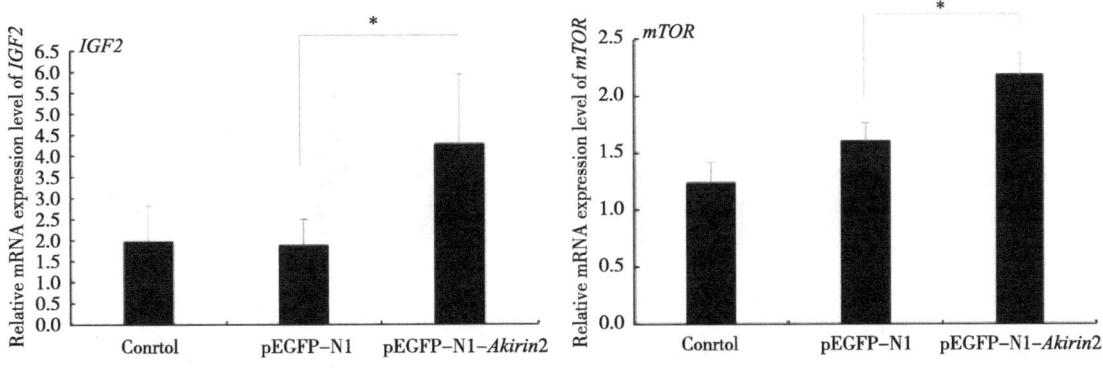

**图1-28　过表达Akirin2基因对天府肉羊骨骼肌卫星细胞增殖相关基因的影响**

注：过表达Akirin2基因增加了IGF2和mTOR基因的表达。在转染后的24 h采用荧光定量PCR和蛋白免疫印迹杂交检测了IGF2和mTOR基因的表达水平。每个蛋白免疫印迹杂交图像下面的数字表示目的基因相对于内参基因的表达丰度值。*表示差异显著（$P<0.05$）。

**5. 在过表达Akirin2基因的天府肉羊骨骼肌卫星细胞中加入雷帕霉素对其增殖的影响**

为了验证天府肉羊Akirin2基因是否通过mTOR/IGF2信号通路调节天府肉羊骨骼肌卫星细胞增殖，在培养基中添加雷帕霉素阻断mTOR/IGF2信号通路。采用CCK-8试剂盒检测添加抑制剂后天府肉羊骨骼肌卫星细胞的细胞活性。检测结果显示（图1-29），在处理细胞后的24 h，天府肉羊骨骼肌卫星细胞的细胞活性在添加了雷帕霉素的试验组中显著降低（$P<0.05$）。此外，荧光定量PCR结果显示，IGF2和mTOR基因mRNA表达水平在过表达天府肉羊Akirin2基因的试验组中显著高于（$P<0.05$）添加了雷帕霉素的试验组。在加入抑制剂的试验组中mTOR和phospho-mTOR（Ser2448）的蛋白表达水平也低于过表达天府肉羊Akirin2基因的试验组（图1-30）。

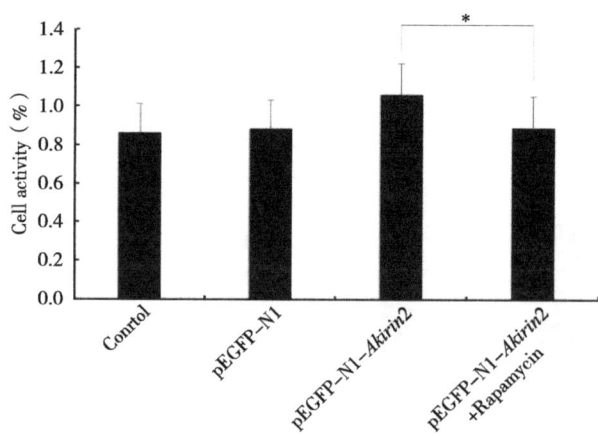

**图1-29　雷帕霉素和过表达天府肉羊Akirin2基因对天府肉羊骨骼肌卫星细胞活性的影响**

注：采用CCK-8试剂盒检测细胞活性。*表示差异显著（$P<0.05$）。

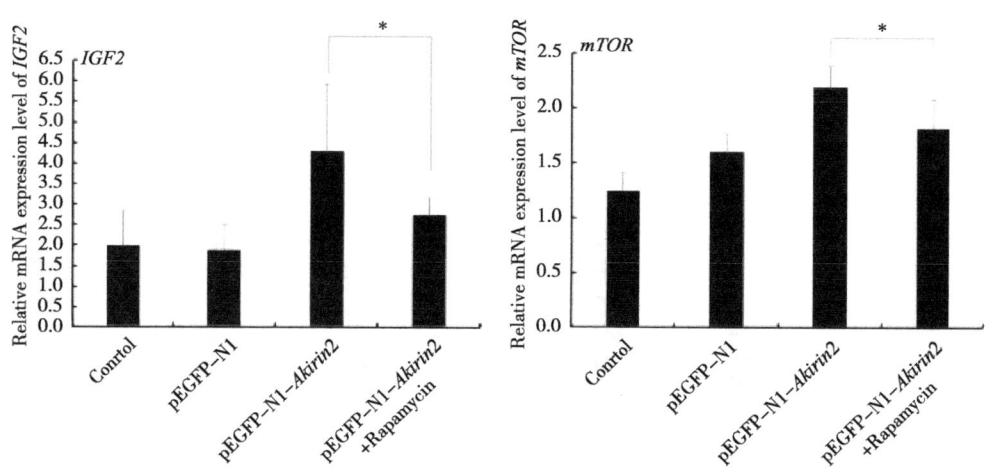

**图1-30　过表达Akirin2基因和雷帕霉素对天府肉羊骨骼肌卫星细胞增殖的影响**

注：在转染后的24 h，采用荧光定量PCR和蛋白免疫印迹杂交检测IGF2和mTOR基因表达水平。每个蛋白免疫印迹杂交图像下面的数字表示目的基因相对于内参基因的表达丰度值。*表示差异显著（$P<0.05$）。

## 三、主要研究结论

在天府肉羊骨骼肌卫星细胞分化的过程中过表达Akirin1基因，在转染后的24 h和48 h分别显著增加（$P<0.05$）了MyoD和Myf5基因的mRNA表达水平，在转染后24～72 h的MyoG基因的mRNA表达水平缓慢下降；过表达Akirin1基因不能显著增加（$P>0.05$）MyHC基因的mRNA和蛋白表达水平。在天府肉羊骨骼肌卫星细胞增殖的过程中过表达Akirin1基因，在转染后24 h的细胞活性显著升高（$P<0.05$）；MEF2s基因家族（MEF2A、MEF2B和MEF2D基因）、IGF2和mTOR基因mRNA表达水平显著增加（$P<0.05$）；mTOR和磷酸化mTOR（phospho-mTOR）蛋白在转染后24 h的表达量高

于对照组；在雷帕霉素和转染Akirin1基因共同处理天府肉羊骨骼肌卫星细胞后24 h的细胞活性在雷帕霉素处理组显著降低（$P<0.05$），雷帕霉素同时降低了IGF2和mTOR基因的mRNA表达水平，以及mTOR和phospho-mTOR（Ser2448）蛋白表达水平。

在天府肉羊骨骼肌卫星细胞分化的过程中过表达Akirin2基因，在转染后24 h的显著增加（$P<0.05$）了MyoD和MyoG基因的mRNA表达水平，在转染后48~72 h的MyoD、MyoG和Myf5基因的mRNA表达水平没有显著改变；在转染后的48 h显著增加（$P<0.05$）了MyHC基因的mRNA和蛋白表达水平。在天府肉羊骨骼肌卫星细胞增殖的过程中过表达Akirin2基因，在转染后24 h的细胞活性显著升高（$P<0.05$）；MEF2s基因家族（MEF2A、MEF2B和MEF2D基因）、IGF2和mTOR基因的mRNA表达水平显著增加（$P<0.05$）；mTOR和磷酸化mTOR（phospho-mTOR）蛋白在转染后的24 h表达高于对照组；在雷帕霉素和转染Akirin2基因共同处理天府肉羊骨骼肌卫星细胞后的24 h，细胞活性在雷帕霉素处理组显著降低（$P<0.05$），雷帕霉素同时降低了IGF2和mTOR基因的mRNA表达水平，以及mTOR和phospho-mTOR（Ser2448）蛋白表达水平。

综上所述，本试验结果显示天府肉羊Akirin1基因不能通过调节成肌细胞调节因子（MRFs）基因家族调节天府肉羊骨骼肌卫星细胞的分化，但是可以通过激活mTOR/IGF2信号通路促进天府肉羊骨骼肌卫星细胞的增殖；天府肉羊Akirin2基因不仅可以通过调节肌管的形成影响天府肉羊骨骼肌卫星细胞的分化，而且可以通过激活mTOR/IGF2信号通路促进天府肉羊骨骼肌卫星细胞的增殖。这些结果将为进一步了解Akirin基因在骨骼肌生长发育中的作用作出贡献。将为在以后的研究中采用RNA干扰或基因敲除的方法进一步研究Akirin基因在骨骼肌卫星细胞的增殖分化中的作用，以及是否可以通过其他信号通路调节成肌细胞的增殖和分化提供参考。

## 第六节 天府肉羊BTG1基因的克隆及其组织表达分析

B细胞易位基因家族（B-celltranslocationgene，BTG/TOB）在细胞的生长过程中具有抗增殖作用，该家族目前发现有多个成员，其中B细胞易位基因1（B-cell translocation gene1，BTG1）被认为对成肌细胞的分化具有强烈的刺激作用，在细胞的分化和器官形成的过程中发挥重要的作用。本试验以天府肉羊为研究对象，以BTG1基因为候选基因，克隆并检测该基因在不同组织中的表达差异，以探讨该基因在天府肉羊分子标记辅助选择育种中的应用。

# 一、试验材料与方法

## （一）试验材料

选择4月龄、6月龄、9月龄、12月龄和15月龄的天府肉羊各3只。常规屠宰后采集其心脏、肝脏、脾脏、肺脏、肾脏、腿肌、腹肌、眼肌等组织样品。迅速置于液氮中并带回实验室，置于-80 ℃冰箱中保存备用。

## （二）试验方法

1. *BTG*1基因引物设计及克隆测序

参考GenBank绵羊*BTG*1基因序列（GenBank登录号：FJ444829.1），利用引物设计软件Primer5.0和DANman6.0设计引物（表1-25）。

表1-25 引物序列、退火温度及目的片段长度

| 基因 | 引物序列 | 片段长度（bp） | 退火温度（℃） | 用途 |
| --- | --- | --- | --- | --- |
| *BTG*1-1 | F：AGGGGAGCCCACCCAAAGCA<br>R：ATATGCATCCCTTCTACAGTCGG | 504 | 55.8 | 克隆引物 |
| *BTG*1-2 | F：GAACATTATAAACATCACTGGT<br>R：CAAACTATGGCACTGTCACTT | 582 | 56.0 | 克隆引物 |
| *BTG*1 | F：CACGAGCGAGCGACAACT<br>R：CGTGAGTTCACTTGGGAG | 246 | 56.1 | 荧光定量 |
| *GAPDH* | F：GCAAGTTCCACGGCACAG<br>R：TCAGCACCAGCATCACCC | 158 | 55.4 | 荧光定量 |

提取组织的总RNA，通过逆转录合成cDNA第一链。以cDNA第一链为模板进行PCR扩增，PCR的反应条件为94 ℃、30 s，63 ℃、30 s，72 ℃、60 s，40个循环。将回收获得的PCR产物与pMD18-T载体连接，用大肠杆菌JM109感受态细胞转化，挑选阳性克隆，经鉴定后，送样测序。

2. 实时荧光定量PCR

利用荧光定量PCR仪进行定量分析。以内参基因*GAPDH*为对照，经优化处理以后，*BTG*1基因的最佳反应条件为：95 ℃预变性10 s，95 ℃变性10 s，57 ℃退火30 s，40个循环。扩增完成后，启动熔解曲线测试程序，判断基因扩增过程中的特异性，反应过程中，用1 μL灭菌水作为阴性对照，每个样品检测进行3管平行试验。同时，把cDNA稀释成$1\times10^{0}$~$1\times10^{-5}$共6个浓度（10倍梯度），反应条件同上，制作标准曲线。根据系统自动分析

荧光信号，将其转化为基因的起始拷贝数$C_t$值，根据各样品的$C_t$值，计算其起始模板拷贝数。

## 二、试验结果与分析

### （一）*BTG*1基因及其编码的蛋白质生物信息学分析

将克隆序列提交至NCBI，获得基因登录号为JQ247191.1。序列分析发现天府肉羊*BTG*1基因cDNA序列大小为593 bp，包括516 bp的完整开放阅读框，共编码171个氨基酸，其蛋白分子量为19 194.9 Da，理论等电点为8.35。

采用NCBI的BLAST软件将天府肉羊的*BTG*1基因的cDNA的序列与GenBank中其他物种*BTG*1基因的cDNA序列进行比对，结果发现，天府肉羊*BTG*1基因的cDNA序列与绵羊、牛、猪、鼠及人的一致性分别为99%、99%、97%、95%、95%。天府肉羊*BTG*1基因编码的氨基酸与绵羊、牛、猪、鼠及人的一致性分别为100%、100%、99%、98%、99%。用DNAman软件绘制同源树，结果见图1-31和图1-32。

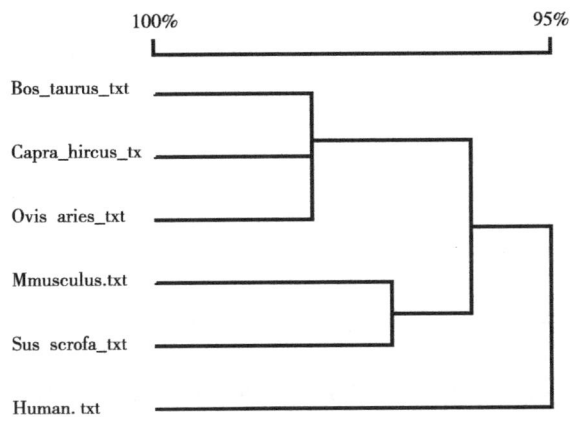

**图1-31 天府肉羊与相关物种*BTG*1基因的同源树**

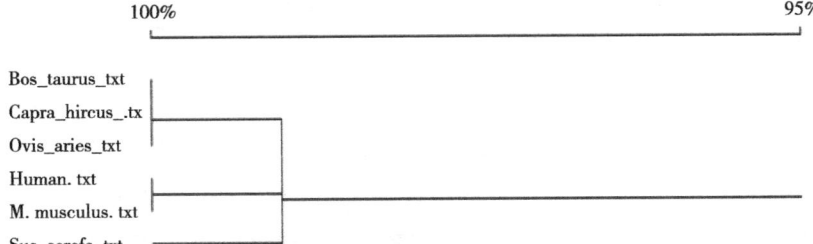

**图1-32 天府肉羊BTG1蛋白与相关物种的同源树**

利用Bioedit软件对本研究获得的天府肉羊*BTG*1基因的CDS序列进行碱基组成分析，结果发现（表1-26），碱基A、C、G、T的数目分别为138、140、132、106，分别占总碱基数的26.7%、27.1%、25.6%、20.6%，A+T的含量（47.3%）低于G+C含量（52.7%）。

表1-26 *BTG*1基因CDS密码子偏倚性

| 密码子 | 数量 | 占比(%) | 密码子 | 数量 | 占比(%) | 密码子 | 数量 | 占比(%) | 密码子 | 数量 | 占比(%) |
|---|---|---|---|---|---|---|---|---|---|---|---|
| AAA | 9 | 1.8 | CAA | 11 | 2.1 | GAA | 9 | 1.8 | TAA | 5 | 1.0 |
| AAC | 10 | 1.9 | CAC | 8 | 1.6 | GAC | 7 | 1.4 | TAC | 6 | 1.2 |
| AAG | 9 | 1.8 | CAG | 23 | 4.5 | GAG | 11 | 2.1 | TAG | 3 | 0.6 |
| AAT | 5 | 1.0 | CAT | 8 | 1.6 | GAT | 8 | 1.6 | TAT | 4 | 0.8 |
| ACA | 10 | 1.9 | CCA | 11 | 2.1 | GCA | 16 | 3.1 | TCA | 13 | 2.5 |
| ACC | 9 | 1.8 | CCC | 7 | 1.4 | GCC | 8 | 1.6 | TCC | 10 | 1.9 |
| ACG | 5 | 1.0 | CCG | 6 | 1.2 | GCG | 6 | 1.2 | TCG | 3 | 0.6 |
| ACT | 7 | 1.4 | CCT | 10 | 1.9 | GCT | 10 | 1.9 | TCT | 9 | 1.8 |
| AGA | 10 | 1.9 | CGA | 7 | 1.4 | GGA | 11 | 2.1 | TGA | 7 | 1.4 |
| AGC | 16 | 3.1 | CGC | 8 | 1.6 | GGC | 9 | 1.8 | TGC | 7 | 1.4 |
| AGG | 14 | 2.7 | CGG | 2 | 0.4 | GGG | 6 | 1.2 | TGG | 10 | 1.9 |
| AGT | 6 | 1.2 | CGT | 3 | 0.6 | GGT | 6 | 1.2 | TGT | 10 | 1.9 |
| ATA | 4 | 0.8 | CTA | 4 | 0.8 | GTA | 7 | 1.4 | TTA | 3 | 0.6 |
| ATC | 10 | 1.9 | CTC | 10 | 1.9 | GTC | 5 | 1.0 | TTC | 10 | 1.9 |
| ATG | 7 | 1.4 | CTG | 15 | 2.9 | GTG | 6 | 1.2 | TTG | 6 | 1.2 |
| ATT | 5 | 1.0 | CTT | 7 | 1.4 | GTT | 7 | 1.4 | TTT | 0 | 0.0 |

利用DNAstar软件的Quest程序分析天府肉羊*BTG*1基因密码子的偏倚性，可以看出使用频率最高的密码子是CAG（数量23，占4.5%）、其次是密码子AGC（数量16，占3.1%）和密码子GCA（数量16，占3.1%），而密码子CGG（数量2，占0.4%）、TTT（数量0，占0.0%）的使用频率较低。

利用NetPhos2.0 Server在线软件预测天府肉羊BTG1蛋白磷酸化位点，结果发现，该氨基酸序列中有4个丝氨酸磷酸化位点、2个苏氨酸磷酸化位点、2个酪氨酸磷酸化位点，用NetPhosK1.0 Server在线软件预测特异激酶的磷酸化位点表明，该氨基酸序列中有5个特异性蛋白激酶C（protein kinase C，PKC）磷酸化位点（表1-27）。

表1-27 BTG1蛋白磷酸化位点预测

| 磷酸化氨基酸 | 位点 | 评分 | 位点 | 评分 | 位点 | 评分 |
|---|---|---|---|---|---|---|
| Ser | 33 | 0.972 | 91 | 0.902 | 148 | 0.997 |
| | 159 | 0.992 | | | | |

（续表）

| 磷酸化氨基酸 | 位点 | 评分 | 位点 | 评分 | 位点 | 评分 |
| --- | --- | --- | --- | --- | --- | --- |
| Thr | 10 | 0.53 | 103 | 0.775 | | |
| Tyr | 109 | 0.792 | 113 | 0.537 | | |
| PKC | 20 | 0.61 | 28 | 0.69 | 33 | 0.62 |
| | 39 | 0.86 | 161 | 0.59 | | |

利用ExPASy-ProtScale在线软件预测天府肉羊BTG1蛋白的疏水性，分析发现天府肉羊BTG1蛋白的大多数氨基酸是亲水性的（图1-33）。

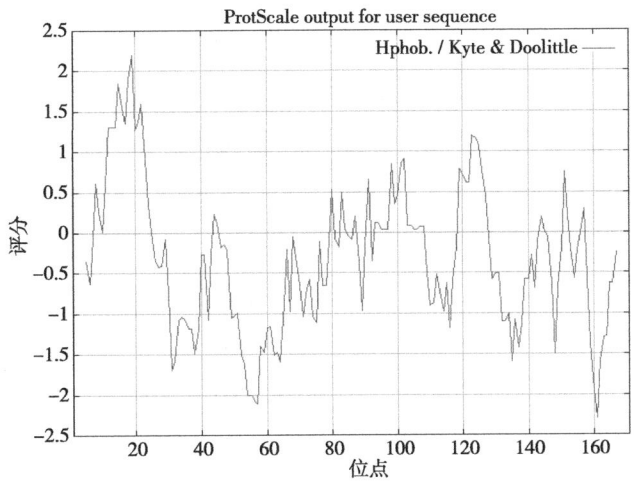

**图1-33　BTG1蛋白的疏水性预测**

注：水平线代表氨基酸残基数，垂直线表示相对的亲水区，零点以上为疏水区，零点以下为亲水区。

利用在线预测软件ExPASy Proteomcs Server的SignalP4.0服务器分析天府肉羊BTG1蛋白质的信号肽，结果表明天府肉羊BTG1蛋白为非分泌型蛋白，存在信号肽序列的可能性为0.036%。

利用在线软件TMHMM Serverv.2.0预测BTG1蛋白的跨膜区结构，结果发现：天府肉羊BTG1蛋白多肽链含有一个跨膜结构域，位于8～26氨基酸之间，并且在氨基酸的N末端。

利用NetOGlyc3.1和NetNGlyc1.0预测天府肉羊BTG1蛋白糖基化位点，结果显示：BTG1蛋白在Asn136存在一个潜在的N-糖基化位点，没有预测到O-糖基化位点。

利用在线软件HNN对天府肉羊BTG1蛋白的氨基酸序列进行二级结构预测，结果显示：BTG1蛋白的氨基酸序列中包含α-螺旋占36.84%；无规则卷曲占42.69%；延伸片段占20.47%，以α-螺旋及无规则卷曲为主。

利用在线软件ExPASy-PROSITE对天府肉羊BTG1蛋白进行结构域预测，分析发现该蛋白含有两个结构域，分别位于第55～72和第98～117位氨基酸之间，这两个结构域是BTG/TOB家族的重要结构域，在其他物种中这两个同源结构域称为A盒和B盒。

利用蛋白质结构同源建模工具SWISS-MODLE对BTG1蛋白的结构进行预测，分析发现11～129为氨基酸的三维结构与3e9vA（PDB编号）的结构模型序列相似性高达73.95%。

### （二）荧光定量PCR扩增结果

不同组织的总RNA，经过RT-PCR扩增，用1%的琼脂糖凝胶电泳检测都有清晰的 *BTG*1基因和 *GAPDH* 基因扩增条带，其片段大小与预期的一致。结果表明：*BTG*1基因及内参基因 *GAPDH* 在所选择的8个组织中均有表达。

荧光定量PCR扩增过程中，基因扩增产物的熔解曲线为单峰曲线，扩增信号均为特异扩增产物荧光信号，没有非特异产物和引物二聚体形成。*BTG*1基因标准曲线的一致系数$R^2$=0.998，Efficiency=97.7%；*GAPDH* 基因的一致系数$R^2$=0.992，Efficiency=99.1%，标准曲线的扩增效率在理想的90%～105%的范围内，可信度较高，试验得到的 *Ct* 值能够准确确定起始cDNA拷贝数（图1-34、图1-35）。

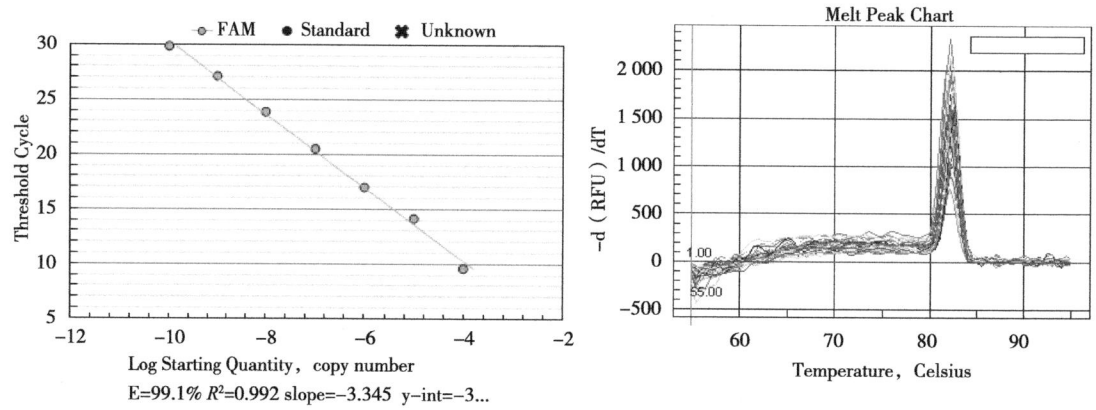

**图1-34** *GAPDH* 的标准曲线和熔解曲线

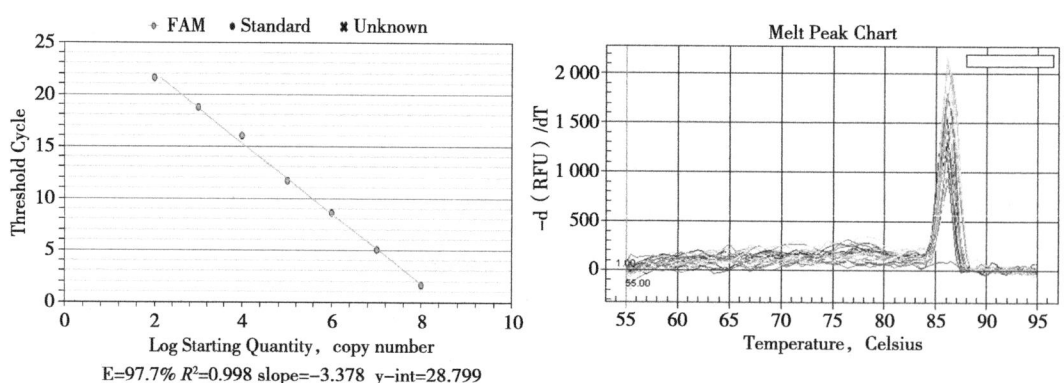

**图1-35** *BTG*1的标准曲线和熔解曲线

## (三) *BTG*1基因在不同组织及时间的表达

对天府肉羊组织中的*BTG*1基因的表达情况进行检测,同一组织进行3个个体间的重复,结果发现(表1-28):天府肉羊*BTG*1基因在所检测的8个组织中均有表达。*BTG*1基因在脾脏中表达量最为丰富,极显著高于其他组织($P<0.01$),肝脏、肾脏和肺脏组织之间的差异不显著($P>0.05$),均极显著高于心脏、腿肌、眼肌和腹肌等组织,心脏、眼肌、腿肌及腹肌之间差异不显著($P>0.05$)。

表1-28 *BTG*1基因在4月龄天府肉羊不同组织的相对表达量

| 组织 | 脾脏 | 肝脏 | 肾脏 | 肺脏 | 眼肌 | 腹肌 | 腿肌 | 心脏 |
| --- | --- | --- | --- | --- | --- | --- | --- | --- |
| 表达量 | 1.831 ± 0.019 | 1.263 ± 0.021 | 1.237 ± 0.015 | 1.207 ± 0.016 | 0.320 ± 0.010 | 0.313 ± 0.032 | 0.283 ± 0.033 | 0.267 ± 0.015 |

分别对4月龄、6月龄、9月龄、12月龄和15月龄的天府肉羊*BTG*1基因在脾脏、肝脏、眼肌和腿肌的相对表达量测定后发现(表1-29),天府肉羊*BTG*1基因在脾脏中的相对表达量随着天府肉羊月龄的增加呈现不断下降的趋势,*BTG*1基因在肝脏中的表达趋势是先上升后下降,4~12月龄处于上升趋势,过了12月龄则开始下降。*BTG*1基因在眼肌和腿肌的表达趋势大体一致,随着天府肉羊月龄的增加,*BTG*1基因在天府肉羊眼肌和腿肌的相对表达量也在增加。

表1-29 *BTG*1基因在不同组织、不同时期的相对表达量

| 组织 | 4月龄 | 6月龄 | 9月龄 | 12月龄 | 15月龄 |
| --- | --- | --- | --- | --- | --- |
| 脾脏 | 1.831 ± 0.019 | 1.510 ± 0.020 | 1.413 ± 0.081 | 1.287 ± 0.061 | 0.873 ± 0.055 |
| 肝脏 | 1.263 ± 0.021 | 1.370 ± 0.051 | 1.481 ± 0.010 | 1.643 ± 0.025 | 1.063 ± 0.051 |
| 眼肌 | 0.320 ± 0.010 | 0.430 ± 0.021 | 0.583 ± 0.025 | 0.653 ± 0.035 | 0.730 ± 0.021 |
| 腿肌 | 0.267 ± 0.015 | 0.370 ± 0.046 | 0.431 ± 0.020 | 0.523 ± 0.015 | 0.627 ± 0.047 |

## 三、主要研究结论

本研究首次成功克隆了天府肉羊的*BTG*1基因,获得了全长为593 bp的*BTG*1基因cDNA序列,将序列提交至NCBI,获得了基因登录号为JQ247191.1。

*BTG*1基因包括完整的开放阅读框516 bp,编码171个氨基酸,其蛋白分子量为19 194.9 Da,理论等电点为8.35。生物信息学分析表明:天府肉羊*BTG*1基因的cDNA序列与绵羊、牛、猪、鼠及人的一致性分别为99%、99%、97%、95%、95%。BTG1蛋白大部分氨基酸都是亲水性的;BTG1蛋白含有一个跨膜结构域,并且含有2个功能结构域。

*BTG*1基因在所选择的天府肉羊8个组织(心脏、肝脏、脾脏、肺脏、肾脏、眼

肌、腿肌、腹肌）中均有表达。在4月龄的天府肉羊组织中，脾脏中表达量最为丰富，极显著高于其他组织（$P<0.01$），在肝脏、肾脏和肺脏组织之间的表达差异不显著（$P>0.05$），以上四个组织均极显著高于心脏、腿肌、眼肌和腹肌组织（$P<0.01$）；心脏、眼肌、腿肌及腹肌之间的表达差异不显著（$P>0.05$），在肌肉中的表达量相对比较低。随着天府肉羊月龄的增长，BTG1基因在脾脏的表达量逐渐下降，在肝脏组织中的表达是先上调后下调，而在眼肌和腿肌组织中的表达呈现上升趋势。

本研究发现，天府肉羊BTG1基因在肌肉组织中的表达量随着月龄的增加而增加，很有可能是由于肌肉组织在不断发育中BTG1基因发挥着相应的作用，但具体的影响及其作用机制还有待进一步研究。

## 第七节 天府肉羊TCAP基因的克隆及其组织表达分析

肌联蛋白（Titin-cap，TCAP）是一种在骨骼肌和心肌中特异性表达的蛋白，是肌联蛋白激酶的作用底物，在肌原纤维的组装过程中发挥着重要的作用。研究发现，TCAP基因与其他一些基因相互作用影响心肌和骨骼肌的生长，与畜禽肌肉的品质存在一定的关系。本试验以天府肉羊为研究对象，以TCAP基因为候选基因，克隆并对比该基因在不同组织中的表达差异，探讨了该基因在天府肉羊分子标记辅助选择育种中的应用。

### 一、试验材料与方法

#### （一）试验材料

选择4月龄、6月龄、9月龄、12月龄和15月龄的天府肉羊各3只。常规屠宰后采集其心脏、肝脏、脾脏、肺脏、肾脏、腿肌、腹肌、眼肌等组织样品，迅速置于液氮中并带回实验室，置于-80 ℃冰箱中保存备用。

#### （二）试验方法

1. TCAP基因引物设计及克隆测序

根据GenBank提供的牛TCAP基因的序列（GenBank登录号：BC142094.1），利用引物设计软件Primer 5.0和DANman 6.0设计引物。其中TCAP-1和TCAP-2为克隆引物，TCAP和GAPDH为荧光定量引物，引物序列均由北京华大公司合成（表1-30）。

表1-30 引物序列、退火温度及目的片段长度

| 基因 | 引物序列 | 片段长度(bp) | 退火温度(℃) |
|---|---|---|---|
| TCAP-1 | F: ATGGACACTTCGGAGCTGA<br>R: CGCTGAGTGCACGCTGTCTT | 614 | 58.6 |
| TCAP-2 | F: CAAACTACGAAGCATCCGT<br>R: GAGGGAGTGAGCAGTCATC | 608 | 62.5 |
| TCAP | F: CAAACACAGCGGGCACTCA<br>R: CTCCCTCGGGTCTTCTCCAA | 238 | 58.2 |
| GAPDH | F: GCAAGTTCCACGGCACAG<br>R: TCAGCACCAGCATCACCC | 158 | 55.4 |

提取各组织的总RNA，通过逆转录合成cDNA第一链。反应体系的总体积为20 μL。以cDNA第一链为模板进行PCR扩增，反应体系总体积为50 μL，包括引物各1.5 μL、模板2.5 μL、MasterMix 25 μL、ddH$_2$O 15 μL，PCR的反应条件为94 ℃、30 s，63 ℃、30 s，72 ℃、60 s，40个循环。将回收获得的PCR产物与pMD18-T载体连接，用大肠杆菌JM109感受态细胞转化，挑选阳性克隆，经鉴定后送样测序。

2. 实时荧光定量PCR

利用荧光定量PCR仪进行定量分析。以内参基因GAPDH为对照，经优化处理以后，TCAP基因的最佳反应条件：95 ℃预变性10 s，95 ℃变性5 s，60 ℃退火30 s，40个循环。扩增完成后，启动熔解曲线测试程序，判断基因扩增过程中的特异性。反应过程中，用1 μL灭菌水作为阴性对照，每个样品检测进行3管平行试验。同时，把cDNA稀释成$1\times10^0 \sim 1\times10^{-5}$共6个浓度（10倍梯度），反应条件同上，制作标准曲线。根据系统自动分析荧光信号，将其转化为基因的起始拷贝数Ct值，根据各样品的Ct值，计算其起始模板拷贝数。

## 二、试验结果与分析

### （一）TCAP基因及其编码的蛋白质生物信息学分析

将克隆序列提交至NCBI，获得基因登录号为JN129836.1。序列分析发现天府肉羊TCAP基因cDNA序列大小为624 bp，完整的开放阅读框（ORF）为20~523 bp，长度为504 bp，共编码167个氨基酸，其蛋白分子量为18 970.5 Da，理论等电点为5.50。采用NCBI的BLAST软件将天府肉羊的TCAP基因的cDNA的序列与GenBank中其他物种TCAP基因的cDNA序列进行比对，结果发现，天府肉羊TCAP基因的cDNA序列与牛、

猪及人的一致性分别为97%、94%、91%。天府肉羊*TCAP*基因编码的氨基酸与牛、猪及人的一致性分别为97%、95%、93%。用DNAman软件绘制同源树,结果见图1-36和图1-37。

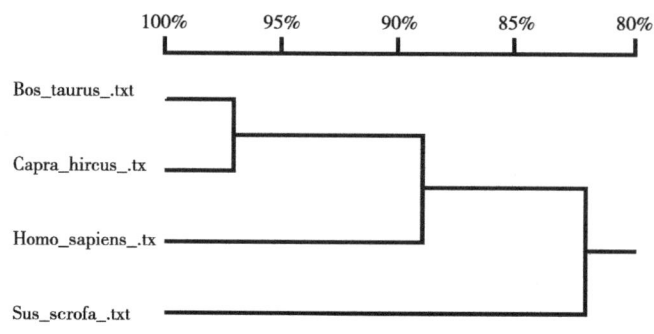

**图1-36　天府肉羊与相关物种*TCAP*基因的同源树**

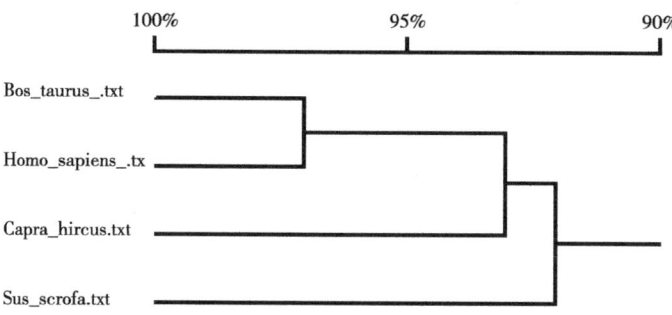

**图1-37　天府肉羊TCAP蛋白与相关物种的同源树**

利用Bioedit软件对本研究获得的天府肉羊*TCAP*基因CDS序列进行碱基组成分析,碱基A、C、G、T的数目分别为92、159、172、81,分别占总碱基数的18.3%、31.5%、34.1%、16.2%,A+T的含量(34.5%)低于G+C含量(65.5%)。

用DNAstar软件的Quest程序分析天府肉羊*TCAP*基因密码子的偏倚性,可以看出:密码子CTG的使用频率最高(数量为25,占比5.0%)、其次是密码子GAG(数量22,占比4.4%),而密码子ATT(数量0,占比0.0%)、GAT(数量0,占比0.0%)、TAA(数量0,占比0.0%)、TAG(数量0,占比0.0%)、TAT(数量0,占比0.0%)、TTA(数量0,占比0.0%)、TTT(数量0,占比0.0%)的使用频率较低(表1-31)。

**表1-31　*TCAP*基因CDS密码子偏倚性**

| 密码子 | 数量 | 占比(%) | 密码子 | 数量 | 占比(%) | 密码子 | 数量 | 占比(%) | 密码子 | 数量 | 占比(%) |
|---|---|---|---|---|---|---|---|---|---|---|---|
| AAA | 1 | 0.20 | CAA | 5 | 1.00 | GAA | 5 | 1.00 | TAA | 0 | 0.00 |

（续表）

| 密码子 | 数量 | 占比（%） | 密码子 | 数量 | 占比（%） | 密码子 | 数量 | 占比（%） | 密码子 | 数量 | 占比（%） |
|---|---|---|---|---|---|---|---|---|---|---|---|
| AAC | 2 | 0.40 | CAC | 9 | 1.80 | GAC | 5 | 1.00 | TAC | 3 | 0.60 |
| AAG | 7 | 1.40 | CAG | 19 | 3.80 | GAG | 22 | 4.40 | TAG | 0 | 0.00 |
| AAT | 1 | 0.20 | CAT | 6 | 1.20 | GAT | 5 | 1.00 | TAT | 0 | 0.00 |
| ACA | 4 | 0.80 | CCA | 18 | 3.60 | GCA | 12 | 2.40 | TCA | 5 | 1.00 |
| ACC | 10 | 2.00 | CCC | 14 | 2.80 | GCC | 21 | 4.20 | TCC | 9 | 1.80 |
| ACG | 2 | 0.40 | CCG | 9 | 1.80 | GCG | 10 | 2.00 | TCG | 5 | 1.00 |
| ACT | 3 | 0.60 | CCT | 13 | 2.60 | GCT | 18 | 3.60 | TCT | 6 | 1.20 |
| AGA | 8 | 1.60 | CGA | 3 | 0.60 | GGA | 19 | 3.80 | TGA | 8 | 1.60 |
| AGC | 17 | 3.40 | CGC | 11 | 2.20 | GGC | 17 | 3.40 | TGC | 16 | 3.20 |
| AGG | 20 | 4.00 | CGG | 7 | 1.40 | GGG | 9 | 1.80 | TGG | 15 | 3.00 |
| AGT | 3 | 0.60 | CGT | 5 | 1.00 | GGT | 6 | 1.20 | TGT | 8 | 1.60 |
| ATA | 1 | 0.20 | CTA | 2 | 0.40 | GTA | 0 | 0.00 | TTA | 0 | 0.00 |
| ATC | 5 | 1.00 | CTC | 9 | 1.80 | GTC | 6 | 1.20 | TTC | 5 | 1.00 |
| ATG | 7 | 1.40 | CTG | 25 | 5.00 | GTG | 14 | 2.80 | TTG | 1 | 0.20 |
| ATT | 0 | 0.00 | CTT | 4 | 0.80 | GTT | 2 | 0.40 | TTT | 0 | 0.00 |

利用在线软件NetPhos2.0 Server和NetPhosK1.0 Server预测天府肉羊TCAP蛋白质磷酸化位点，分析发现：该氨基酸序列中有8个丝氨酸磷酸化位点、3个苏氨酸磷酸化位点、1个酪氨酸磷酸化位点和3个特异性蛋白激酶C（protein kinase C，PKC）磷酸化位点（表1-32）。

表1-32 TCAP蛋白磷酸化位点预测

| 磷酸化氨基酸 | 位点 | 评分 | 位点 | 评分 | 位点 | 评分 |
|---|---|---|---|---|---|---|
| | 11 | 0.896 | 31 | 0.970 | 39 | 0.940 |
| Ser | 147 | 0.814 | 155 | 0.993 | 157 | 0.968 |
| | 159 | 0.965 | 161 | 0.997 | | |

（续表）

| 磷酸化氨基酸 | 位点 | 评分 | 位点 | 评分 | 位点 | 评分 |
| --- | --- | --- | --- | --- | --- | --- |
| Thr | 95 | 0.712 | 109 | 0.972 | 151 | 0.872 |
| Tyr | 51 | 0.775 | | | | |
| PKC | 31 | 0.610 | 50 | 0.720 | 151 | 0.890 |

利用在线软件ExPASy ProtScale预测天府肉羊TCAP蛋白的疏水性，分析发现天府肉羊TCAP蛋白的大多数氨基酸是亲水性的（图1-38）。

将氨基酸序列提交到ExPASy Proteomcs Server的SignalP4.0服务器，结果表明，天府肉羊TCAP蛋白没有信号肽序列，为非分泌型蛋白。

利用在线软件TMHMM Server.v.2.0预测TCAP蛋白的跨膜区结构，结果发现天府肉羊TCAP蛋白不存在跨膜结构域。

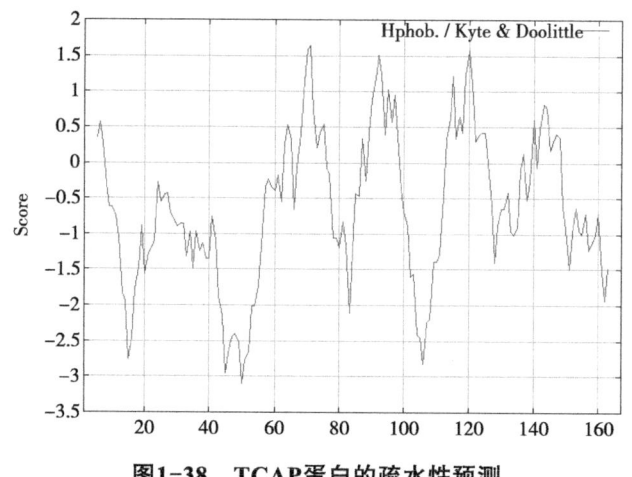

**图1-38 TCAP蛋白的疏水性预测**

注：水平线代表氨基酸残基数，垂直表示相对的亲水区。零点以上为疏水区，零点以下为亲水区。

分别用NetOGlyc 3.1和NetNGlyc 1.0预测天府肉羊TCAP蛋白糖基化位点，预测结果显示：TCAP蛋白不存在N-糖基化位点，没有预测到O-糖基化位点。

利用在线软件ExPASy-PROSITE对天府肉羊TCAP蛋白进行结构域预测，分析发现该蛋白含有一个保守结构域，位于113～126氨基酸之间。

利用在线软件HNN对天府肉羊TCAP蛋白的二级结构预测。结果显示，TCAP蛋白的氨基酸序列中包含α-螺旋占40.72%；无规则卷曲占54.49%；延伸片段占4.79%，以α-螺旋及无规则卷曲为主。

## （二）荧光定量PCR扩增结果检测

不同组织的总RNA，经过RT-PCR扩增，用1%的琼脂糖凝胶电泳检测都有清晰的 *TCAP* 基因和 *GAPDH* 基因扩增条带，其片段大小与预期的一致。结果表明：*TCAP* 基因及内参基因 *GAPDH* 在所选择的8个组织中均有表达。

荧光定量PCR扩增过程中，基因扩增产物的熔解曲线为单峰曲线，扩增信号均为特异扩增产物荧光信号，没有非特异产物和引物二聚体形成。*TCAP* 基因标准曲线的一致系数 $R^2=0.984$，Efficiency=96.3%；*GAPDH* 基因的一致系数 $R^2=0.992$，Efficiency=99.1%，标准曲线的扩增效率在理想的90%~105%的范围内，可信度较高，试验得到的 *Ct* 值能够准确确定起始cDNA拷贝数（图1-39、图1-40）。

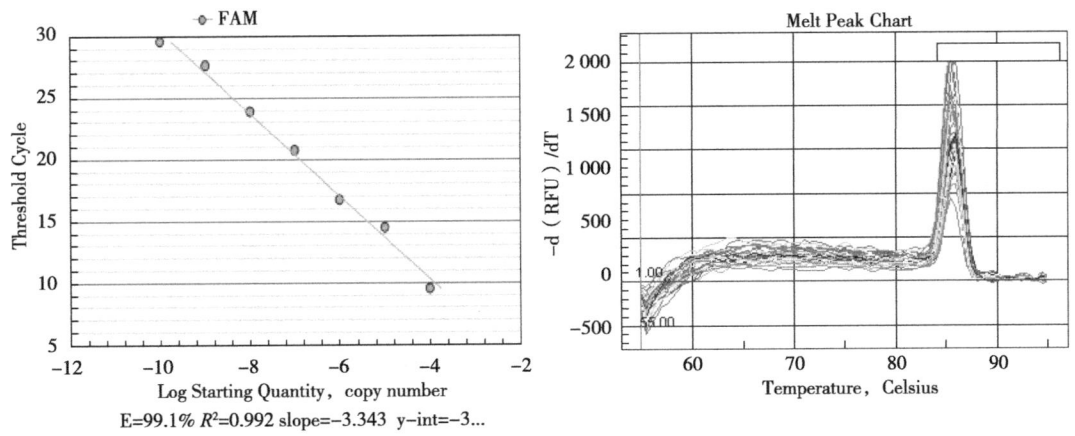

图1-39　*GAPDH* 的标准曲线和熔解曲线

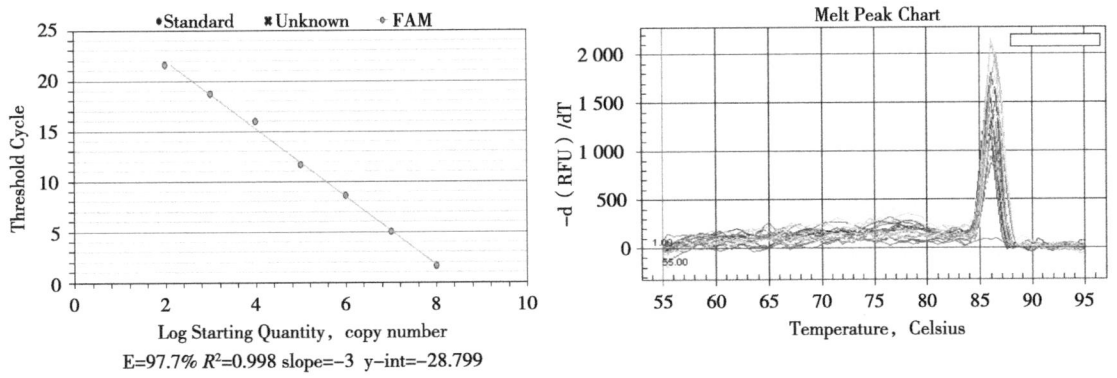

图1-40　*TCAP* 的标准曲线和熔解曲线

## （三）*TCAP* 基因在不同组织及时间的表达

对天府肉羊组织中的 *TCAP* 基因的表达情况进行检测，同一组织进行3个个体间的重复，结果发现：天府肉羊 *TCAP* 基因在所检测的8个组织中均有表达（表

1-33）。TCAP基因在眼肌中的表达量最高，极显著高于肾脏、肺脏、脾脏和肝脏组织（$P<0.01$），眼肌、腿肌和心脏之间的差异不显著（$P>0.05$），腿肌、心脏和腹肌之间的差异不显著（$P>0.05$），腿肌、心脏和腹肌极显著高于肾脏、肺脏、脾脏和肝脏，肺脏、脾脏和肝脏之间的差异不显著（$P>0.05$）。

表1-33 TCAP基因在4月龄天府肉羊不同组织的相对表达量

| 组织 | 眼肌 | 腿肌 | 心脏 | 腹肌 | 肾脏 | 肺脏 | 脾脏 | 肝脏 |
|---|---|---|---|---|---|---|---|---|
| 表达量 | 1.673 ± 0.021 | 1.645 ± 0.025 | 1.620 ± 0.010 | 1.603 ± 0.015 | 1.045 ± 0.015 | 0.360 ± 0.026 | 0.350 ± 0.025 | 0.327 ± 0.020 |

分别对4月龄、6月龄、9月龄、12月龄和15月龄的天府肉羊TCAP基因在眼肌、腿肌、心脏和腹肌的相对表达量进行测定发现，TCAP基因在眼肌中的表达趋势是逐步下降的，开始时下降比较显著，到12月龄则比较平缓。而TCAP基因在腿肌、心脏和腹肌中的表达也都呈现逐步下降趋势（表1-34）。

表1-34 TCAP基因在不同组织、不同时期的相对表达量

| 组织 | 4月龄 | 6月龄 | 9月龄 | 12月龄 | 15月龄 |
|---|---|---|---|---|---|
| 眼肌 | 1.673 ± 0.021 | 1.477 ± 0.050 | 1.240 ± 0.011 | 1.031 ± 0.011 | 1.021 ± 0.012 |
| 腿肌 | 1.645 ± 0.025 | 1.531 ± 0.012 | 1.481 ± 0.013 | 1.237 ± 0.025 | 1.137 ± 0.015 |
| 心脏 | 1.620 ± 0.010 | 1.451 ± 0.012 | 1.337 ± 0.021 | 1.271 ± 0.010 | 1.127 ± 0.032 |
| 腹肌 | 1.603 ± 0.015 | 1.567 ± 0.025 | 1.381 ± 0.013 | 1.161 ± 0.012 | 1.027 ± 0.021 |

## 三、主要研究结论

本研究首次成功克隆天府肉羊的TCAP基因，获得了全长为624 bp的TCAP基因cDNA序列，将序列提交至NCBI，获得了基因登录号JN129836.1。

TCAP基因包括完整的开放阅读框504 bp，编码167个氨基酸，其蛋白分子量为18 970.5 Da，理论等电点为5.50。生物信息学分析表明：天府肉羊TCAP基因的cDNA序列与牛、猪、人的一致性分别为97%、94%、91%。TCAP蛋白的大部分氨基酸都是亲水性的；TCAP蛋白不含有跨膜结构域，含有一个保守结构域。

TCAP基因在所选择的天府肉羊8个组织（心脏、肝脏、脾脏、肺脏、肾脏、眼肌、腿肌、腹肌）中均有表达，其中4月龄天府肉羊眼肌中的表达量最高，极显著高于肾脏、肺脏、脾脏和肝脏组织（$P<0.01$），在眼肌、腿肌和心肌之间的差异不显著

（$P>0.05$），腿肌、心肌和腹肌之间的差异不显著（$P>0.05$），腿肌、心肌和腹肌极显著高于肾脏、肺脏、脾脏和肝脏，肺脏、脾脏和肝脏之间的差异不显著。随着月龄的增长，*TCAP*基因在肌肉组织中的表达呈现逐渐下降趋势。

## 第八节　*PRLR*基因多态性及其与天府肉羊产羔数的相关性分析

催乳素（prolactin，PRL）是一种垂体前叶分泌的可以促进乳腺泌乳的肽类激素，通过与其细胞膜表面特异性受体（PRLR）结合，引起靶细胞的各种生理生化反应，在母性妊娠和泌乳及胎儿的生长发育、雄性哺乳动物的生殖调节等过程中有重要的作用。产羔数是养羊生产中极为重要的经济性状之一，属于限性表达的低遗传力性状。寻找控制产羔数的基因或与产羔数紧密连锁的分子标记对进行标记辅助选择和培育高产羊具有十分重要的意义。催乳素受体PRLR被证实是一种特异的、高亲和性的膜锚定蛋白，*PRLR*基因在哺乳动物的乳腺、黄体、卵巢、睾丸和肝脏等多种组织中存在并表达。由于催乳素受体基因（*PRLR*）在繁殖途径中的综合作用，许多国内外学者将*PRLR*基因作为家畜的候选基因进行了大量研究。本试验采用PCR-SSCP方法对*PRLR*基因进行多态性检测，以寻找该基因在天府肉羊中的多态性及其与产羔数相关性，为进一步的标记辅助选择提供科学依据。

### 一、试验材料与方法

#### （一）试验材料

本试验以天府肉羊为研究对象，选择有产仔记录的天府肉羊母羊150只，每个个体采集2.0 mL血液，加入等体积的抗凝血剂（ACD）-DNA保存液，轻轻振荡，-20 ℃冰箱中保存备用。

#### （二）试验方法

1. 引物的设计与合成

根据GenBank中*PRLR*基因外显子10序列（GenBank登录号：AF091870）和*PRLR* mRNA序列（GenBank登录号：NM174155）设计5对引物。引物由生工生物工程（上海）股份有限公司合成（表1-35）。

表1-35　PCR扩增的引物序列

| 引物 | 序列（5′→3′） | 片段大小（bp） | 退火温度（℃） |
|---|---|---|---|
| 引物1 | F：5′-AAGGGCAAGTCCGAAGAACT-3′<br>R：5′-TGACGTTCCTCACACTTTTC-3′ | 248 | 57.8 |
| 引物2 | F：5′-TGTCTGAAAAGTGTGATGAA-3′<br>R：5′-ACCGATGTTGTGGTAAGAATA-3′ | 233 | 47.0 |
| 引物3 | F：5′-AAACCCCGTTGTTCTCTGCTA-3′<br>R：5′-CCCAACGCAACAGGAGTCTAC-3′ | 315 | 63.5 |
| 引物4 | F：5′-CTTACCACATCATAGCTCACG-3′<br>R：5′-GTTTGGCGGAGAACAAGCCGG-3′ | 231 | 58.0 |
| 引物5 | F：5′-TTGCGCTGAGGACTGACAT-3′<br>R：5′-TACGAGTCAGCTAGTGTCAA-3′ | 167 | 65.0 |

2. DAN提取与PCR产物检测

采用苯酚/氯仿抽提法提取基因组DNA，通过1%琼脂糖凝胶电泳（含GoldView）比较提取DNA与DNAMarker的亮度、整齐度和位置，估测DNA的浓度和纯度。

采用10 μL反应体系，其中2×MasterMix 5 μL，上、下游引物各0.3 μL，DNA模板1.0 μL，ddH₂O 3.4 μL。5对引物预变性、变性、延伸、循环数、终延伸、保存温度条件相同，均为94 ℃/300 s、94 ℃/40 s、72 ℃/50 s、34、72 ℃/600 s、4 ℃；退火反应条件依次分别为57.8 ℃/40 s、47.0 ℃/40 s、63.5 ℃/40 s、58.0 ℃/40 s、65.0 ℃/40 s。扩增产物进行1%琼脂糖凝胶（含GoldView染料）电泳，检测是否扩增出目的片段。

3. SSCP分析与基因型判定

PCR产物经变性处理后，用12%聚丙烯酰胺凝胶300 V预电泳15 min，然后120 V电泳16 h。胶板用0.1%的硝酸银染色，四硼酸钠显色，拍照。根据DNA显色条带的位置和数目判断基因型。将不同基因型PCR产物送上海英骏公司测序，用DNAman软件进行序列分析。

4. 数据处理与相关性分析

采用PopGene（Population Genetic Analysis，Version1.31）软件计算基因频率、基因型频率、杂合度（H）和多态信息含量（PIC），进行Hardy-Weinberg平衡检验。根据生产记录，建立固定效应数学模型：

$$y_{ij} = \mu + M_j + e_{ij}$$

式中：$y_{ij}$为个体产羔数，$\mu$为群体平均值，$M_j$为基因型效应值，$e_{ij}$为随机残差。运用SAS（8.1）GLM程序进行基因型与产羔数的关联分析和数据比较。

## 二、试验结果与分析

### （一）基因组DNA的提取

从150 μL血样中提取的基因组DNA溶于100 μL TE中，4 ℃灭活，12 h后用1%琼脂糖凝胶电泳，生物素染色，利用分光光度计对提取的天府肉羊基因组DNA浓度和纯度检测，结果显示：OD值为1.6左右，说明本试验提取的天府肉羊基因组DNA既无降解也无RNA，纯度和浓度符合生物学试验要求，能够用于PCR（图1-41）。

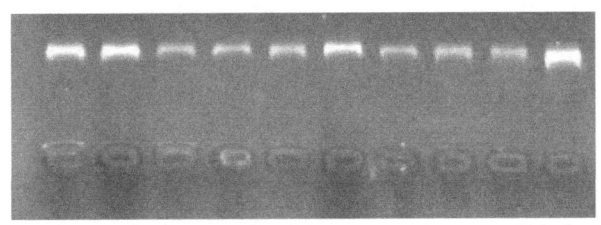

**图1-41　基因组DNA 1.0%的琼脂糖凝胶电泳图谱**

### （二）天府肉羊*PRLR*基因PCR扩增结果

利用5对引物分别对天府肉羊基因组DNA进行扩增，PCR产物用1.0%琼脂糖凝胶电泳检测，结果得到248 bp、233 bp、315 bp、231 bp和167 bp五条特异性条带，特异性扩增良好，片段长度与预期的相符，可直接进行SSCP分析（图1-42）。

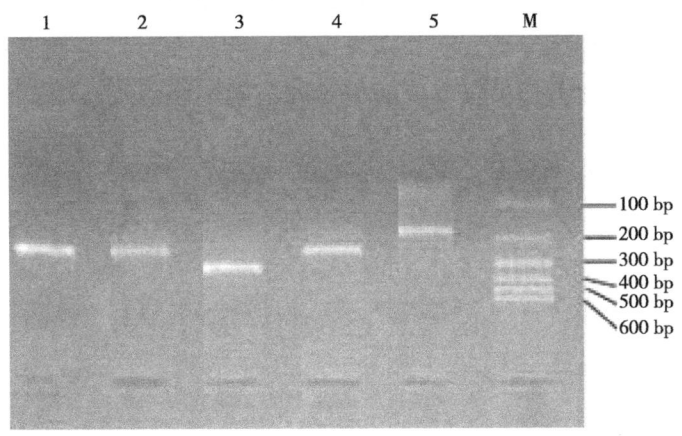

**图1-42　5个引物PCR 1.0%的琼脂糖凝胶电泳图谱**

### （三）PCR-SSCP结果

经PCR-SSCP检测引物1和引物3存在清晰的不同条带，可以用于测序分析（图1-43、图1-44）。

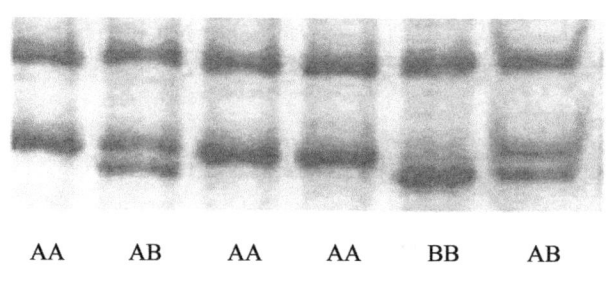

图1-43 引物1的PCR扩增产物的SSCP分析

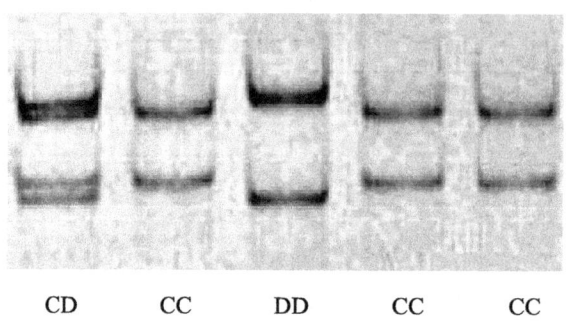

图1-44 引物3的PCR扩增产物的SSCP分析

## （四）天府肉羊PRLR基因不同基因型测序结果

通过对PRLR基因的SSCP分析，取不同基因型进行直接测序（上海英骏生物公司）。用序列对比软件DNAman对PCR扩增产物的测序结果进行比对，发现2个SNP位点，突变位点分别位于PRLR基因第10外显子52 bp、220 bp处（图1-45、图1-46）。第一个位点位于52 bp处是G→A突变，该突变没有导致氨基酸的改变；第2个位点位于220 bp处是T→C突变，该突变导致亮氨酸变为脯氨酸（Leu→Pro）。

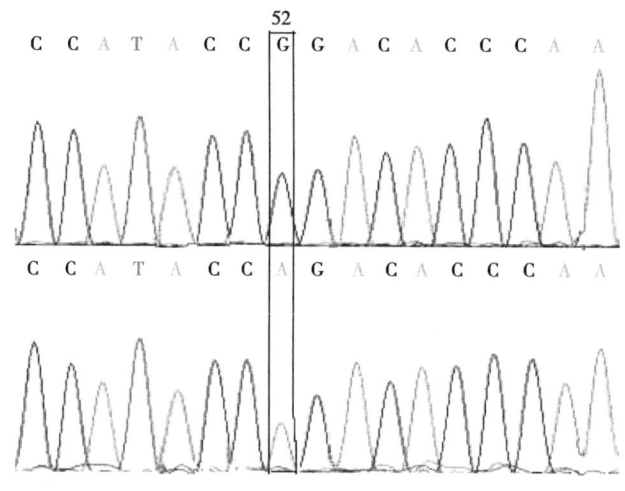

图1-45 天府肉羊PRLR基因AA和BB基因型的序列比较

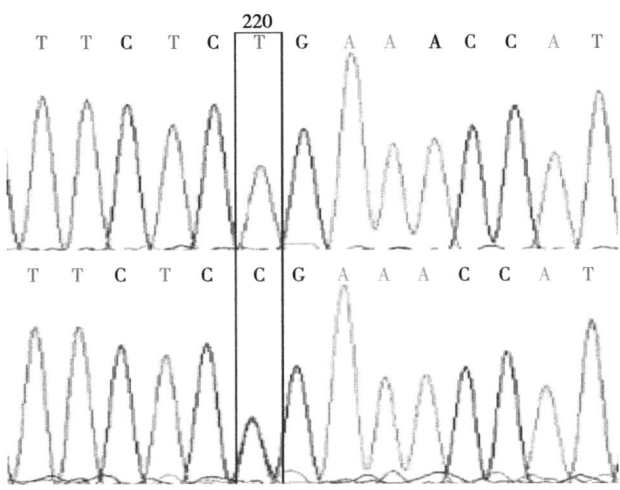

图1-46 天府肉羊*PRLR*基因CC和DD基因型的序列比较

## (五) 天府肉羊*PRLR*基因遗传多态性的分析

### 1. *PRLR*基因各基因型的频率分析

对*PRLR*基因5对引物的PCR产物进行了基因型检测,检测出了2个突变点,采用PopGene32（Population Genetic Analysis, Version 1.31）软件,对*PRLR*基因的基因型频率和基因频率基因型和基因频率统计结果。经适合性检验,*PRLR*基因第10外显子引物1和引物3的PCR扩增产物在天府肉羊基本保持了Hardy-Weinberg平衡（表1-36）。

表1-36 *PRLR*基因的基因型频率和基因频率

| 引物 | 基因型 | 频率 |
| --- | --- | --- |
| P1 | AA | 0.473（71） |
|  | AB | 0.413（62） |
|  | BB | 0.114（17） |
| P3 | CC | 0.620（93） |
|  | CD | 0.067（10） |
|  | DD | 0.313（47） |

注：括号内的数字为样本数

### 2. *PRLR*基因在天府肉羊的遗传变异分析

多态信息含量及遗传杂合度分析表明,天府肉羊引物1的多态信息含量（PIC）为

0.336 3，属于中度多态，杂合度为0.242 7；引物3的多态信息含量（PIC）为0.252 7，属于中度多态，杂合度为0.521 4。

3. PRLR基因多态性与天府肉羊产羔数相关性分析

根据固定效应数学模型得出（表1-37）：AA、AB、BB三种基因型经产母羊的产羔数为AA>AB>BB，其中AA型经产母羊产羔数比BB型高0.389只（$P<0.05$）；CC、CD、DD三种基因型经产母羊的产羔数为CC>DD>CD，其中CC基因型经产母羊的产羔数比DD型高0.407只（$P<0.05$），比CD型高0.674只（$P<0.05$），达到差异显著水平。而不同基因型初产羊的产羔数差异均不显著（$P>0.05$）。

表1-37　PRLR基因的基因型频率及各基因型母羊产羔数的相关性分析

| 类型 | 等位基因 | | 基因型 | | | 经产母羊产羔数 | 初产母羊产羔数 |
| --- | --- | --- | --- | --- | --- | --- | --- |
| | 种类 | 频率 | 种类 | 频率 | 数量 | | |
| 引物1 | A | 0.679 | AA | 0.473 | 71 | $1.722^a \pm 0.127$ | $1.012 \pm 0.014$ |
| | B | 0.321 | AB | 0.413 | 62 | $1.501^{ab} \pm 0.121$ | $1.001 \pm 0.207$ |
| | / | / | BB | 0.114 | 17 | $1.333^b \pm 0.221$ | $1.147 \pm 0.274$ |
| 引物3 | C | 0.653 | CC | 0.620 | 93 | $2.407^a \pm 0.102$ | $1.357 \pm 0.213$ |
| | D | 0.347 | CD | 0.067 | 10 | $1.733^b \pm 0.137$ | $1.064 \pm 0.215$ |
| | / | / | DD | 0.313 | 47 | $2.000^b \pm 0.374$ | $1.413 \pm 0.334$ |

注：同一列数据中上标小写字母不同的，表示差异显著（$P<0.05$）

## 三、主要研究结论

以150只天府肉羊为研究对象，对PRLR基因的第10外显子进行PCR-SSCP遗传多样性及其与产羔数的相关性分析。结果表明：该基因第10外显子52 bp处G→A突变形成了AA、AB、BB共3种基因型，其中AA基因型经产母羊的产羔数比BB型高0.389只；而220 bp处T→C突变形成了CC、CD、DD共3种基因型，其中CC基因型经产母羊的产羔数比DD型高0.407只，这表明AA和CC两种纯合基因型在控制繁殖性能上具有明显的遗传效应，达到差异显著水平，提示PRLR基因可以作为天府肉羊新品种繁殖性能标记辅助选择育种（MAS）的候选基因，但其应用效果还有待进一步研究。

# 第九节 *PRL*、*PL*基因多态性与天府肉羊产羔数及哺乳期产奶量的关联性分析

催乳素（Prolactin，PRL）是一种肽类激素，胎盘泌乳刺激素（Placental Laetogen，PL）是一种蛋白激素，两种激素均属生长激素/催乳素家族，对反刍动物的产奶性能和繁殖性能的调控具有重要作用。

催乳素是一种单链蛋白激素，在促进乳腺发育、乳汁生成、发动和维持泌乳方面具有重要作用。胎盘泌乳刺激素是一种胎盘产生的单纯蛋白激素，由于其与垂体分泌的生长激素和催乳素在结构和功能上非常相似，因此被称为胎盘催乳素，又被称为绒毛膜生长催乳激素（CSH）。胎盘泌乳刺激素在维持妊娠、母体中间代谢、胎儿发育、乳腺发育、泌乳和卵巢类固醇生成等过程中具有重要作用。

本试验对天府肉羊*PRL*、*PL*基因进行PCR-SSCP分析，检测两个基因在不同外显子上的多态性，并分析*PRL*、*PL*基因的多态性与产羔数及哺乳期产奶的相关性，为开展天府肉羊标记辅助选择及羔羊培育提供试验依据。

## 一、试验材料与方法

### （一）试验材料

本试验以天府肉羊为研究对象，在天府肉羊养殖基地随机选择健康的天府肉羊能繁母羊100只，所选个体符合品种特征，所有羊只均为全舍饲，自由运动和饮水。每只试验羊颈静脉采血2 mL，迅速加入等体积的抗凝血剂DNA保存液，轻轻混合摇匀后立即放入冰盒中，迅速带回实验室置于-20 ℃冰箱中保存备用。收集供试天府肉羊产羔数相关资料。

### （二）试验方法

1. 引物设计及目的基因片段克隆

提取基因组DNA，用琼脂糖凝胶电泳对提取的DNA进行纯度和浓度检测。参照GenBank中登载的牛*PRL*基因序列（登录号：AF426315.1）和绵羊的*PL*基因序列（登录号：AF079546.1），利用Primer 5.0引物设计软件设计3对引物，分别扩增*PL*基因第2外显子和*PRL*基因的第4、第5外显子，引物由上海生工生物工程技术服务有限公司合成（表1-38）。

表1-38　*PL*和*PRL*基因引物设计

| 引物 | 序列（5→3） | 片段大小（bp） | 备注 |
| --- | --- | --- | --- |
| P1 | F：5-TAACCTTGGGCTAATACATCA-3<br>R：5-TGGAAATAAGCAAGAAATACAGT-3 | 264 | *PL*基因Exon2 |
| P2 | F：5-CACCTGTTACCAAATCCACT-3<br>R：5-GTTCAAAACTCATTCCTCCT-3 | 322 | *PRL*基因Exon4 |
| P3 | F：5-ATTCCTGGAGCCAAAGAG-3<br>R：5-TGTGGGCTTAGCAGTTGT-3 | 196 | *PRL*基因Exon5 |

采用10.0 μL PCR反应体系，包括2×MasterMix酶4.0 μL、上游引物（10 pmol/μL）0.2 μL、下游引物（10 pmol/μL）0.2 μL、DNA模板（DNAtemplate：50 ng/uL）1.0 μL、灭菌超纯水（ddH$_2$O）4.6 μL。3对引物PCR反应条件（表1-39）。

表1-39　PCR反应条件

| 引物编号 | 预变性<br>（℃、min） | 变性<br>（℃、s） | 退火<br>（℃、s） | 延伸<br>（℃、s） | 循环数 | 终延伸<br>（℃、min） | 保存<br>（℃） |
| --- | --- | --- | --- | --- | --- | --- | --- |
| P1 | 94、4 | 94、30 | 51.7、30 | 72、30 | 36 | 72、7 | 4 |
| P2 | 94、4 | 94、30 | 56.8、30 | 72、30 | 37 | 72、7 | 4 |
| P3 | 94、4 | 94、30 | 58.2、30 | 72、30 | 35 | 72、7 | 4 |

PCR扩增产物用1.0%琼脂糖凝胶检测，在凝胶成像系统下观察是否在Marker相应位置出现明亮条带。

2. PCR扩增产物的PCR-SSCP分析及基因型判定

将PCR产物经离心和变性处理后，采取10%非变性聚丙烯酰胺凝胶电泳，电泳结束后，采用银染法染色显色，根据DNA显色条带的相对位置和数目判断基因型。将不同基因型所对应的DNA样品挑选出来，送上海生工生物工程技术服务有限公司进行测序，经比对分析，找到碱基发生突变的具体位置。

3. 哺乳期产奶量和乳中营养成分测定

选择8只初产和8只经产健康的天府肉羊母羊作供试羊。所有羊只均采用全舍饲饲喂管理，自由饮水和自由运动。对所选的泌乳母羊，采用羔羊在每次哺乳前后体重差法测定哺乳期（产后60 d）产乳量。

4. 数据处理与统计分析

运用SAS8.1软件的GLM（General LinearModle）工具进行最小二乘方差分析，比较天府肉羊不同PRL基因型之间的产羔数差异，根据生产情况建立数学模型如下：

$$y_{ij}=\mu+N_i+G_j+e_{ij}$$

式中，$y_{ij}$为产羔数，$\mu$为群体均值，$N_i$为胎次效应，$G_j$为基因型效应，$e_{ij}$为随机误差。比较天府肉羊不同PL基因型之间的产羔数差异方法同上。

## 二、试验结果与分析

### （一）基因PCR扩增结果

用3对引物对天府肉羊基因组DNA进行扩增，PCR产物用1.0%琼脂糖凝胶电泳进行检测，得到322 bp、196 bp、264 bp三条特异性条带（图1-47、图1-48）。结果表明：特异性扩增良好，片段长度与预期的相符，可直接进行SSCP分析。

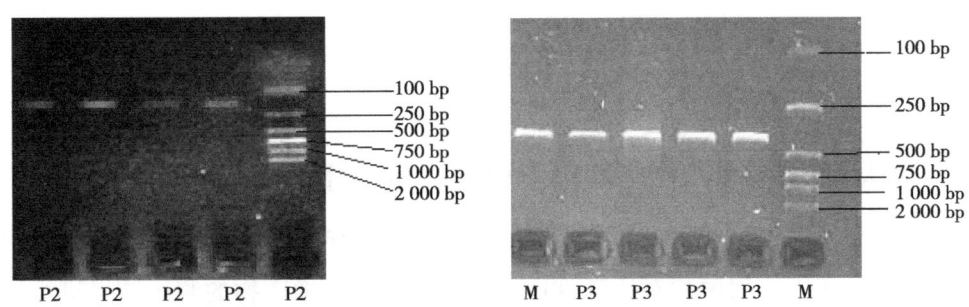

图1-47　*PRL*基因外显子4和5 PCR扩增结果

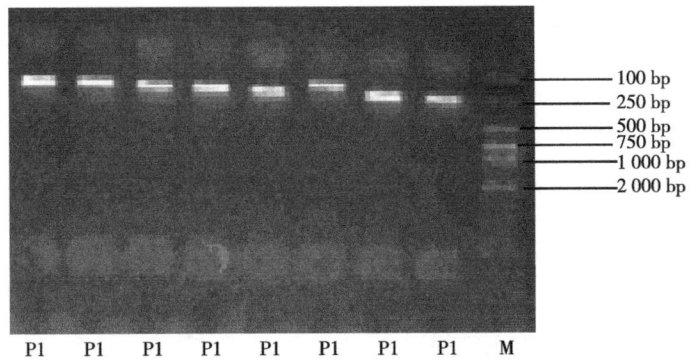

图1-48　*PL*基因外显子2 PCR扩增结果

## （二）PCR-SSCP检测结果

对所扩增的基因片段进行SSCP检测，结果发现：*PRL*基因外显子5和*PL*基因外显子2具有多态性，其PCR-SSCP电泳图见图1-49、图1-50。

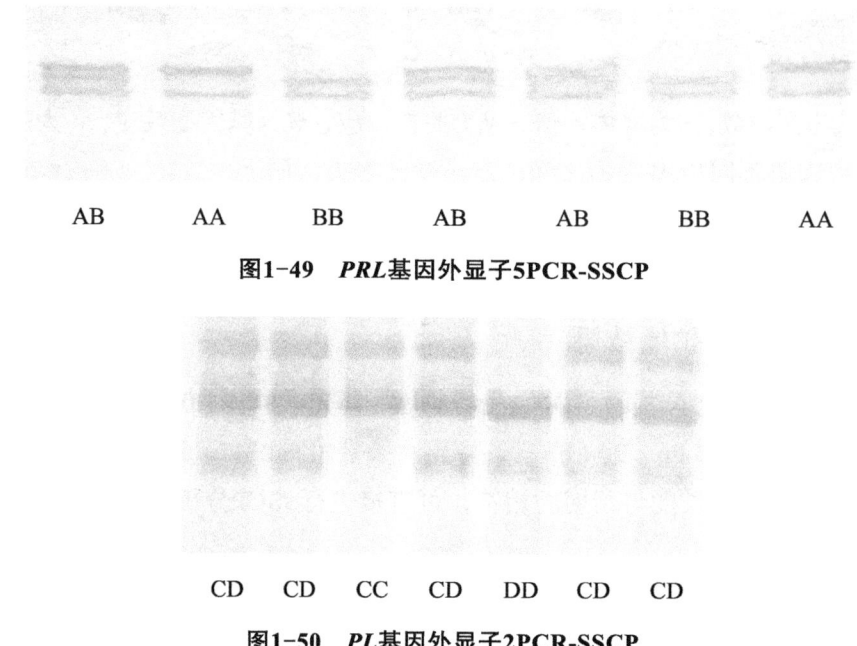

图1-49　*PRL*基因外显子5PCR-SSCP

图1-50　*PL*基因外显子2PCR-SSCP

## （三）天府肉羊*PRL*、*PL*基因不同基因型测序结果

通过对*PRL*、*PL*基因SSCP分析，取不同基因型进行直接测序［生工生物工程（上海）股份有限公司］。用序列对比软件DNAman对PCR扩增产物的测序结果进行比对，*PRL*、*PL*基因各发现1个SNP位点，突变位点分别位于*PRL*基因第5外显子576 bp和*PL*基因第2外显子208 bp处。*PRL*基因第5外显子位点位于576 bp处是G→T突变；*PL*基因第2外显子第2个位点位于208 bp处是T→G突变（图1-51、图1-52）。

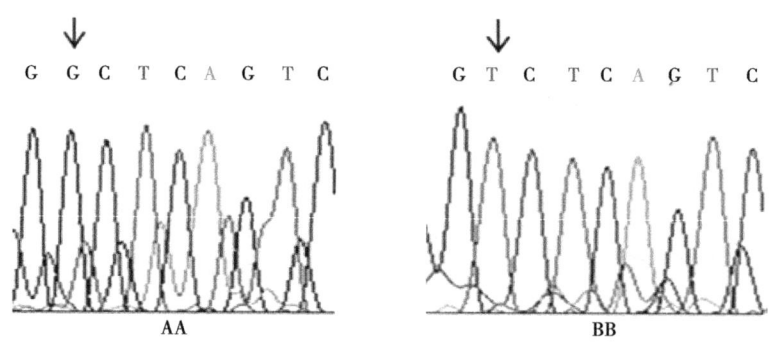

图1-51　*RL*基因外显子5的AA和BB基因型的序列比较

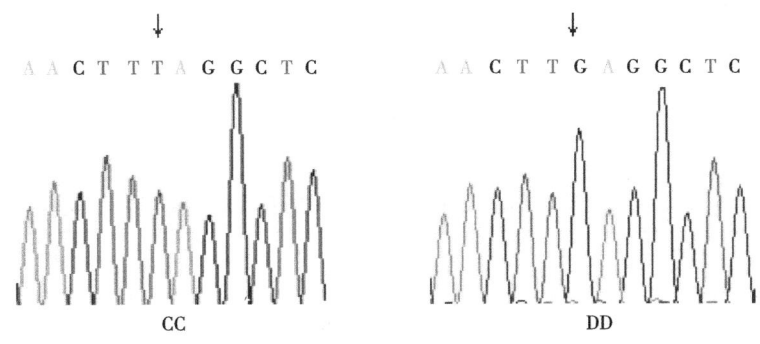

**图1-52　PL基因外显子2的CC和DD基因型的序列比较**

### (四) 天府肉羊PRL基因遗传多态性分析

通过对天府肉羊PRL基因2对引物的PCR产物进行基因型检测，发现1个突变点，经分型后，采用PopGene32（Population Genetic Analysis，Version 1.31）软件统计各基因型频率和基因频率，在天府肉羊PRL外显子5基因型频率表现为AA>AB>BB，AA为优势基因型；等位基因频率表现为A>B，A等位基因为优势等位基因。对该位点的基因频率进行卡方检验，$\chi^2$值差异极显著（$P<0.01$），不处于Hardy-Weinberg平衡（表1-40）。

**表1-40　PRL基因外显子5的等位基因频率和基因型频率**

| 品种 | 样本数 | 基因型频率 | | | 基因频率 | | $\chi^2$值 |
|---|---|---|---|---|---|---|---|
| | | AA | AB | BB | A | B | |
| 天府肉羊 | 100 | 0.580（58） | 0.360（36） | 0.060（6） | 0.760 | 0.240 | 61.920** |

注：括号内的数字是个体数；**表示差异极显著（$P<0.01$）。

多态信息含量及遗传杂合度分析得出（表1-41）：对于PRL基因外显子5来说，天府肉羊多态信息含量（PIC）为0.298 3，为中度多态。其杂合度为0.364 8。

**表1-41　PRL基因等位基因位点的群体杂合性分析**

| 品种 | 纯合度Ho | 杂合度He | 有效等位基因Ne | 多态信息含量PIC |
|---|---|---|---|---|
| 天府肉羊 | 0.635 2 | 0.364 8 | 1.574 3 | 0.298 3 |

注：PIC>0.5为高度多态，0.25<PIC<0.5为中度多态，PIC<0.25为低度多态。

### (五) 天府肉羊PL基因遗传多态性的分析

统计PL基因外显子2各基因型频率和基因频率，结果表明（表1-42）：天府肉羊PL外显子2基因型频率表现为CD>CC>DD，CD为优势基因型；等位基因频率表现C>D，C等位基因为优势等位基因。对该位点的基因频率进行卡方检验，$\chi^2$值差异极显著（$P<0.01$），不处于Hardy-Weinberg平衡。

表1-42 天府肉羊PL基因外显子2的等位基因频率和基因型频率

| 品种 | 样本数 | 基因型频率 | | | 基因频率 | | $\chi^2$值 |
| --- | --- | --- | --- | --- | --- | --- | --- |
| | | CC | CD | DD | C | D | |
| 天府肉羊 | 100 | 0.160（16） | 0.740（74） | 0.100（10） | 0.530 | 0.470 | 11.880** |

注：括号内的数字是个体数；$\chi^2$（df=1，0.05）=3.84，$\chi^2$（df=1，0.01）=6.63；**表示差异极显著（$P<0.01$）。

PL基因等位基因位点的群体杂合性分析显示，对于PL基因外显子2来说，天府肉羊多态信息含量（PIC）为0.374 1，为中度多态。其杂合度为0.498 2（表1-43）。

表1-43 PL基因等位基因位点的群体杂合性分析

| 品种 | 纯合度Ho | 杂合度He | 有效等位基因Ne | 多态信息含量PIC |
| --- | --- | --- | --- | --- |
| 天府肉羊 | 0.501 8 | 0.498 2 | 1.992 8 | 0.374 1 |

## （六）PRL基因多态性与天府肉羊产羔数和产奶量的相关性分析

PRL基因第5外显子引物扩增片段的突变基因型在天府肉羊群体中3种基因型与初产羊产羔数的最小二乘均值的分析显示：天府肉羊的初产产羔数的最小二乘均值关系为AA>AB>BB，AA基因型的平均初产产羔数极显著高于AB基因和BB基因型（$P<0.01$）；3种基因型与经产羊产羔数的最小二乘均值的关系是AA型产羔数极显著高于AB和BB型产羔数（$P<0.01$），AB型产羔数亦高于BB型，差异极显著（$P<0.01$）。总体来说，经产羊的产羔数高于初产羊（表1-44）。

表1-44 各基因型与天府肉羊产羔数的最小二乘均值分析

| 基因型 | 初产 | 经产 |
| --- | --- | --- |
| AA | $1.35^B \pm 0.34$ | $1.92^C \pm 0.13$ |
| AB | $1.12^A \pm 0.27$ | $1.70^B \pm 0.12$ |
| BB | $1.11^A \pm 0.16$ | $1.53^A \pm 0.22$ |

注：同列字母不同者表示差异极显著（$P<0.01$），同列字母相同者表示差异不显著（$P>0.05$）。

由表1-45表明：*PRL*基因第5外显子引物扩增片段3种基因型与天府肉羊产奶量的最小二乘均值相关性分析总体规律是AA>AB>BB，但不论是初产还是经产，AA基因型个体的产奶量极显著高于BB基因型（$P<0.01$）。

表1-45　各基因型与天府肉羊产奶量的最小二乘均值分析

| 基因型 | 初产 | 经产 |
| --- | --- | --- |
| AA | $43.75^B \pm 3.63$ | $82.66^C \pm 4.58$ |
| AB | $40.86^A \pm 3.54$ | $76.34^B \pm 2.38$ |
| BB | $40.28^A \pm 2.78$ | $64.29^A \pm 3.17$ |

注：同列字母不同者表示差异极显著（$P<0.01$），同列字母相同者表示差异不显著（$P>0.05$）。

## （七）*PL*基因多态性与天府肉羊产羔数和产奶量的相关性分析

在天府肉羊群体中扩增的*PL*基因第2外显子3种基因型与产羔数的最小二乘均值分析显示（表1-46）：天府肉羊群体的初产产羔数的最小二乘均值关系为CC>CD>DD，其中天府肉羊3种基因型的初产产羔数差异不显著（$P>0.05$）；天府肉羊经产羊产羔数的最小二乘均值关系为CC>CD>DD，且CC基因型群体的经产羊产羔数比DD基因型群体高，达到显著水平（$P<0.05$）。

表1-46　各基因型与天府肉羊产羔数的最小二乘均值分析

| 基因型 | 初产 | 经产 |
| --- | --- | --- |
| CC | $1.32 \pm 0.57$ | $2.01^b \pm 0.49$ |
| CD | $1.19 \pm 0.60$ | $1.62^{ab} \pm 0.58$ |
| DD | $1.09 \pm 0.41$ | $1.50^a \pm 0.47$ |

注：同列字母不同者表示差异显著（$P<0.05$），字母相同者表示差异不显著（$P>0.05$）。

*PL*基因第2外显子3种基因型与天府肉羊产奶量的最小二乘均值的分析显示（表1-47）：对初产羊来说，天府肉羊DD基因型个体的产奶量极显著高于CC基因型和CD基因型（$P<0.01$），CD基因型高于CC基因型，但差异不显著（$P>0.05$）；对于经产羊来说，天府肉羊3种基因型的产奶量表现为CD>CC>DD，差异极显著（$P<0.01$）。

表1-47  各基因型与天府肉羊产奶量的最小二乘均值分析

| 基因型 | 初产 | 经产 |
| --- | --- | --- |
| CC | 39.29$^B$ ± 3.74 | 74.35$^C$ ± 4.32 |
| CD | 40.33$^B$ ± 4.21 | 80.64$^B$ ± 4.75 |
| DD | 45.27$^A$ ± 4.18 | 68.29$^A$ ± 3.97 |

注：同列字母不同者表示差异极显著（$P<0.01$），同列字母相同者表示差异不显著（$P>0.05$）。

## 三、主要研究结论

本试验应用PCR-SSCP方法分析天府肉羊*PRL*和*PL*基因的多态性，并探索天府肉羊不同基因型羊与产羔数、哺乳期产奶量的关联性，结果如下：

*PRL*基因第5外显子第576位发生C→A突变，检测到A、B共2个等位基因和AA、AB、BB共3种基因型。A等位基因频率为0.760；B等位基因频率为0.240。从所有的检测个体来看，两种等位基因中A等位基因频率具有优势。适合性检验结果显示，*PRL*基因多态位点均极显著偏离了Hardy-Weinberg平衡（$P<0.01$）。天府肉羊不同基因型与哺乳期产奶量、产羔数相关性分析的结果表明：AA基因型平均初产产羔数比AB、BB基因型分别多0.23和0.24只，达到极显著水平（$P<0.01$）；AA基因型平均经产产羔数比AB、BB基因型分别多0.22只和0.39只，亦达到极显著水平（$P<0.01$）。*PRL*基因第5外显子引物扩增片段3种基因型与天府肉羊哺乳期产奶量的最小二乘均值相关性的总体规律表现为AA>AB>BB，不论是初产还是经产，AA基因型个体的产奶量极显著高于BB基因型（$P<0.01$）。

*PL*基因第2外显子第208碱基处有T→G突变，检测到C、D共2个等位基因和CC、CD、DD共3种基因型。C等位基因频率为0.530；D等位基因频率为0.470。C等位基因频率具优势。最小二乘分析结果显示，*PL*基因外显子2序列的3种基因型的天府肉羊的平均初产和经产产羔数的总体趋势均表现为CC>CD>DD，其中初产产羔数在3种基因型中差异不显著（$P>0.05$），而在经产天府肉羊中CC基因型显著高于DD基因型（$P<0.05$）。*PL*基因外显子2序列的3种基因型的天府肉羊的平均初产和经产哺乳期产奶量的关系表现：对于初产羊来说，天府肉羊DD基因型个体的产奶量极显著高于CC基因型和CD基因型（$P<0.01$），CD基因型高于CC基因型，但差异不显著（$P>0.05$）；对于经产羊来说，天府肉羊3种基因型的哺乳期产奶量总体表现为CD>CC>DD，且差异极显著（$P<0.01$）。

本试验表明，*PRL*和*PL*基因不同基因型天府肉羊能繁母羊的产羔数和产奶量具有显著差异，有待进行进一步应用研究。

# 第二章 肌肉品质候选基因研究

## 第一节 天府肉羊CAPN1基因的克隆及其在不同组织中的表达分析

钙蛋白酶系统与畜禽肉质性状高度相关，广泛参与了机体信号转导、细胞增殖和肌肉生长等生理过程，控制着肌纤维蛋白的降解，与肌肉增长和宰后嫩度的变化密切相关，是影响肌肉嫩度的重要基因。钙蛋白酶系统主要由钙蛋白酶（CAPN1和CAPN2）、钙蛋白酶抑制蛋白（CAST）及骨骼肌特异性钙蛋白酶（muscle specific calpain，p94）组成。CAPN是一类存在于细胞质中的高度依赖$Ca^{2+}$的中性半胱氨酸内肽酶，能促进蛋白质的降解，影响肉的嫩度。

本试验克隆天府肉羊CAPN1基因，并对其进行生物信息学分析，同时利用实时荧光定量PCR技术研究天府肉羊不同组织、不同生长发育阶段CAPN1的表达情况，并结合不同时期肌纤维的发育规律，以期能对钙蛋白酶系统控制畜禽嫩度的内部机制进行探讨，为进一步开展钙蛋白酶系统在天府肉羊选育中的应用提供依据。

## 一、试验材料与方法

### （一）试验材料

本试验以天府肉羊为研究对象，在屠宰试验中，采集背最长肌、后腿部肌肉样，用于克隆CAPN1；采集半岁、一岁、二岁及成年（三岁以上）各3只羯羊的心脏、肝脏、脾脏、肺脏、肾脏、眼肌、腿肌等组织。所有采样品立即置于液氮中保存，并带回实验室置于-80 ℃冰箱中保存备用。

## （二）试验方法

### 1. 引物设计

根据GenBank所提供的牛的*CAPN*1基因序（GenBank ID：AF221129）和绵羊的*β-Actin*基因序列（GenBank ID：U39357），用Primer 5.0和Oligo 6.0软件设计试验引物（表2-1）。

表2-1 *CAPN*1和*β-Actin*引物信息

| 基因 | 用途 | 名称 | 引物序列（5'-3'） | 退火温库（℃） | 片段长度（bp） |
|---|---|---|---|---|---|
| *CAPN*1 | PCR | P5 | F3：5-CCTCTCGCGGAGTTGGCCCAGC-3<br>R3：5-CACATGGCCAAAGCTTCCAGGA-3 | 61 | 505 |
| *CAPN*1 | PCR | P6 | F1：5-GCCATGAAAATGCCATCAAG-3<br>R1：5-ACGCATGAAGTCTCGGAATG-3 | 55.5 | 941 |
| *CAPN*1 | PCR | P7 | F2：5-TGGATGTCATTCCGAGACTTC-3<br>R2：5-ATCCATGAGGTTGACCATGC-3 | 56 | 798 |
| *CAPN*1 | PCR | P8 | F4：5-CCATCCTCAACAGGATCATCAG-3<br>R4：5-AGGGCAGAGGAGCATAGCAA-3 | 59 | 482 |
| *CAPN*1 | RT-PCR | P9 | F5：5-CCTCCCTTACCCTCAATGACACG-3<br>R5：5-ACCCACTCACCAAACTGCCACA-3 | 56 | 115 |
| *β-Actin* | RT-PCR | PT | F：5-GTCACCAACTGGGACGACA-3<br>R：5-AGGCGTACAGGGACAGCA-3 | 59 | 208 |

### 2. RT-PCR扩增与基因克隆

提取总RNA，按照Reverse Transcriptase M-MLV反转录试剂盒（TaKaRa公司）进行反转录反应，分别合成*CAPN*1基因cDNA第1链。分别以3'-*RACE* cDNA第一链和5'-*RACE* cDNA第一链为模板进行3'-*RACE*和5'-*RACE*的PCR扩增。采用OMEGA公司纯化回收试剂盒Gel Extraction Mini Kit回收PCR产物，制备感受态细胞，将纯化回收后的PCR产物与pMD19-T载体连接，用感受态细胞进行连接物的转化，挑选阳性克隆送上海生工生物有限公司进行测序。

### 3. 实时荧光定量PCR

以*β-Actin*作为内参基因，制作*CAPN*1、*β-Actin*标准品。荧光定量PCR采用25 μL反应体系，包括第一链cDNA 1 μL，SYBR® Rremix Ex Taq™（TaKaRa公司）12.5 μL，上游引物0.5 μL，下游引物0.5 μL，ddH$_2$O 10.5 μL，使用Bio-Radiq 5荧光定量PCR仪进行定量分析。扩增完成后，启动熔解曲线测试程序，以此判断扩增过程特异性。PCR

过程中，用1 μL灭菌水代替cDNA样品作为阴性对照。每个样品检测做3管平行试验。同时，将回收得到的DNA溶液用EASY Dilution（TaKaRa公司）依次稀释成$1 \times 10^{-1}$~$1 \times 10^{-7}$共7个浓度（10倍梯度），制作标准曲线。根据系统自动分析荧光信号将其转化为基因的起始拷贝数$Ct$值，根据各样品的$Ct$值，计算其起始模板拷贝数。利用SAS 8.0软件进行统计分析，结果均用均值±标准差表示，基因各组织对表达量的差异用ANOVA（单因素方差分析）进行分析，并利用Duncan法进行多重比较。

## 二、试验结果与分析

### （一）天府肉羊CAPN1基因的克隆及序列分析

将测序得到的各部分片段用DNAman6.0软件进行序列拼接，天府肉羊CAPN1基因cDNA序列全长2 267 bp，将序列提交至NCBI（登录号：HQ718593），其中包含一个2 151 bp的完整的开放阅读框，以及3′和5′末端非编码区的部分序列（77 bp和166 bp）。

### （二）天府肉羊CAPN1基因生物信息学分析

采用tBLASTn将翻译所得天府肉羊氨基酸序列与GenBank中其他物种CAPN1氨基酸序列比对，同源一致性为：绵羊99%、牛99%、猪96%、人95%；用Bioedit软件对本研究得到的天府肉羊CAPN1基因CDS序列进行碱基组成分析，碱基A、C、G、T的数目分别是449、621、665、416，分别占总数的20.9%、28.9%、30.9%和19.3%，A+T的含量（40.2%）低于G+C含量（59.8%）。

用DNAstar软件的Quest程序分析天府肉羊CAPN1基因密码子的偏倚性，密码子CTG的使用频率最高（数量77，占比3.60%）、其次是密码子GGA（数量74，占比3.40%），而密码子TAA（数量1）、ATA（数量2）、TAG（数量2）的使用频率较低。

用NetPhos 2.0预测天府肉羊CAPN1氨基酸序列有40个磷酸化位点，其中24个Ser磷酸化位点、8个Thr磷酸化位点、8个Tyr磷酸化位点（表2-2）。

表2-2　CAPN1蛋白磷酸化位点预测

| 磷酸化氨基酸 | 位点 | 评分 | 磷酸化氨基酸 | 位点 | 评分 | 磷酸化氨基酸 | 位点 | 评分 |
| --- | --- | --- | --- | --- | --- | --- | --- | --- |
| Ser | 77 | 0.646 | Ser | 337 | 0.934 | Ser | 564 | 0.992 |
|  | 201 | 0.962 |  | 379 | 0.944 |  | 577 | 0.557 |
|  | 206 | 0.986 |  | 417 | 0.845 |  | 588 | 0.984 |

（续表）

| 磷酸化氨基酸 | 位点 | 评分 | 磷酸化氨基酸 | 位点 | 评分 | 磷酸化氨基酸 | 位点 | 评分 |
| --- | --- | --- | --- | --- | --- | --- | --- | --- |
| Ser | 209 | 0.988 | Ser | 476 | 0.841 | Ser | 591 | 0.542 |
|  | 211 | 0.939 |  | 486 | 0.766 |  | 634 | 0.940 |
|  | 256 | 0.918 |  | 517 | 0.963 |  | 636 | 0.820 |
|  | 275 | 0.861 |  | 520 | 0.630 |  | 638 | 0.995 |
|  | 311 | 0.841 |  | 541 | 0.996 |  | 666 | 0.996 |
| Thr | 125 | 0.542 | Thr | 374 | 0.805 | Thr | 585 | 0.888 |
|  | 210 | 0.631 |  | 380 | 0.563 |  | 686 | 0.548 |
|  | 369 | 0.809 |  | 404 | 0.637 |  |  |  |
| Tyr | 145 | 0.745 | Tyr | 235 | 0.820 | Tyr | 496 | 0.939 |
|  | 195 | 0.752 |  | 320 | 0.731 |  | 640 | 0.776 |
|  | 202 | 0.590 |  | 412 | 0.638 |  |  |  |

利用在线预测软件ExPASy Proteomics Server的protscale预测天府肉羊CAPN1蛋白的疏水性，分析发现天府肉羊CAPN1蛋白大多数氨基酸是亲水性的（图2-1）。

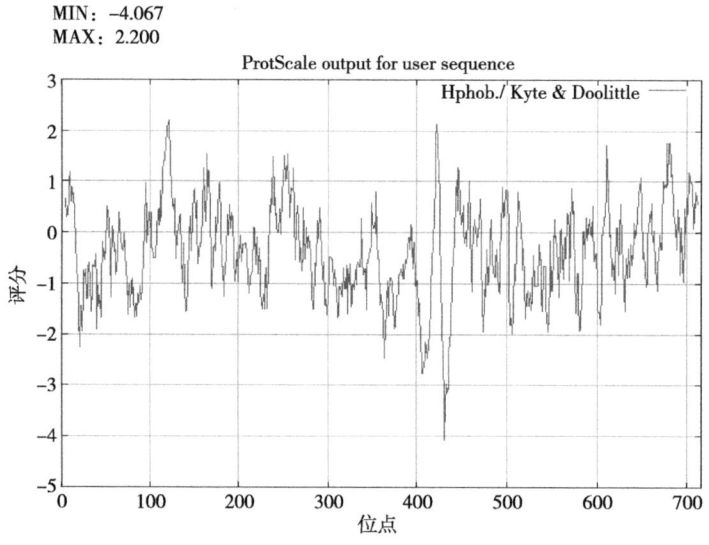

图2-1 CAPN1蛋白的疏水性预测

注：零点以上为疏水区，零点以下为亲水区。

利用在线预测软件ExPASy Proteomics Server的SignalP-3.0预测天府肉羊CAPN1蛋白的信号肽，结果表明：天府肉羊CAPN1氨基酸为非分泌型蛋白，存在信号肽序列的可能性为0.022%，序列存在信号肽序列的概率为0.00%，最有可能的断裂点出现在16与17氨基酸之间，分值为0.021（图2-2）。

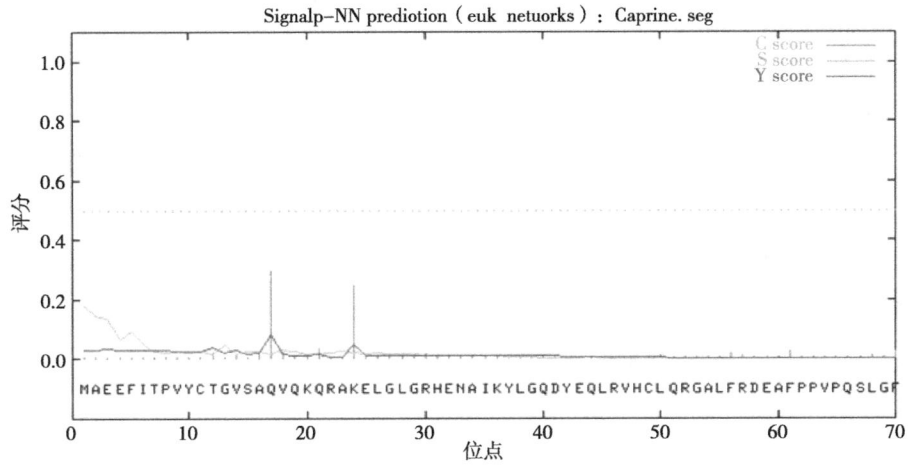

图2-2　CAPN1蛋白的信号肽预测

利用ExPASy提供的在线跨膜区结构预测软TMHMM-2分析发现CAPN1不是跨膜蛋白。

分别用NetOGlyc 3.1和NetNGlyc 1.0预测天府肉羊CAPN1蛋白糖基化位点，预测结果显示：CAPN1蛋白可能存在5个N-糖基化位点（阈值为0.5），没有预测到O-糖基化位点。

通过HNN在线二级结构预测服务器，对CAPN1氨基酸序列进行二级结构预测。结果显示：氨基酸序列中包含α-螺旋（42.04%），无规则卷曲（43.16%），延伸片段（14.80%），以α-螺旋及无规则卷曲为主。

通过NCBI的CD-Search工具，对CAPN1氨基酸序列保守结构域的预测结果显示（图2-3）：CAPN1氨基酸序列44～352位、364～526位、591～647位为CAPN家族典型的保守结构功能域。

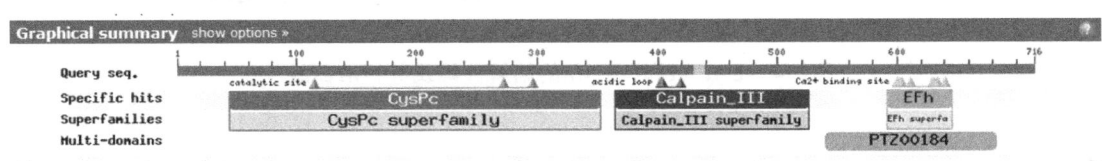

图2-3　CAPN1保守结构域预测

### （三）荧光定量PCR结果

1. PCR检测及其标准曲线

不同组织的总RNA，经过RT-PCR扩增，用1%的琼脂糖凝胶电泳检测都有清晰

的 $CAPN1$ 和 $β\text{-}Actin$ 基因扩增条带，其片段大小与预期的一致。结果表明：$CAPN1$ 及 $β\text{-}Actin$ 基因在所选择的7个组织中均有表达。在实时检测SYBR Green I的荧光信号强度中，得到 $CAPN1$ 和内参基因 $β\text{-}Actin$ 的熔解曲线。结果表明：基因扩增产物的熔解曲线均为单峰曲线。结果表明：在荧光定量PCR扩增过程中，扩增信号均为特异扩增产物荧光信号，没有非特异产物和引物二聚体形成。$CAPN1$ 和 $β\text{-}Actin$ 的标准曲线均在模板浓度梯度为 $10^{-1} \sim 10^{-7}$ 的范围内构建，$CAPN1$ 基因一致系数 $R^2=0.998$，Efficiency=97.7%；$β\text{-}Actin$ 基因一致系数 $R^2=0.992$，Efficiency=99.1%；标准曲线的扩增效率为90%~105%，可信度较高，说明试验得到的 $Ct$ 值能准确确定起始cDNA拷贝数（图2-4）。

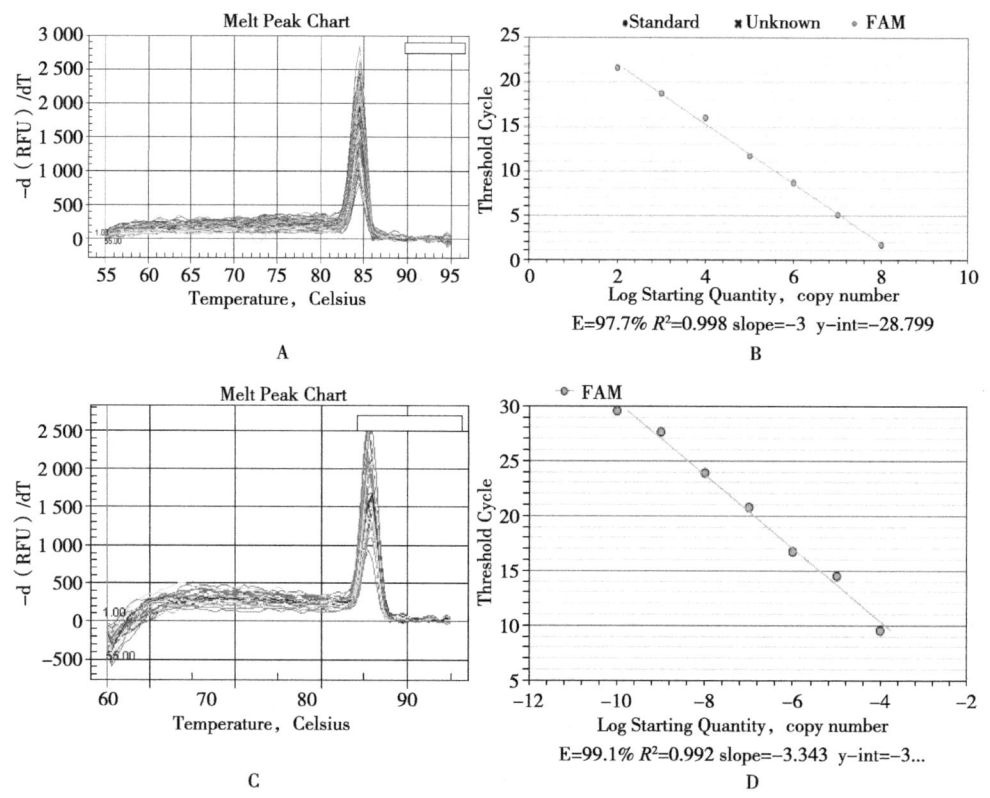

**图2-4 $CAPN1$ 和 $β\text{-}Actin$ 的熔解曲线及其标准曲线**

注：A. $CAPN1$ 熔解曲线；B. $CAPN1$ 标准曲线；C. $β\text{-}Actin$ 熔解曲线；D. $β\text{-}Actin$ 标准曲线。

**2. $CAPN1$ 基因在组织中的表达情况**

对半岁天府肉羊组织中 $CAPN1$ 基因表达情况进行检测，结果显示（图2-5）：以肝脏为对照，$CAPN1$ 基因在腿肌中表达量最为丰富，极显著高于其他组织（$P<0.01$），眼肌与肝脏差异不显著（$P>0.05$），均极显著高于心脏、脾脏、肺脏及肾脏组织（$P<0.01$），心脏、脾脏、肺脏及肾脏之间差异不显著（$P>0.05$）（表2-3）；眼肌中 $CAPN1$ 基因随着年龄的增加表达量呈现先上升后下降的趋势,以半岁时为对照,1岁时的表达量最高,极显著高于半岁、2岁和3岁($P<0.01$),半岁时的表达量极显著高于2岁与3岁($P<0.01$),2岁的表达量显著高于3岁表达量($P<0.05$)(表2-4)。

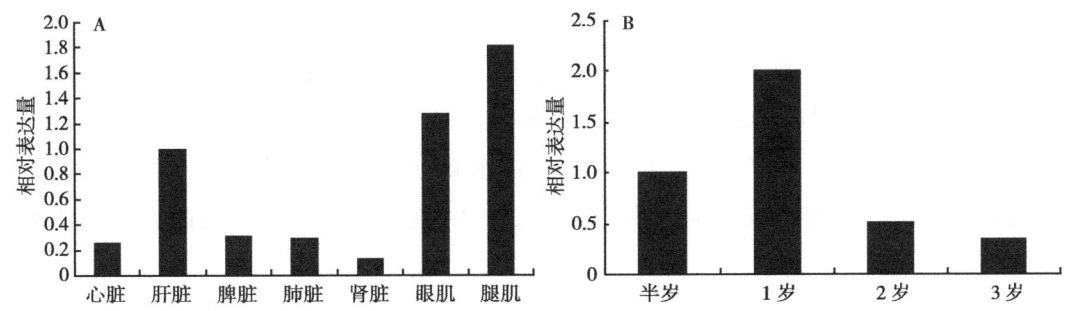

图2-5 CAPN1基因在天府肉羊组织中的相对表达量

注:A.半岁时CAPN1基因在天府肉羊各组织中的相对表达量;B.不同年龄阶段CAPN1基因在天府肉羊眼肌中的相对表达量。

表2-3 CAPN1基因在半岁天府肉羊不同组织中的相对表达量

| 组织 | 心脏 | 肝脏 | 脾脏 | 肺脏 | 肾脏 | 眼肌 | 腿肌 |
| --- | --- | --- | --- | --- | --- | --- | --- |
| 表达量 | $0.257 \pm 0.050^{Cc}$ | $1.000 \pm 0.000^{Bb}$ | $0.315 \pm 0.047^{Cc}$ | $0.296 \pm 0.049^{Cc}$ | $0.138 \pm 0.024^{Cc}$ | $1.279 \pm 0.368^{Bb}$ | $1.811 \pm 0.264^{Aa}$ |

表2-4 CAPN1基因在天府肉羊不同年龄段眼肌中的相对表达量

| 年龄 | 半岁 | 1岁 | 2岁 | 3岁 |
| --- | --- | --- | --- | --- |
| 表达量 | $1.000 \pm 0.000^{Bb}$ | $2.013 \pm 0.139^{Aa}$ | $0.514 \pm 0.025^{Cc}$ | $0.350 \pm 0.035^{Cd}$ |

注:同行上标大写字母不同表示差异极显著($P<0.01$),大写字母相同、小写字母不同表示差异显著($P<0.05$),大写字母相同、小写字母相同表示差异不显著($P>0.05$)。

## 三、主要研究结论

本试验克隆获得了天府肉羊CAPN1基因的全序列,提交至NCBI,获得基因登录号(HQ718593),CAPN1基因包括完整的开放阅读框2 151 bp,编码716个氨基酸;氨基酸序列分析发现:天府肉羊CAPN1蛋白的氨基酸序列与其他物种(特别是与哺乳动物)的同源性较高。

生物信息学分析结果显示:CAPN1蛋白是亲水性的;跨膜性预测显示CAPN1蛋白不是跨膜蛋白;磷酸化位点预测显示CAPN1氨基酸序列含有24个Ser磷酸化位点、8个Thr磷酸化位点、8个Tyr磷酸化位点;二级结构预测显示CAPN1包含α-螺旋、无规则卷曲及延伸片段,且无规则卷曲占有较高比例;CAPN1氨基酸序列中存在信号肽的可能性都较小。

采用实时荧光定量RT-PCR技术分析检测CAPN1基因在天府肉羊部分组织中的表达情况。结果表明：CAPN1基因在所选择的天府肉羊7个组织中均有表达，肌肉组织是表达的优势组织。CAPN1基因在半岁时的各组织中，腿肌的表达量最高，且极显著高于眼肌与肝脏（$P<0.01$），眼肌与肝脏的表达量又极显著高于其他组织（$P<0.01$）。在眼肌组织中，CAPN1基因的表达量随着年龄的增长先增加后降低，1岁时的表达量最高，极显著高于其他年龄段时的表达量（$P<0.01$）。

许多研究都显示：CAPN1基因与纤维蛋白水解有关，而这种水解作用能引起肌纤维组织结构破坏，从而影响肌肉嫩度。对于CAPN1基因对天府肉羊肌肉嫩度具体的影响及机制尚有待进一步研究。

# 第二节 天府肉羊CAST基因克隆、组织表达及其多态性与肌肉品质的关联性分析

钙蛋白酶系统是与畜禽肌肉品质密切相关的重要水解酶系统，该系统主要由钙蛋白酶（Calpain，CAPN）、钙蛋白酶抑制蛋白（Calpastatin，CAST）和钙蛋白酶激活蛋白（Calpainactivator）组成。在肌肉的嫩化过程中，三者相互作用，广泛参与成肌细胞的融合、脂肪细胞的分化、肌动蛋白的重组、肌原纤维蛋白的代谢更新等多个生理过程。钙蛋白酶抑制蛋白（CAST）是钙蛋白酶（CAPN）在细胞内的高效、专一的活性抑制蛋白，它可以识别CAPN基因与$Ca^{2+}$结合而发生改变的位点，并与之特异性结合，从而调节CAPN活性和肌肉蛋白的水解速率，是肌肉蛋白质降解的限速步骤。近年来，国内外学者将CAST基因作为猪、牛、鸡等动物的肉质性状候选基因进行了广泛研究，取得了一系列试验成果和重大发现，并认为在育种过程中将其应用于标记辅助选择（MAS）将有利于改善畜禽肌肉品质。本试验以天府肉羊为研究对象，克隆CAST基因、检测其组织表达、分析其多态性与肌肉品质的关联性，为进一步的分子标记辅助选择（MAS）提供试验依据。

## 一、试验材料与方法

### （一）试验材料

在集中出栏屠宰上市季节，分批采取164只体况中等的天府肉羊的背最长肌用于肉

质测定，并采集样品用于基因组DNA提取和遗传多态性位点及其与肌肉品质的关联性分析；采集两只9月龄天府肉羊的背最长肌、后腿部肌肉样品各3份，置于液氮中带回实验室，用于总RNA提取和克隆CAST基因；采取6月龄天府肉羊的背最长肌、腿肌、心脏、肝脏、脾脏、肺脏、肾脏保存于液氮中带回实验室，用于荧光定量组织表达测定。

## （二）试验方法

### 1. 引物设计

参考GenBank中牛和绵羊CAST基因序列，用软件primer 5.0在保守区设计引物，用于RT-PCR克隆天府肉羊CAST基因cDNA；根据文献设计扩增内含子5、外显子6、内含子6、内含子12和外显子13部分片段的引物，用于进行多态性位点检测；根据克隆获得的cDNA部分序列设计3′-RACE的特异引物和5′-RACE的特异引物，用于RACE-PCR；同时设计荧光定量PCR引物和内参基因β-Actin引物，用于CAST基因组织表达检测（表2-5）。

表2-5 CAST基因的引物序列

| 引物 | 序列（5′→3′） | 用途 |
| --- | --- | --- |
| CAST | F：5′-TGGGGCCCAATGACGCCATCGATG-3′<br>R：5′-CACTCAAGGGTGGGAGCGGTTC-3′ | RT-PCR |
| CAST | F：5′-CCACTGCCGCCAAAAGAGGT-3′<br>R：5′-CACTCAAGGGTGGGAGCGGTTC-3′ | RACE-PCR |
| CAST | F：5′-TCTGACAGTCTCGGGCAAAG-3′<br>R：5′-TGGTATTTAGGTGGGATGGTGT-3′ | 荧光定量 |
| β-Actin | 5′-GTCACCAACTGGGACGACA-3′<br>5′-AGGCGTACAGGGACAGCA-3′ | 荧光定量 |
| P1 | F：5′-GAAGTAAAGCCAAAGGAACA-3′<br>R：5′-ATTTCTCTGATGGTGGCTGCTCATT-3′ | 多态性检测 |
| P2 | F：5′-ATTGCTTTCTACTCCTCAGA-3′<br>R：5′-ATACGATTGAGAGACTTCAC-3′ | 多态性检测 |
| P3 | F：5′-AGCAGCCACCATCAGAGAAA-3′<br>R：5′-TCAGCTGGTTGGGCAGAT-3′ | 多态性检测 |
| P4 | F：5′-TGGGGCCCAATGATGCCATC-3′<br>R：5′-GGTGGAGCAGCACTTCTGATCACC-3′ | 多态性检测 |

（续表）

| 引物 | 序列（5'→3'） | 用途 |
|---|---|---|
| P5 | F: 5'-TGGGGCCCAATGACGCCATCGATG-3'<br>R: 5'-GGTGGAGCAGCACTTCTGATCACC-3' | 多态性检测 |

### 2. RT-PCR扩增与基因克隆

取100 mg左右冻存的组织样品，在液氮中研碎后，参照TRNzol总RNA提取试剂说明书提取总RNA。按cDNA第一链合成试剂盒步骤合成cDNA第一链。以cDNA第一链为模板进行PCR扩增，PCR产物用1%琼脂糖凝胶电泳检测，对目的条带进行回收，用pMD19-T载体进行连接克隆，并送上海英骏公司测序。

按RACE试剂盒说明步骤分别合成3'-*RACE* cDNA第一链和5'-*RACE* cDNA第一链。分别以3'-*RACE* cDNA第一链和5'-*RACE* cDNA第一链为模板进行3'-*RACE*和5'-*RACE*的PCR扩增。PCR产物用1%琼脂糖凝胶电泳检测，对目的条带进行回收并克隆测序。

### 3. 荧光定量PCR与组织表达测定

使用Bio-radiCycleriQ5荧光定量PCR仪进行定量分析，以β-*Actin*作为内参基因对照。经优化，*CAST*基因的最佳反应条件为95 ℃预变性10 s，95 ℃变性10 s，57 ℃退火30 s，40个循环。扩增完成后，启动熔解曲线测试程序。在PCR过程中，用1 μL灭菌水代替cDNA样品作为阴性对照，每个样品检测进行3管平行试验。同时，将cDNA用EASYDilution（TaKaRa公司）稀释成$1\times10^{0} \sim 1\times10^{-6}$共7个浓度（10倍梯度），制作标准曲线。根据系统自动分析荧光信号，将其转化为基因的起始拷贝数$Ct$值，并根据各样品的$Ct$值，计算其起始模板拷贝数。利用荧光定量PCR分别检测目的基因和内参基因的$Ct$值，计算目的基因与内参基因的相对表达量。

### 4. 多态性检测

由于引物P2扩增的片段较小，采用10%的非变性聚丙烯酰胺凝胶电泳（PAGE）进行单链构象多态性（SSCP）检测，将显示有不同电泳条带的PCR产物进行基因分型，并送至上海生工生物技术有限公司进行测序。对于P1、P3、P4和P5四对引物扩增的较大片段进行酶切分析，选用9种内切酶：*Xmn* I、*Msp* I、*Nco* I、*EcoR* V、*Mva* I、*Hind* III、*Dra* I、*Pst* I、*Alu* I，用2%琼脂糖凝胶电泳检测酶切效果，用凝胶成像系统观察并照相。

### 5. 数据处理关联性分析

根据影响肉质的因素，主要考虑年龄效应（Age）、性别效应（Sex）、基因型效应（Genotype）及其互作效应，建立如下数学统计模型：

$$y_{ijkn}=\mu+A_i+S_j+G_k+X_n+e_{ijkn}$$

式中：$y_{ijkn}$为个体测定值，$\mu$为群体平均值，$A_i$为年龄效应，$S_j$为性别效应，$G_k$为基因型效应，$X_n$为互作效应，$e_{ijkn}$为随机误差。运用SAS9.1.3软件对数据进行分析，对各基因型间的测定值进行差异显著性检验。

## 二、试验结果与分析

### （一）CAST基因克隆及生物学信息

经RT-PCR获得大小为849 bp的CAST基因cDNA片段。经RACE-PCR分别克隆出CAST基因的3′-末端和5′-末端，其中3′-末端大小为890 bp，5′-末端为1 630 bp。测序表明，3′-末端890 bp片段含一个PolyA尾，验证了扩增的完整性。

用DNAman软件将保守区扩增片段序列、3′-RACE序列、5′-RACE序列进行拼接，得到长度为2 435 bp的天府肉羊CAST基因全cDNA序列，并将序列提交GenBank，获得基因登录号GU944861。序列分析表明，全cDNA序列含30 bp的5′-UTR和218 bp的3′-UTR，完整的开放阅读框（ORF）为31～2 217 bp，长度2 187 bp，编码728个氨基酸。

序列的同源性分析表明：该基因与目前绵羊上已发现的4种CAST基因转录本的同源性分别为89.8%、92.3%、95.4%、92.0%，与牛、猪的几种转录本的同源性分别为83.5%～92.2%、72.8%～81.8%，与人、鼠的多种转录本的同源性分别为69.8%～73.5%、53.9%～55.9%。构建系统发育树表明，基因进化关系与物种间的亲缘关系一致，进一步验证了克隆的正确性。

用DNAman 6.0软件进行蛋白质分析表明（图2-6），天府肉羊CAST基因编码的蛋白质分子量为78.365 5 kDa，理论等电点为4.75。氨基酸的同源性分析显示，蛋白质序列与绵羊上已发现的4种CAST基因转录本对应的蛋白质的同源性分别为83.0%、95.6%、95.0%、90.7%；与牛不同转录本蛋白质的同源性为87.0%～90.7%；与猪、人、鼠的多种转录本蛋白质的同源性分别为72.1%～76.6%、62.1%～77.3%、56.9%～57%。用NCBI在线蛋白质功能区块保留序列资料库（Conserved Domain Database，CDD）查询比对分析表明，天府肉羊CAST蛋白质氨基酸序列存在4个保守结构域，结构域1位于160～237位，域2位于244～362位，域3位于445～504位，域4位于526～652位。与家族蛋白比较，氨基酸序列特征均十分保守，进一步分析发现，在氨基酸序列的489位存在家族蛋白标志性的保守七肽序列。

Thr-Ile-Pro-Pro-X-Tyr-Arg（T-I-P-P-X-Y-R）

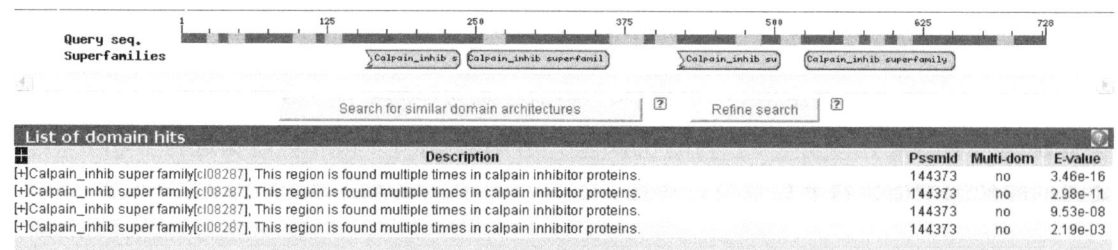

**图2-6 天府肉羊CAST氨基酸序列的4个保守结构域**

利用GORIV和ExPASy ProtScale在线软件预测天府肉羊CAST蛋白质二级结构表明：无规则卷曲占总氨基酸数目的60.03%，α-螺旋占比为35.58%，其余4.40%的氨基酸组成了延伸主链，并富含亲水区域。将氨基酸序列提交到SignalP3.0服务器检测，结果表明，存在信号肽的概率为0.006。

利用NetPhos2.0 Server和NetPhosK1.0 Server预测天府肉羊CAST蛋白质磷酸化位点表明：该氨基酸序列中有42个丝氨酸磷酸化位点、18个苏氨酸磷酸化位点、1个酪氨酸磷酸化位点和5个特异性蛋白激酶C（protein kinase C，PKC）磷酸化位点。其中42个丝氨酸磷酸化位点分别位于4、10、23、24、26、28、30、31、32、75、81、85、95、97、98、103、106、113、133、157、160、163、199、200、234、248、268、323、324、350、377、392、540、557、573、650、656、678、697、710、718和726位；18个苏氨酸磷酸化位点分别位于3、21、22、43、175、182、212、263、298、313、405、489、538、559、627、643、686和717位；酪氨酸磷酸化位点位于189位；而5个特异性PKC磷酸化位点，分别是位于3（分数0.91）、24（分数0.82）、107（分数0.85）、313（分数0.82）和710位（分数0.87）。

## （二）荧光定量PCR扩增结果

PCR扩增结果表明（图2-7）：*CAST*基因及内参基因β-*Actin*在所选择的7个组织中均有表达。*CAST*基因标准曲线斜率为-3.345，线性相关系数为0.997，内参基因β-*Actin*标准曲线斜率为-3.343，线性相关系数为0.992，可信度较高，说明试验得到的*Ct*值能准确确定起始cDNA拷贝数。

PCR反应结束后，将温度从55℃渐渐升高，实时检测SYBR Green I的荧光信号强度，得到*CAST*和内参基因β-*Actin*的熔解曲线（图2-8）。分析发现：*CAST*基因扩增产物的熔解曲线均为单峰曲线。表明在荧光定量PCR扩增过程中，扩增信号均为特异扩增产物荧光信号，没有非特异产物和引物二聚体的形成。

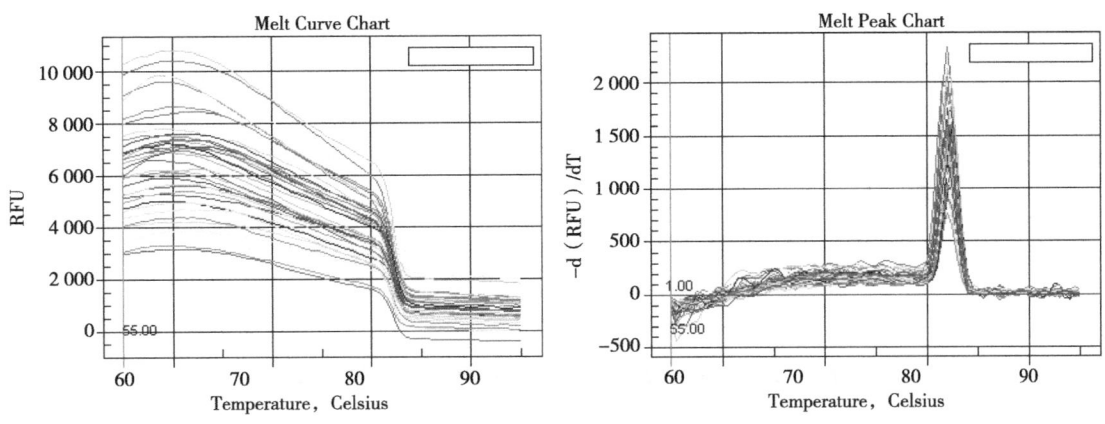

图2-7 *CAST*基因熔解曲线

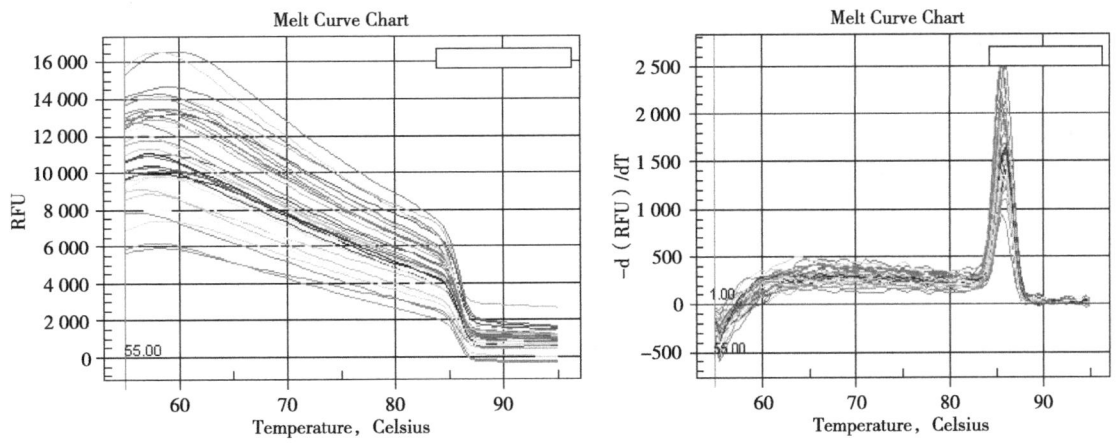

图2-8 β-*Actin*基因熔解曲线

检查表明（表2-6），*CAST*基因在天府肉羊的不同组织中均有表达。以肝脏组织为对照，在所检测的7种组织中（图2-9），内脏组织表达量相对较低，眼肌和腿肌作为肌肉组织，表达量较为丰富，其中眼肌中的表达量最高。

表2-6　*CAST*基因在6月龄天府肉羊不同组织中的相对表达量

| 组织 | 相对表达量 | 组织 | 相对表达量 |
| --- | --- | --- | --- |
| 心 | 0.280 ± 0.017 | 肾 | 0.859 ± 0.024 |
| 肝 | 1.000 ± 0.000 | 眼肌 | 2.293 ± 0.286 |
| 脾 | 0.483 ± 0.010 | 腿肌 | 2.030 ± 0.098 |
| 肺 | 0.607 ± 0.025 | | |

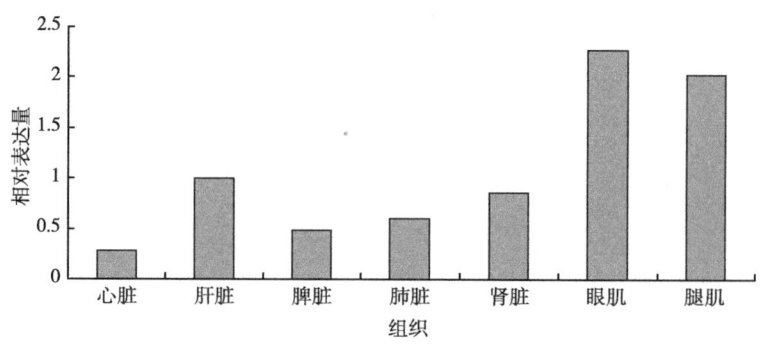

图2-9　CAST基因在6月龄天府肉羊不同组织中的相对表达量

## （三）多态性位点与肌肉品质关联性分析

对引物P2的扩增产物进行SSCP电泳和银染显色，经凝胶成像系统观测。结果显示（图2-10），该区域（外显子6）具有丰富的多态性，共发现4种纯合基因型和4种杂合基因型。

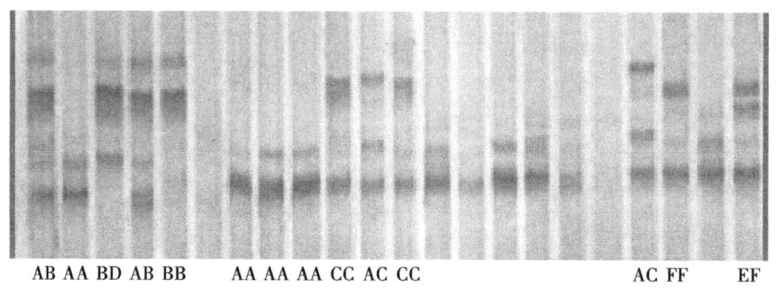

图2-10　引物P2扩增产物（Exon6）的PCR-SSCP电泳图

经酶切分析表明（图2-11），P1扩增产物未被选用的9种酶消化酶切，P4、P5扩增产物分别具有 $Msp\ \text{I}$ 、 $Dra\ \text{I}$ 、 $Pst\ \text{I}$ 、 $Alu\ \text{I}$ 四种酶切位点，但均未发现多态性。P3扩增产物具有 $Xmn\ \text{I}$ 、 $Nco\ \text{I}$ 、 $Pst\ \text{I}$ 三种酶切位点，其中在 $Xmn\ \text{I}$ 消化酶切时产生了3种基因型，分别确定为MM、MN、NN基因型。

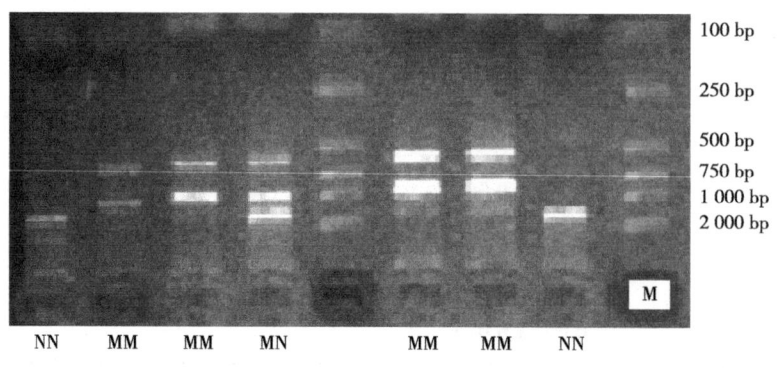

图2-11　引物P3扩增产物（Intron6）的 $Xmn\ \text{I}$ 酶切电泳图（M=DL2000）

将P2扩增产物4种纯合基因型序列对比表明，AA型为72位缺失TG两个碱基；BB型为59位G→C突变、65位G→T突变；CC型为153位A→C突变；FF型为52位C→G突变、66位G→T突变、68位GTG三个碱基插入。

将MM、NN基因型的测序结果与绵羊CAST基因序列（GenBank：EF539858）和牛CAST基因序列（GenBank：AF321530）进行比较分析。结果表明，天府肉羊CAST基因第943个核苷酸处发生了T碱基缺失（943delT），造成XmnⅠ酶切位点改变，形成了MM、MN、NN3种基因型。

经统计分析，P2扩增产物的4种纯合基因型AA、BB、CC、FF的基因型频率分别为0.232、0.110、0.152、0.098；4种杂合基因型AB、AC、BD、EF的基因型频率分别为0.134、0.128、0.091、0.055。6种等位基因A、B、C、D、E、F的基因频率分别为0.363、0.223、0.216、0.045、0.027、0.125。而P3扩增产物的3种基因型MM、MN、NN的基因型频率分别为0.561、0.152、0.287，2种等位基因M、N的基因频率分别为0.637、0.363。统计分析表明，CAST基因在天府肉羊群体中的多态信息含量中等，纯合度较高，偏离Hardy-Weinberg平衡。

各基因型的最小二乘均值及其关联性分析表明（表2-7），不同基因型的肉色、大理石纹、pH值、肌纤维直径、嫩度剪切力有一定差异，特别肌纤维直径和嫩度剪切力部分基因型间达到差异显著水平。在P2扩增产物检测到的8种基因型中，AC、CC基因型个体的嫩度显著小于AB、BD、EF、FF型个体（$P<0.05$），AA、BB型嫩度显著小于BD和FF型（$P<0.05$），FF型嫩度剪切力最大，CC型最小，两者嫩度剪切力相差1.35 kg（$P<0.05$），其余各基因型个体间差异不显著（$P>0.05$）。肌纤维直径方面，CC基因型个体显著小于BD、EF、FF型个体（$P<0.05$），AA、BB、AC型小于FF型（$P<0.05$），FF、CC两种基因型个体间肌纤维直径相差8.05 μm（$P<0.05$），其余各基因型个体间差异不显著（$P>0.05$）。

表2-7 CAST基因exon6不同基因型天府肉羊的肌肉品质比较

| 基因型 | 样本数 | 肉色 | 大理石纹 | pH值 | 嫩度（kg） | 肌纤维直径（μm） |
| --- | --- | --- | --- | --- | --- | --- |
| AA | 38 | 3.15 ± 0.36 | 2.59 ± 0.23 | 6.18 ± 0.15 | 3.56 ± 0.34[bc] | 28.16 ± 0.74[bc] |
| AB | 15 | 3.24 ± 0.55 | 2.65 ± 0.56 | 6.24 ± 0.13 | 3.94 ± 0.48[ab] | 31.85 ± 0.67[abc] |
| BB | 25 | 3.11 ± 0.28 | 3.02 ± 0.35 | 6.67 ± 0.11 | 3.62 ± 0.55[bc] | 30.73 ± 0.91[bc] |
| BD | 16 | 3.14 ± 0.35 | 2.67 ± 0.26 | 6.35 ± 0.24 | 4.48 ± 0.56[a] | 32.07 ± 1.07[ab] |
| AC | 22 | 3.16 ± 0.31 | 2.86 ± 0.25 | 6.17 ± 0.10 | 3.28 ± 0.38[c] | 29.08 ± 0.72[bc] |
| CC | 21 | 3.07 ± 0.58 | 2.85 ± 0.54 | 6.28 ± 0.12 | 3.16 ± 0.59[c] | 27.51 ± 0.59[c] |

（续表）

| 基因型 | 样本数 | 肉色 | 大理石纹 | pH值 | 嫩度（kg） | 肌纤维直径（μm） |
|---|---|---|---|---|---|---|
| EF | 15 | 2.99 ± 0.42 | 3.01 ± 0.32 | 6.53 ± 0.18 | 3.95 ± 0.73[ab] | 32.71 ± 0.54[ab] |
| FF | 9 | 3.22 ± 0.57 | 2.73 ± 0.27 | 6.38 ± 0.21 | 4.51 ± 0.51[a] | 35.56 ± 1.16[a] |

注：同列数据肩标有不同小写字母表示差异显著（$P<0.05$）。

在P3扩增产物检测到的3种基因型中，MM基因型个体的嫩度剪切力显著小于MN和NN基因型个体（$P<0.05$），MN和NN两种基因型个体间差异不显著（$P>0.05$）。在肌纤维方面，MM基因型个体的肌纤维直径显著小于NN基因型个体（$P<0.05$），MM和MN两种基因型个体间差异不显著（$P>0.05$），MN和NN两种基因型个体间差异也不显著（$P>0.05$）。MM、NN两种基因型个体的嫩度和肌纤维直径差值分别为1.06 kg、6.96 μm，达到差异显著水平（表2-8）。

表2-8 *CAST*基因*intron*6不同基因型天府肉羊的肌肉品质比较

| 基因型 | 样本数 | 肉色 | 大理石纹 | pH值 | 嫩度（kg） | 肌纤维直径（μm） |
|---|---|---|---|---|---|---|
| MM | 92 | 3.62 ± 0.35 | 1.85 ± 0.27 | 6.26 ± 0.18 | 2.98 ± 0.36[b] | 28.46 ± 0.57[b] |
| MN | 25 | 3.54 ± 0.56 | 2.14 ± 0.52 | 6.37 ± 0.34 | 3.85 ± 0.71[a] | 31.65 ± 0.68[ab] |
| NN | 47 | 3.98 ± 0.19 | 1.92 ± 0.32 | 6.58 ± 0.24 | 4.14 ± 0.56[a] | 35.42 ± 0.87[a] |

注：同列数据肩标有不同小写字母表示差异显著（$P<0.05$）。

## 三、主要研究结论

本试验成功克隆出天府肉羊*CAST*基因（GenBank：GU944861），并对其组织表达特性、序列的同源性、结构特点和生物信息学进行了分析。同时，通过*CAST*基因的遗传多态性及其与肌肉品质的相关性分析，发现部分基因型与肌肉嫩度显著相关。

分析表明：天府肉羊*CAST*的cDNA序列全长为2 435 bp，开放阅读框为31～2 217 bp。该基因与目前已发现的绵羊、牛、猪的几种*CAST*基因转录本的同源性分别为89.8%～95.4%、83.5%～92.2%、72.8%～81.8%。荧光定量检测表明，*CAST*基因在天府肉羊的不同组织中均有表达，肌肉组织表达高于内脏组织。

天府肉羊*CAST*基因编码728个氨基酸，蛋白质分子量为78.365 5 kDa，与绵羊、牛、猪上已发现的多种*CAST*转录本蛋白质的同源性分别为83.0%～95.6%、87.0%～90.7%、72.1%～76.6%。该蛋白质存在4个保守结构域，489位存在家族蛋白标志性的保守七肽序列Thr-Ile-Pro-Pro-X-Tyr-Arg。蛋白质二级结构中，无规则卷曲占60.03%，α-螺旋占

35.58%，其余4.40%的氨基酸为延伸主链，并富含亲水区域，含42个丝氨酸磷酸化位点、18个苏氨酸磷酸化位点、1个酪氨酸磷酸化位点和5个特异性PKC磷酸化位点。

通过检测天府肉羊CAST基因多态性，发现该基因intron12和exon13具有MspⅠ、DraⅠ、PstⅠ、AluⅠ四种酶切位点；intron6有XmnⅠ、NcoⅠ、PstⅠ三种酶切位点，第943个核苷酸处发生了T碱基缺失（943delT），造成XmnⅠ酶切位点消失，形成3种基因型MM、MN、NN。对exon6j进行SSCP检测显示，该区域具有丰富的多态性，发现AA、BB、CC、FF共4种纯合基因型，AB、AC、BD、EF4种杂合基因型。AA型为72位TG缺失；BB型为59位G→C突变、65位G→T突变；CC型为153位A→C突变；FF型为52位C→G突变、66位G→T突变、68位GTG插入。

统计分析表明：部分基因型与肉质显著相关。在嫩度方面：AC、CC基因型个体显著小于AB、BD、EF、FF型个体（$P<0.05$），AA、BB型显著小于BD和FF型（$P<0.05$），MM型显著小于MN和NN型（$P<0.05$）。在肌纤维直径方面：CC基因型个体显著小于BD、EF、FF型个体（$P<0.05$），AA、BB、AC型显著小于FF型（$P<0.05$），MM型显著小于NN型（$P<0.05$）。FF和CC两种基因型个体间的嫩度和肌纤维直径遗传效应差值分别为1.35 kg、8.05 μm，MM和NN两种基因型个体的嫩度和肌纤维直径遗传效应差值分别为1.06 kg、6.96 μm，均达到差异显著水平。

近年来，国内外学者将CAST基因作为猪、牛、鸡等畜禽的肉质性状候选基因进行了广泛研究，发现该基因具有丰富的多态性，部分遗传位点变异与肉质性状显著相关。本试验提示天府肉羊CAST基因CC、MM基因型个体的肌肉品质更好，有待在后续选育中开展应用研究。

## 第三节　天府肉羊CAST基因Ⅱ型转录本的克隆及其在不同组织中的表达分析

钙蛋白酶系统与畜禽肉质性状高度相关，广泛参与机体信号转导、细胞增殖和肌肉生长等生理过程，控制着肌纤维蛋白的降解，与肌肉增长和宰后嫩度的变化密切相关。钙蛋白酶抑制蛋白（Calpastatin，CAST）是一种内源性的、需$Ca^{2+}$激活的、专一的钙蛋白酶（Calpain，CAPN）抑制剂，可以识别CAPN基因与$Ca^{2+}$结合引起的构象变化，从而调节CAPN基因的活性。研究表明不同物种的CAST基因有多个转录本。

本试验克隆天府肉羊钙蛋白酶系统中CASTⅡ，对其进行生物信息学分析，同时利用实时荧光定量PCR技术检测天府肉羊不同组织、不同生长发育阶段*CAST* Ⅱ 的表达情况，结合不同时期肌纤维的发育规律，对钙蛋白酶系统控制畜禽嫩度的内部机制进行探讨，为进一步开展钙蛋白酶系统在天府肉羊选育工作中应用奠定基础。

## 一、试验材料与方法

### （一）试验材料

本试验以天府肉羊为研究对象，在屠宰中，采集背最长肌、后腿部肌肉样，用于克隆*CAST* Ⅱ 基因；采集半岁、1岁、2岁及成年（3岁以上）各3只羯羊的心脏、肝脏、脾脏、肺脏、肾脏、眼肌、腿肌等组织样。所有采样品立即置于液氮中保存，并带回实验室置于-80 ℃冰箱中保存备用。

### （二）试验方法

1. 引物设计

根据GenBank所提供的牛和绵羊*CAST*基因序列（GenBank ID：L14450.1、OAU66320）及绵羊的β-*Actin*基因序列（GenBank ID：U39357）用Primer 5.0和Oligo 6.0软件设计试验引物（表2-9）。

表2-9 *CAST* Ⅱ 和β-*Actin*引物信息

| 基因 | 用途 | 名称 | 引物序列（5'-3'） | 片段长度（bp） |
|---|---|---|---|---|
| *CAST* Ⅱ | PCR | P1 | F：5'-TGGGGCCCAATGACGCCATCGATG-3'<br>R：5'-CACTCAAGGGTGGGAGCGGTTC-3' | 849 |
| *CAST* Ⅱ | RACE | P2 | 5'-CCACTGCCGCCAAAAGAGGT-3' | 890 |
| | | P3 | 5'-GGTGGAGCAGCACTTCTGATCACC-3' | 923 |
| *CAST* Ⅱ | RT-PCR | P4 | F：5'-TCTGACAGTCTCGGGCAAAG-3'<br>R：5'-TGGTATTTAGGTGGGATGGTGT-3' | 135 |
| β-*Actin* | RT-PCR | PT | F：5'-GTCACCAACTGGGACGACA-3'<br>R：5'-AGGCGTACAGGGACAGCA-3' | 208 |

2. RT-PCR扩增与基因克隆

提取组织样品的总RNA，按照Reverse Transcriptase M-MLV反转录试剂盒（TaKaRa公司）进行反转录，合成*CAST* Ⅱ 基因cDNA第1链。分别以3'-RACE cDNA第一链和5'-RACE cDNA第一链为模板进行3'-*RACE*和5'-*RACE*的PCR扩增。采用OMEGA

公司纯化回收试剂盒Gel Extraction Mini Kit回收PCR产物，制备感受态细胞，将纯化回收后的PCR产物与pMD19-T载体连接，用感受态细胞进行连接物的转化，挑选阳性克隆送上海生工生物有限公司进行测序。

3. 实时荧光定量PCR

以β-Actin作为内参基因，制作CASTⅡ、β-Actin标准品。荧光定量PCR采用25 μL反应体系，包括第一链cDNA 1 μL、SYBR® Rremix Ex Taq™（TaKaRa公司）12.5 μL、上游引物0.5 μL、下游引物0.5 μL、ddH$_2$O 10.5 μL，使用Bio-Radiq5荧光定量PCR仪进行定量分析。扩增完成后，启动熔解曲线测试程序。PCR过程中，用1 μL灭菌水代替cDNA样品作为阴性对照。每个样品检测做3管平行试验。同时，将回收得到的DNA溶液用EASYDilution（TaKaRa公司）依次稀释成$1 \times 10^{-1} \sim 1 \times 10^{-7}$共7个浓度（10倍梯度），反应条件同上，制作标准曲线。根据系统自动分析荧光信号将其转化为基因的起始拷贝数Ct值，根据各样品的Ct值，计算其起始模板拷贝数。

## 二、试验结果与分析

### （一）天府肉羊CASTⅡ基因的克隆及序列分析

将测序得到的各部分片段用DNAman 6.0软件进行序列拼接，CASTⅡ基因cDNA序列全长为2 474 bp，将序列提交GenBank，获得基因登录号为HM053645。该基因全cDNA序列含557 bp的5′-UTR和222bp的3′-UTR，完整的开放阅读框为558～2 252 bp，长度1 695 bp。

利用MEGA 4.0，基于Kimura双参数遗传模型，分析不同物种CASTⅡ基因CDS区的序列分子系统发育，结果显示：天府肉羊CASTⅡ基因与绵羊首先聚在一起，然后依次与牛、猪及人聚拢，最后与小鼠聚在一起。

### （二）天府肉羊CASTⅡ基因生物信息学分析

氨基酸一致性分析显示，该蛋白质序列与绵羊已发现的CAST基因4种转录本蛋白质的一致性分别为84.6%、98.0%、98.0%、89.7%；与牛、猪、人和鼠的多种转录本蛋白质的一致性分别为86.1%～94.0%、77.5%～77.8%、71.4%～78.0%、57.1%～62.8%。

用Bioedit软件对本研究得到的CASTⅡ基因CDS序列进行碱基组成分析，碱基A、C、G、T的数目分别为564、427、429、275，四种碱基分别占总数的33.3%、25.2%、25.3%和16.2%，A+T的含量（49.5%）略低于G+C含量（50.5%）。

用DNAstar软件的GeneQuest程序分析天府肉羊CASTⅡ基因密码子的偏倚性，可以看出密码子AAA、AAG的使用频率相对最高（数量为84，占比5.0%），而密码子TAT

（数量为4，占比0.2%）的使用频率较低。

用NetPhos2.0预测天府肉羊CAST Ⅱ氨基酸序列有35个磷酸化位点，其中含有20个Ser磷酸化位点、14个Thr磷酸化位点、1个Tyr磷酸化位点（表2-10）。

表2-10 CAST Ⅱ蛋白的磷酸化位点预测

| 磷酸化氨基 | 位点 | 评分 | 磷酸化氨基 | 位点 | 评分 | 磷酸化氨基 | 位点 | 评分 |
| --- | --- | --- | --- | --- | --- | --- | --- | --- |
| Ser | 35 | 0.596 | Ser | 186 | 0.951 | Ser | 492 | 0.979 |
| | 36 | 0.597 | | 213 | 0.995 | | 514 | 0.920 |
| | 70 | 0.966 | | 228 | 0.844 | | 533 | 0.996 |
| | 84 | 0.777 | | 376 | 0.951 | | 546 | 0.989 |
| | 104 | 0.998 | | 393 | 0.958 | | 554 | 0.883 |
| | 159 | 0.611 | | 409 | 0.889 | | 562 | 0.644 |
| | 160 | 0.990 | | 486 | 0.991 | | | |
| Thr | 11 | 0.873 | Thr | 149 | 0.691 | Thr | 463 | 0.929 |
| | 18 | 0.978 | | 241 | 0.754 | | 479 | 0.937 |
| | 48 | 0.746 | | 325 | 0.954 | | 522 | 0.876 |
| | 99 | 0.983 | | 374 | 0.534 | | 553 | 0.790 |
| | 134 | 0.678 | | 395 | 0.905 | | | |
| Tyr | 25 | 0.564 | | | | | | |

利用在线预测软件ExPASy Proteomics Server的protscale预测天府肉羊CAST Ⅱ蛋白的疏水性，发现天府肉羊CAST Ⅱ蛋白大多数氨基酸是亲水性的（图2-12）。

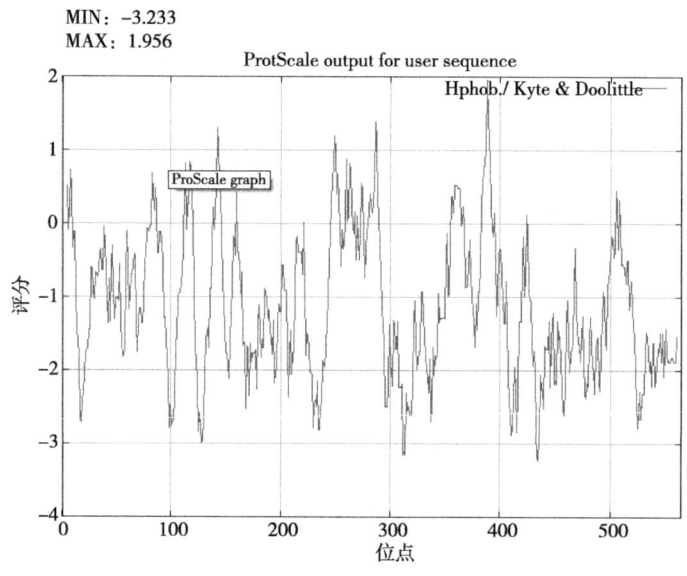

图2-12 CAST Ⅱ蛋白疏水性预测

注：零点以上为疏水区，零点以下为亲水区。

利用在线预测软件ExPASy Proteomics Server的SignalP-3.0预测天府肉羊CAST Ⅱ蛋白的信号肽。预测结果显示：天府肉羊CAST Ⅱ氨基酸为非分泌型蛋白；存在信号肽序列的可能性为0.00%，序列存在信号肽序列的概率为0.00%。

利用ExPASy提供的在线跨膜区结构预测软件TMHMM-2.0分析发现CAST Ⅱ不是跨膜蛋白。

分别用NetOGlyc 3.1和NetNGlyc 1.0预测CAST Ⅱ蛋白糖基化位点，预测结果显示：CAST Ⅱ蛋白可能存在15个O-糖基化位点，0个N-糖基化位点。

通过HNN在线二级结构预测服务器，对CAST Ⅱ氨基酸序列进行二级结构预测。预测氨基酸序列中包含α-螺旋占25.89%；无规则卷曲占71.45%；延伸片段占2.66%，以α-螺旋及无规则卷曲为主。

通过NCBI的CD-Search工具对CAST Ⅱ氨基酸序列保守结构域进行预测分析表明（图2-13）：天府肉羊CAST Ⅱ蛋白序列存在4个保守结构域，结构域1位于1~73位，域2位于80~198位，域3位于281~340位，域4位于361~488位。

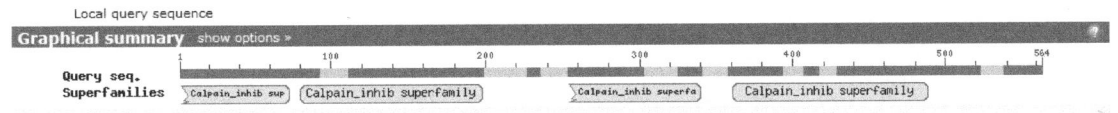

**图2-13　CAST Ⅱ蛋白保守结构域预测**

## （三）荧光定量PCR结果

**1. PCR检测及其标准曲线**

不同组织的总RNA，经过RT-PCR扩增，用1%的琼脂糖凝胶电泳检测都有清晰的CAST Ⅱ基因和β-Actin基因扩增条带，其片段大小与预期的一致，这表明CAST Ⅱ及β-Actin基因在所选择的7个组织中均有表达。在实时检测SYBR Green I的荧光信号强度中，得到CAST Ⅱ和内参基因β-Actin的熔解。扩增产物的熔解曲线均为单峰曲线，这表明在荧光定量PCR扩增过程中，扩增信号均为特异扩增产物荧光信号，没有非特异产物和引物二聚体形成。CAST Ⅱ和β-Actin的标准曲线均在模板浓度梯度为$10^{-1}$~$10^{-7}$的范围内构建，β-Actin基因一致系数$R^2$=0.992，Efficiency=99.1%；CAST Ⅱ基因一致系数$R^2$=0.984，Efficiency=96.3%，标准曲线的扩增效率在理想的90%~105%的范围内，可信度较高，说明试验得到的$Ct$值能准确确定起始cDNA拷贝数（图2-14）。

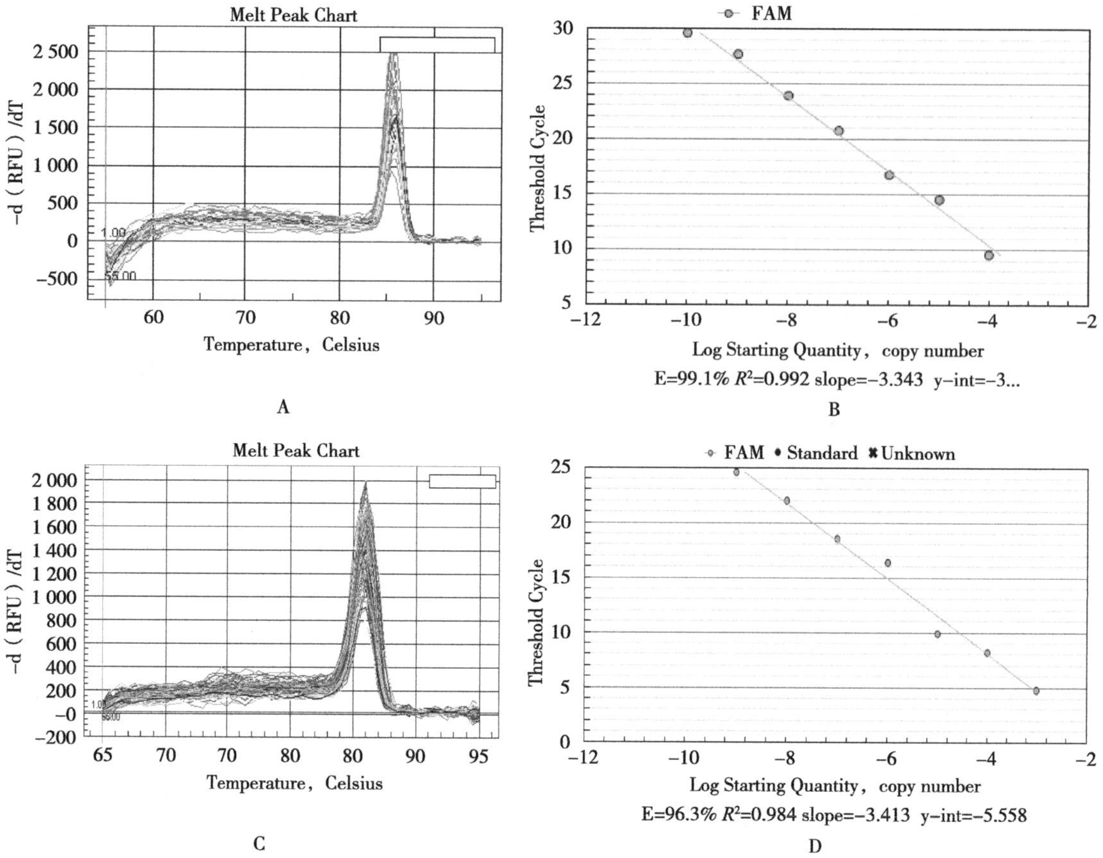

图2-14 *CAST*Ⅱ和β-*Actin*基因的熔解曲线及标准曲线

注：A. β-*Actin*熔解曲线；B. β-*Actin*标准曲线；C. *CAST*Ⅱ熔解曲线；D. *CAST*Ⅱ标准曲线。

### 2. *CAST*Ⅱ基因在组织中的表达情况

对半岁天府肉羊组织中*CAST*Ⅱ基因表达情况进行检测，结果显示（图2-15、表2-11、表2-12）：*CAST*Ⅱ基因在眼肌中表达量最为丰富，与腿肌差异显著（$P<0.05$），均极显著高于内脏各组织（$P<0.01$）；内脏中，肝脏的表达量最高，与肾脏差异不显著

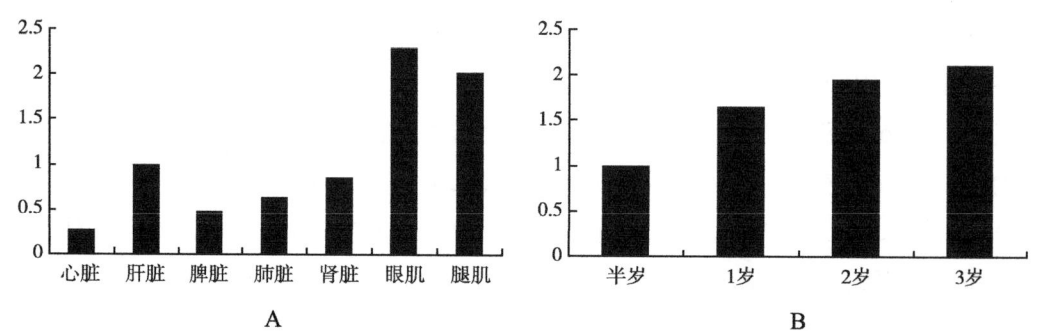

图2-15 *CAST*Ⅱ基因在天府肉羊组织中的相对表达量

注：A. 半岁时*CAST*Ⅱ基因在天府肉羊各组织中的表达量；B. 不同年龄阶段*CAST*Ⅱ基因在天府肉羊眼肌中的相对表达量。

（$P>0.05$），肾脏显著高于肺脏（$P<0.05$），肺脏与脾脏之间差异不显著（$P>0.05$），均极显著高于心脏（$P<0.01$）；眼肌中，CASTⅡ基因随着年龄的增加表达量呈现上升趋势，3岁时的表达量最高，与2岁之间差异不显著（$P>0.05$），2岁极显著高于1岁的表达量（$P<0.01$），1岁的表达量极显著高于半岁（$P<0.01$）。

表2-11 CASTⅡ基因在半岁天府肉羊不同组织中的相对表达量

| 组织 | 心脏 | 肝脏 | 脾脏 | 肺脏 | 肾脏 | 眼肌 | 腿肌 |
| --- | --- | --- | --- | --- | --- | --- | --- |
| 表达量 | 0.281 ± 0.025$^{Ee}$ | 1.000 ± 0.000$^{Bc}$ | 0.488 ± 0.017$^{DEd}$ | 0.629 ± 0.061$^{CDd}$ | 0.859 ± 0.024$^{BCc}$ | 2.293 ± 0.286$^{Aa}$ | 2.021 ± 0.112$^{Ab}$ |

表2-12 CASTⅡ基因在天府肉羊不同年龄段眼肌中的相对表达量

| 年龄 | 半岁 | 1岁 | 2岁 | 3岁 |
| --- | --- | --- | --- | --- |
| 表达量 | 1.000 ± 0.000$^{Cc}$ | 1.646 ± 0.109$^{Bb}$ | 1.950 ± 0.041$^{Aa}$ | 2.112 ± 0.139$^{Aa}$ |

注：同行上标大写字母不同表示差异极显著（$P<0.01$），大写字母相同、小写字母不同表示差异显著（$P<0.05$），大写字母相同、小写字母相同表示差异不显著（$P>0.05$）。

## 三、主要研究结论

本试验克隆获得天府肉羊CASTⅡ基因的全序列，提交至NCBI，获得基因登录号HM053645，CASTⅡ基因包括完整的开放阅读框1 695 bp，编码564个氨基酸，氨基酸序列分析发现：天府肉羊CASTⅡ蛋白除与绵羊、牛的同源性较高之外，与其他物种的同源性都较低。

生物信息学分析结果显示：CASTⅡ蛋白可能是亲水性的；跨膜性预测显示，CASTⅡ蛋白不是跨膜蛋白；磷酸化位点预测显示，CASTⅡ氨基酸序列含有20个Ser磷酸化位点、14个Thr磷酸化位点、1个Tyr磷酸化位点；二级结构预测显示，CASTⅡ氨基酸序列中包含α-螺旋、无规则卷曲及延伸片段，且无规则卷曲占有较高比例；CASTⅡ氨基酸序列中存在信号肽的可能性都较小。

实时荧光定量RT-PCR技术分析检测CASTⅡ基因在天府肉羊部分组织中的表达情况。结果表明：CASTⅡ基因在所选择的天府肉羊7个组织中均有表达，肌肉组织是表达的优势组织。CASTⅡ基因在半岁各组织中，眼肌的表达量最高，与腿肌差异显著（$P<0.05$），极显著高于内脏各组织（$P<0.01$）。在眼肌组织中，CASTⅡ基因的表达量随着年龄的增长而增加，3岁时的表达量最高。这与绵羊CASTⅡ基因研究结果一致，进一步证实了钙蛋白酶抑制蛋白的功能和表达情况，其作用机制和应用前景有待进一步研究。

# 第四节　天府肉羊 *TNNT*1 基因的克隆及其在不同组织的表达分析

肌钙蛋白（Troponin，Tn）是肌肉组织收缩的调节蛋白，位于收缩蛋白的细肌丝上，在肌肉收缩和舒张过程中起着重要的调节作用。肌钙蛋白T（TNNT）是一种在动物体肌肉和器官组织熟化过程中容易降解的原纤维蛋白，有三种组织特异性类型：慢骨骼肌亚型（TNNT1）、心肌亚型（TNNT2）、快骨骼肌亚型（TNNT3）。每种亚型分别拥有不同的基因：即TNNT1、*TNNT*2和*TNNT*3基因。研究表明，肌钙蛋白T1基因（*TNNT*1）在骨骼肌的发育和成年的慢骨骼肌中均有丰富的表达，在动物骨骼肌生长发育过程中起着重要的调控作用，是影响动物屠宰性能的重要功能基因。本研究通过克隆天府肉羊*TNNT*1基因，分析其生物信息学特征，测定在不同年龄和不同组织器官中的表达情况，为开展分子标记辅助育种和新品种选育工作提供依据。

## 一、试验材料与方法

### （一）试验材料

本试验以天府肉羊为研究对象，选取1月龄、6月龄、12月龄、24月龄的天府肉羊各5只，共20只。常规屠宰后采集心脏（心）、肝脏（肝）、脾脏（脾）、肺脏（肺）、肾脏（肾）、股二头肌（腿）、腹肌（腹）、眼肌（眼）、胸肌（胸）、膈肌（膈）、比目鱼肌（比目），各1 g左右，用干净的铝箔纸包裹、分类标记后，快速投入液氮冷冻，带回实验室后，取出样品放于-80 ℃冰箱中保存备用。

### （二）试验方法

1. 引物设计

以牛*TNNT*1基因序列（GenBank ID：BC118248）设计天府肉羊的*TNNT*1基因的克隆及定量引物，选择*GAPDH*（GenBank ID：AJ431207）为内参基因（表2-13）。

表2-13　*TNNT*1基因引物

| 基因 | 引物名称 | 序列（5'-3'） | 片段长度（bp） | 用途 |
| --- | --- | --- | --- | --- |
| *TNNT*1 | *TNNT*1-F | 5'-TGCTGACCCAGACTCAGG-3' | 890 | 克隆 |
| | *TNNT*1-R | 5'-CAAGCCCCAGATGGACAC-3' | | |

（续表）

| 基因 | 引物名称 | 序列（5'-3'） | 片段长度（bp） | 用途 |
|---|---|---|---|---|
| GAPDH | GAPDH-F | 5'-GCTAGTACCACCGTCACAG-3' | 118 | 内参引物 |
| | GAPDH-R | 5'-CTCAGCAGCTAGCATGACGC-3' | | |
| TNNT1 | TNNT1-F | 5'-TGCGTATCCTGTCTGAGCGTAA-3' | 135 | 定量引物 |

### 2. RT-PCR扩增与基因克隆

用TrizolRNA提取试剂盒，按照其中步骤提取总RNA，采用1.2%的琼脂糖凝胶进行检测，用核酸蛋白分析仪检测总RNA浓度。按照宝生物工程（大连）有限公司生产的M-MLV反转录试剂盒说明书对提取的RNA进行反转录合成cDNA。以cDNA为模板进行聚合酶链式反应（PCR）克隆TNNT1基因，纯化回收PCR产物。将纯化好的TNNT1基因PCR产物和pMD19-T载体连接，用感受态细胞进行连接物的转化。选择阳性克隆菌落进行菌液PCR鉴定，并送北京六合华大基因科技股份有限公司进行测序。

### 3. 荧光定量PCR

制备TNNT1、GAPDH基因标准品。使用荧光定量PCR仪对天府肉羊不同组织中TNNT1基因进行定量分析。将GAPDH作为内参基因，在荧光定量PCR的过程中，对照组采用1 μL纯净水代替cDNA样品加入和试验组相同的反应体系中，每个样品采取三个重复，且每个孔加入相同的样品和试剂。按照荧光定量试剂说明书试验步骤，制作标准曲线。

### 4. 蛋白质免疫杂交

提取总蛋白，根据碧云天研究所提供的试剂盒说明书，测定蛋白浓度。设定上样量为含20 μg蛋白的溶液，进行SDS-PAGE电泳，待电泳结束后，按照Marker确定目的条带的位置切胶，活化PVDF，放入转膜缓冲液中进行平衡；准备两片海绵，用转膜缓冲液润湿，把PVDF放在海绵上，将凝胶片放到PVDF上，用另一片海绵覆盖凝胶片，在转膜仪上进行转膜。然后将PVDF膜取出进行孵育封闭，孵育后从封闭液中取出的PVDF膜分别进行一抗、二抗孵育。将处理好的PVDF膜放入凝胶成像系统，取医用X射线的底片覆盖，经曝光后，依次显影、定影，对胶片进行扫描拍照，用凝胶图像处理系统分析目标带的分子量和净光密度值。

### 5. 数据处理

将测序所得的TNNT1基因cDNA序列在NCBI上BLAST进行序列比对；采用ORFFinder软件预测开放阅读框（ORF）；通过ExPASy Proteomics Server中的SignalP-4.1功能对天府肉羊TNNT1蛋白信号肽进行在线预测；用在线预测软件ExPASy

Proteomica Server中的protscale功能预测天府肉羊TNNT1蛋白质疏水性；用在线软件NetPhos 2.0预测天府肉羊TNNT1的氨基酸序列的磷酸化位点；利用SMART在线程序预测蛋白质结构域；利用在线二级结构预测软件HNN预测TNNT1氨基酸序列的二级结构；运用自动SWISS-MODEL服务器构建预测TNNT1蛋白的3-D结构模型。由iQ5系统自动分析获得不同样品的$Ct$值，用SAS 9.1.3软件的PROCGLM程序进行最小二乘分析及多重比较。

## 二、试验结果与分析

### （一）TNNT1基因的克隆与序列分析

测序结果得到天府肉羊TNNT1基因cDNA序列全长为890 bp，开放阅读框为759 bp，总共编码252个氨基酸（图2-16）。将序列提交至GenBank数据库，得到的登录号KF939315。比对结果显示，天府肉羊与牛属、人属、海豚属、绵羊属、藏羚属、八齿鼠属、大熊猫属、猪属的核苷酸序列的相似性分别为96%、86%、93%、81%、89%、86%、86%、77%，与之对应的翻译后氨基酸的相似性则分别为94%、92%、93%、72%、85%、92%、93%、93%。

```
  1 TGCTGACCCAGACTCAGGTCACACCAGGACCCCAGGATGTCCGACGCCGAAGAGCAGGAA
  1                                       M  S  D  A  E  E  Q  E
 61 TATGAAGAGGAGCAGCCTGAAGAAGAGGAGGCCGCCGAGGAGGAGGAGGAAGAAGAGGAG
  9  Y  E  E  E  Q  P  E  E  E  E  A  A  E  E  E  E  E  E  E  E
121 CGCCCCAAACCAAGCCGGCCCGTGGTACCTCCTCTGATCCCGCCAAAGATCCCAGAAGGG
 29  R  P  K  P  S  R  P  V  V  P  P  L  I  P  P  K  I  P  E  G
181 GAGCGTGTGGACTTCGATGACATCCACCGGAAGCGCATGGAAAAGGACCTGCTGGAGCTG
 49  E  R  V  D  F  D  D  I  H  R  K  R  M  E  K  D  L  L  E  L
241 CAGACGCTCATCGACGTCCACTTTGAGCAGCGGAAGAAAGAGGAAGAGGAGCTGGTGGCC
 69  Q  T  L  I  D  V  H  F  E  Q  R  K  K  E  E  E  E  L  V  A
301 CTGAAAGAGCGCATCGAGCGGCGCCGGGCTGCAGAGAGACAGCAACAGCGCTTCAGAACC
 89  L  K  E  R  I  E  R  R  R  A  A  E  R  A  Q  Q  R  F  R  T
361 GAGAAGGAGCGAGAGCGTCAGGCCAAGCTGGCCGAGGAAGAAGATGCGAAGGAAGAGGAG
109  E  K  E  R  E  R  Q  A  K  L  A  E  E  K  M  R  K  E  E  E
421 GAGGCCAAGAAGCGGGCCGAGGACGACGCCAAGAAGAAGAAGGTTCTGTCCAACATGGGT
129  E  A  K  K  R  A  E  D  D  A  K  K  K  K  V  L  S  N  M  G
481 GCCCATTTTGGGGGTTACCTGGTCAAGGCAGAACAGAAGCGAGGGAAGCGCCAGACGGGG
149  A  H  F  G  G  Y  L  V  K  A  E  Q  K  R  G  K  R  Q  T  G
541 CGGGAGATGAAAGTGCGTATCCTGTCTGAGCGTAAAAAGCCTCTGAACATCGACCACATG
169  R  E  M  K  V  R  I  L  S  E  R  K  K  P  L  N  I  D  H  M
601 GGAGAAGAGCAGCTCCGGGAGAAGGCCCAGGAACTGTCGGACTGGATCCACCAGCTGGAG
189  G  E  E  Q  L  R  E  K  A  Q  E  L  S  D  W  I  H  Q  L  E
661 TCAGAGAAGTTTGACCTGATGGCAAAGCTGAAGCAGCAGAAATATGAGATCAACGTCCTG
209  S  E  K  F  D  L  M  A  K  L  K  Q  Q  K  Y  E  I  N  V  L
721 TACAACCGCATCAGCCACGCCCAGAAGTTCCGGAAGGGGGCCGGGAAGGGCCGCGTCGGA
229  Y  N  R  I  S  H  A  Q  K  F  R  K  G  A  G  K  G  R  V  G
781 GGCCGCTGGAAGTGAGGAGCTGGGCACCGCCCCCCGACCCCTCGAGGCACCTGGGA
249  G  R  W  K  *
841 GCCCTTGGCCTGTGTGTCCATCCGGGCTGTGTGTCCATCGGGGCTTGAA 890
```

图2-16 TNNT1基因的全序列图

对TNNT1氨基酸序列的理化性质分析发现,TNNT1的氨基酸分子量为30.152 kDa,理论等电点(pI)为6.21;TNNT1蛋白的19种氨基酸中,谷氨酸(Glu)所占比例最高,达到20.2%;色氨酸(Trp)所占比例最低,为0.8%;不含半胱氨酸;蛋白在体外的活性时间大概为30 h,该蛋白的不稳定系数为74.63,脂肪指数为61.59。预测发现天府肉羊TNNT1氨基酸序列有7个磷酸化位点,包括3个Ser磷酸化位点,2个Thr磷酸化位点,2个Tyr磷酸化位点和3个特异性蛋白激酶C(protein kinase C,PKC)磷酸化位点。无信号肽序列,为非分泌型蛋白,不是跨膜蛋白。二级结构预测结果显示,氨基酸序列中α-螺旋占65.08%,无规则卷曲占34.92%,没有延伸片段。第59~201位之间有个保守的结构功能域。

从比对结果中挑选出牛属、猪属、大熊猫、海豚属、虎鲸属、八齿鼠属、羊驼属、雪貂属、犀牛属、海牛属、羚羊属、人类、绵羊属、黑猩猩属、猫属等物种,并下载其关于TNNT1基因编码的氨基酸序列,与天府肉羊的TNNT1基因的CDs区编码的氨基酸序列用MEGA 5.2软件以p-distance模型构建TNNT1氨基酸序列的NJ分子系统发育树。结果表明(图2-17),发现天府肉羊TNNT1基因与绵羊亲缘关系最近。

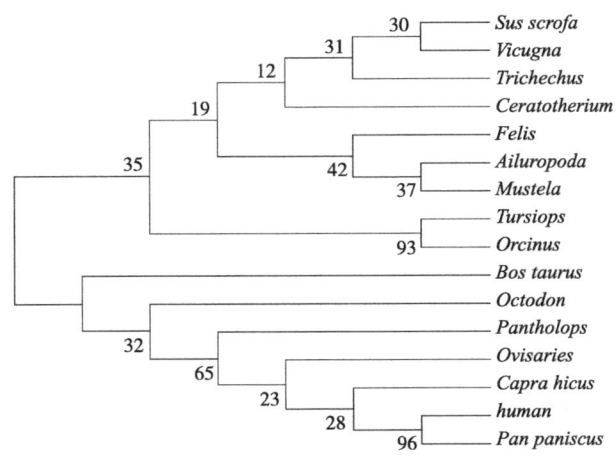

**图2-17　TNNT1基因的分子进化树**

## (二)TNNT1基因在mRNA水平上的表达情况

检测365日龄天府肉羊11个组织(心脏、肝脏、脾脏、肺脏、肾脏、腿、腹肌、眼肌、胸肌、膈肌、比目鱼肌)中TNNT1基因表达情况,结果显示(表2-14):TNNT1基因在肺脏中表达量最为丰富,与其他10个组织相比较均差异极显著($P<0.01$),膈肌的表达量显著高于腿肌、腹肌、胸肌和比目鱼肌($P<0.05$),极显著高于其他组织($P<0.01$);腹肌、胸肌和比目鱼肌的表达量显著高于腿肌、肝脏、眼肌和脾脏($P<0.05$),极显著高于肾脏和心脏($P<0.01$);腿肌、肝脏和脾脏三个组织之

间差异不显著（$P>0.05$）；心脏和肾脏之间差异不显著（$P>0.05$）；在肺脏组织中 TNNT1 基因在 365 日龄表达量最高，且表达量极显著高于 1 日龄、183 日龄、365 日龄（$P<0.01$），730 日龄与 1 日龄、183 日龄的肺脏组织中表达量差异显著（$P<0.01$），但是在 1 日龄与 183 日龄表达量相比差异不显著（$P>0.05$）（表 2-15）。

表 2-14　365 日龄天府肉羊各组织中 TNNT1 基因在 mRNA 水平上的表达量

| 组织 | 表达量 |
| --- | --- |
| 心脏 | $0.002 \pm 0.001^{F}$ |
| 肝脏 | $0.445 \pm 0.036^{cb}$ |
| 脾脏 | $0.025 \pm 0.009^{CD}$ |
| 肺脏 | $21.535 \pm 5.975^{A}$ |
| 肾脏 | $0.008 \pm 0.0001^{F}$ |
| 腿肌 | $0.918 \pm 0.075^{cb}$ |
| 腹肌 | $3.880 \pm 0.626^{b}$ |
| 眼肌 | $0.237 \pm 0.012^{cb}$ |
| 胸肌 | $4.600 \pm 2.026^{b}$ |
| 膈肌 | $7.933 \pm 0.410^{B}$ |
| 比目鱼肌 | $3.639 \pm 1.420^{b}$ |

注：同行上标大写字母不同表示差异极显著（$P<0.01$），大写字母相同、小写字母不同表示差异显著（$P<0.05$），大写字母相同、小写字母相同表示差异不显著（$P>0.05$）。

表 2-15　不同日龄阶段天府肉羊肺脏中 TNNT1 基因的相对表达量

| | 1 日龄 | 183 日龄 | 365 日龄 | 730 日龄 |
| --- | --- | --- | --- | --- |
| 表达量 | $0.003 \pm 0.0003^{C}$ | $0.026 \pm 0.0013^{C}$ | $0.960 \pm 0.0342^{A}$ | $0.289 \pm 0.0485^{B}$ |

注：同行上标大写字母不同表示差异极显著（$P<0.01$），大写字母相同、小写字母不同表示差异显著（$P<0.05$），大写字母相同、小写字母相同表示差异不显著（$P>0.05$）。

### （三）TNNT1 蛋白在组织中表达差异

提取天府肉羊 365 日龄时的心脏、肝脏、腿肌、腹肌、胸肌、膈肌和比目鱼肌和组织样品的总蛋白，选用特异性的抗体 TNNT1 和内参 GAPDH 抗体，采用蛋白质印迹杂交方法进一步分析 TNNT1 蛋白在同一时期不同组织中的表达，Western Blotting 检测结果（图 2-18），TNNT1 蛋白在天府肉羊 365 日龄的不同组织表达变化很大，除了肝脏、腿肌、胸肌、比目鱼肌和心脏检测到表达信号较高以外，眼肌和腹肌检测信号比较低，且在膈肌中检测结果几乎没有。利用凝胶定量分析软件Gel-ProAnalyzer检测各条带的累积光密度（Integrated option density，IOD）值，用目标蛋白的IOD值除以内参的IOD值以校正误差，所得结果代表样品目标蛋白的相对含量。结果显示（表2-16）在检测到TNNT1表达的8个组织中，表达量高低依次为腿肌>肝脏>胸肌>腹肌>心脏>比目鱼肌>眼肌>膈肌。在8个组织中只有比目鱼肌与眼肌之间差异显著（$P<0.05$）外，其他组织之间比较都表现为差异极显著（$P<0.01$）。

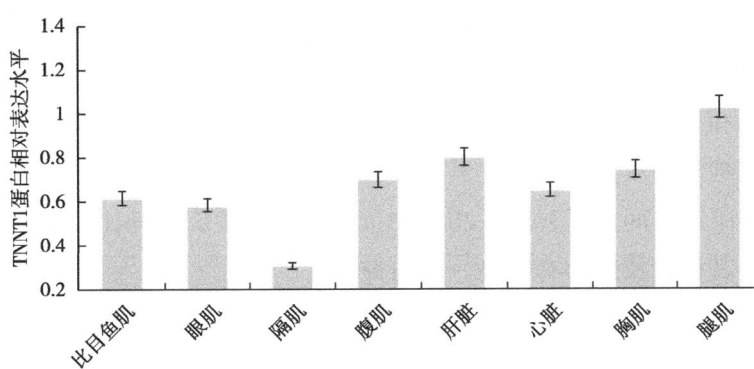

图2-18　天府肉羊TNNT1蛋白365日龄时不同组织的相对表达量

表2-16　365日龄天府肉羊各组织中TNNT1蛋白的相对表达量

| 组织 | 表达量 |
| --- | --- |
| 比目鱼肌 | $0.615 \pm 0.004^F$ |
| 眼肌 | $0.580 \pm 001\ 4^F$ |
| 膈肌 | $0.305 \pm 0.004^G$ |
| 腹肌 | $0.699 \pm 0.024^D$ |
| 肝脏 | $0.802 \pm 0.025^E$ |
| 心脏 | $0.654 \pm 0.007^F$ |
| 胸肌 | $0.745 \pm 0.007^C$ |
| 腿肌 | $1.025 \pm 0.022^A$ |

注：同行上标大写字母不同表示差异极显著（$P<0.01$），大写字母相同、小写字母不同表示差异显著（$P<0.05$），大写字母相同、小写字母相同表示差异不显著（$P>0.05$）。

## 三、主要研究结论

本研究运用RT-PCR结合克隆测序方法获得了天府肉羊TNNT1基因的全编码区序

列。结果显示：TNNT1基因CDS区长度为759 bp，编码252个氨基酸，得到的蛋白序列含有一个保守结构域，7个磷酸化位点，且该蛋白质的二级结构只具有α-螺旋和无规则卷曲，没有延伸片段，提交NCBI获得登录号：KF939315。

对天府肉羊TNNT1基因核苷酸序列及翻译的氨基酸序列进行比对，结果显示天府肉羊与牛属、人属、海豚属、绵羊属、藏羚属、八齿鼠属、大熊猫属、猪属的核苷酸序列的相似性分别为96%、86%、93%、81%、89%、86%、86%和77%。而与之对应的翻译后氨基酸的相似性则分别为94%、92%、93%、72%、85%、92%、93%、93%。

在本研究中，对天府肉羊在365日龄时不同组织中TNNT1蛋白的相对表达量采取蛋白质印迹杂交方法。结果显示，所检测的8个组织中，心脏、肝脏、腿肌、腹肌、眼肌、胸肌、膈肌和比目鱼肌检测到了表达信号，腿肌中表达信号最高，眼肌中表达信号最低；肝脏中也检测到较高的信号。其中除膈肌信号弱外，其他都比较强；在表达量上只有比目鱼肌与眼肌之间差异显著（$P<0.05$）外，其他组织之间比较都表现为差异极显著（$P<0.01$）。其机理及应用有待进一步研究。

# 第五节 天府肉羊TNNT2、TNNI2基因克隆及组织表达分析

肌钙蛋白（Tn）是肌肉组织收缩的调节蛋白，位于收缩蛋白的细肌丝上，在肌肉收缩和舒张过程中起着重要的调节作用，由3个亚基组成：肌钙蛋白C（TnC）、肌钙蛋白T（TnT）和肌钙蛋白I（TnI）。其中肌钙蛋白T（TnT）又有3个亚基类型基因：慢骨骼肌亚型（Slow skeletal troponin T1，TNNT1）、心肌亚型（Cardiac troponin T2，TNNT2）、快骨骼肌亚型（Fast skeletal troponin T3，TNNT3），肌钙蛋白T2基因（TNNT2）作为心肌亚型在影响心肌组织的正常活动方面具有重要的研究价值；肌钙蛋白I基因（TNNI，TnI）也有三种类型：慢骨骼肌型（TNNI1）、快骨骼肌型（TNNI2）、心肌型（TNNI3）。肌钙蛋白I2型基因（TNNI2）作为快骨骼肌基因，在动物骨骼肌生长发育过程中起着重要的调控作用，是影响动物屠宰性能的重要功能基因。

本研究通过克隆天府肉羊TNNT2和TNNI2基因，分析其生物信息学特征，测定2个基因在不同年龄和不同组织器官中的表达情况，为开展天府肉羊分子标记辅助育种和新品种选育工作提供依据。

# 一、试验材料与方法

## （一）试验材料

本试验以天府肉羊为研究对象，选取1日龄、6月龄、12月龄、24月龄的天府肉羊各5只，共20只。常规屠宰后采集心脏（心）、肝脏（肝）、脾脏（脾）、肺脏（肺）、肾脏（肾）、股二头肌（腿）、腹肌（腹）、眼肌（眼）、胸肌（胸）、膈肌（膈）、比目鱼肌（比目），各1g左右，用干净的铝箔纸包裹、分类标记后，快速放置于液氮冷冻，带回实验室后，取出样品放于-80℃冰箱中保存备用。

## （二）试验方法

### 1. 引物设计

以牛 *TNNT2*（GenBank ID：NM174771.3）和 *TNNI2* 基因序列（GenBank ID：NM001192094.1），设计天府肉羊的这2个基因的克隆及定量引物。本试验选择 *GAPDH*（GenBank ID：AJ431207）为内参基因（表2-17）。

表2-17 试验引物设计

| 基因 | 引物名称 | 序列（5'-3'） | 片段长度（bp） | 用途 |
| --- | --- | --- | --- | --- |
| *TNNT2* | *TNNT2*-F | 5'-GACACCACAAGACCCGTTGG-3' | 967 | 克隆 |
|  | *TNNT2*-R | 5'-CAGGAGAAGGTAGGTCAGGAGC-3' |  |  |
| *TNNI2* | *TNNI2*-F | 5'-GCCCAGACGCGAGGCTAT-3' | 586 | 克隆 |
|  | *TNNI2*-R | 5'-CCTAGGACTCGGTCTCGAACATC-3' |  |  |
| *GAPDH* | *GAPDH*-F | 5'-GCTAGTACCACCGTCACAG-3' | 118 | 内参引物 |
|  | *GAPDH*-R | 5'-CTCAGCAGCTAGCATGACGC-3' |  |  |
| *TNNT2* | *TNNT2*-F | 5'-AGAAGGCCCAGACAGAGCGT-3' | 172 | 定量引物 |
|  | *TNNT2*-R | 5'-TTCTCCGCTTCCAGGTCGTA-3' |  |  |
| *TNNI2* | *TNNI2*-F | 5'-GGCAGCACCTGAAGAGCATC-3' | 105 | 定量引物 |
|  | *TNNI2*-R | 5'-GGCAGTGTTCCGACAGGTAGTT-3' |  |  |

### 2. RT-PCR扩增与基因克隆

用TrizolRNA提取试剂盒，按照其中步骤提取总RNA，采用1.2%的琼脂糖凝胶进行检测，用核酸蛋白分析仪检测总RNA浓度。按照宝生物工程（大连）有限公司生产的M-MLV反转录试剂盒说明书对提取的RNA进行反转录合成cDNA。以cDNA为模板进行聚合酶链式反应（PCR），克隆 *TNNT2* 和 *TNNI2* 基因，纯化回收PCR产物。将纯化好的两个基因的PCR产物分别和pMD19-T载体连接，用感受态细胞进行连接物的转化。选择阳性克隆菌落进行菌液PCR鉴定并送北京六合华大基因科技股份有限公司进行测序。

3. 荧光定量PCR

制备 *TNNT2*、*TNNI2*、*GAPDH* 基因标准品。使用荧光定量PCR仪对天府肉羊不同组织中 *TNNT2* 和 *TNNI2* 基因进行定量分析。将 *GAPDH* 为内参基因，在荧光定量PCR的过程中，对照组采用1 μL纯净水代替cDNA样品加入和试验组相同的反应体系中，每个样品采取三个重复，且每个孔加入相同的样品和试剂。按照宝生物工程（大连）有限公司荧光定量试剂说明书操作，制作标准曲线。

4. 数据处理

将测序所得的 *TNNT2* 和 *TNNI2* 基因cDNA序列在NCBI上BLAST进行序列比对；采用ORFFinder软件预测开放阅读框（ORF）；通过ExPASy Proteomics Server中的SignalP-4.1功能对天府肉羊TNNT2和TNNI2蛋白信号肽进行在线预测；用在线预测软件ExPASy Proteomica Server中的protscale功能预测天府肉羊TNNT2和TNNI2蛋白质疏水性；用在线软件NetPhos 2.0预测天府肉羊 *TNNT2* 和 *TNNI2* 的氨基酸序列的磷酸化位点；利用SMART在线程序预测蛋白质结构域；利用在线二级结构预测软件HNN预测 *TNNT2* 和 *TNNI2* 氨基酸序列的二级结构；运用自动SWISS-MODEL服务器构建预测TNNT2和TNNI2蛋白的3-D结构模型。由iQ5系统自动分析获得不同样品的 $Ct$ 值，用SAS9.1.3软件的PROCGLM程序进行最小二乘分析及多重比较。

## 二、试验结果与分析

### （一）*TNNT2*和*TNNI2*基因克隆与序列分析

1. *TNNT2* 基因的克隆与序列分析

测序结果表明（图2-19），天府肉羊 *TNNT2* 基因cDNA序列全长为967 bp，编码区为858 bp，编码285个氨基酸，将序列提交至GenBank数据库，得到的登录号KF939316。

比对结果显示，天府肉羊与牛属、人属、水牛属、长臂猿属、犀牛属、犬属、熊猫属、猪属、雪貂属和猫属的核苷酸序列的相似性分别为95%、85%、95%、85%、88%、87%、87%、89%、86%和85%。对TNNT2氨基酸序列进行分析得到其分子量为33.763 4 kDa，理论等电点（pI）为5.32；TNNT2蛋白的19种氨基酸中，谷氨酸（Glu）所占比例最高，达21.1%，色氨酸（Trp）所占比例最低，为0.7%，不含半胱氨酸（Cys）；蛋白在体外的活性时间大概为30 h。结果显示，该蛋白的不稳定系数为70.64，脂肪指数为61.59。预测发现，天府肉羊TNNT2氨基酸序列有15个磷酸化位点，包括6个Ser磷酸化位点、6个Thr磷酸化位点、3个Tyr磷酸化位点和7个特异性蛋白激酶C（protein kinase C，PKC）磷酸化位点，其中最高的位点是第191个氨基酸（0.9），不具有信号肽，不是跨膜蛋白，蛋白质二级结构预测结果显示：氨基酸序列中包含α-螺旋58.95%、无规则卷曲39.3%、延伸片段1.75%，以α-螺旋及无规则卷曲为主。第91~234位之间有个保守的结构功能域（图2-20）。

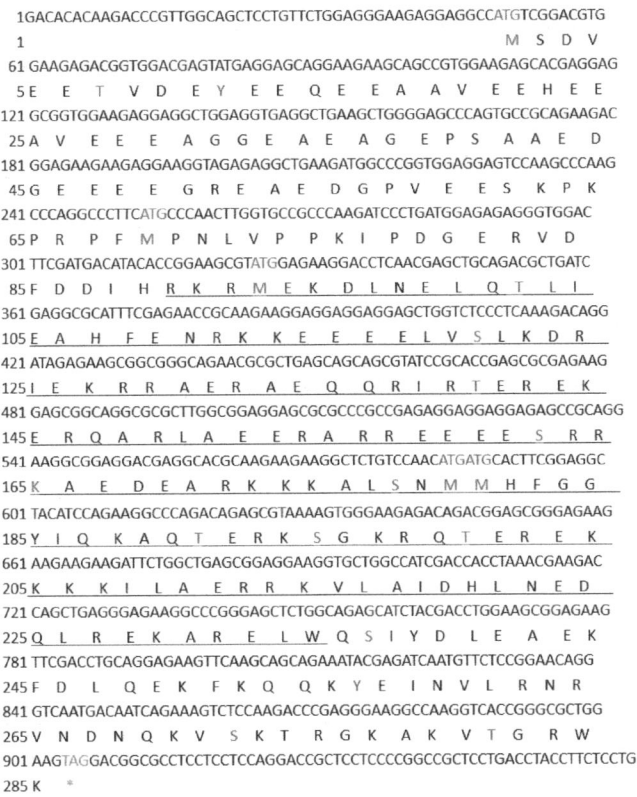

图2-19 *TNNT2*基因全序列图

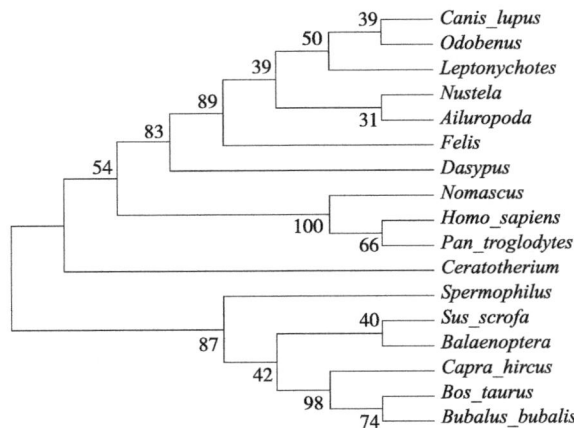

图2-20 *TNNT2*基因的分子进化树

## 2. TNNI2基因的克隆与序列分析

将测序结果上传GenBank，得到序列登录号KF939314。TNNI2基因序列长度为549 bp，为一个完整的开放阅读框（ORF），编码182个氨基酸，天府肉羊核苷酸序列与牛、绵羊、猪、家兔、野兔、黑猩猩、人、羊驼、小鼠的相似性分别为100%、97%、93%、93%、92%、92%、91%、91%、88%（图2-21）。分析天府肉山羊TNNI2的氨基酸组成，含量最高的是酸性氨基酸Glu（13.7%）、Lys（12.1%）和Arg（9.9%），分子量大小为23 kDa，等电点为8.88，不稳定系数为66.96。天府肉羊TNNI2氨基酸序列有6个磷酸化位点，包括3个Ser磷酸化位点、1个Thr磷酸化位点、2个Tyr磷酸化位点和2个特异性蛋白激酶C（protein kinase C，PKC）磷酸化位点。二级结构预测显示，氨基酸序列中包含α-螺旋65.93%、无规则卷曲31.87%、延伸片段2.20%，以α-螺旋及无规则卷曲为主（图2-22）。

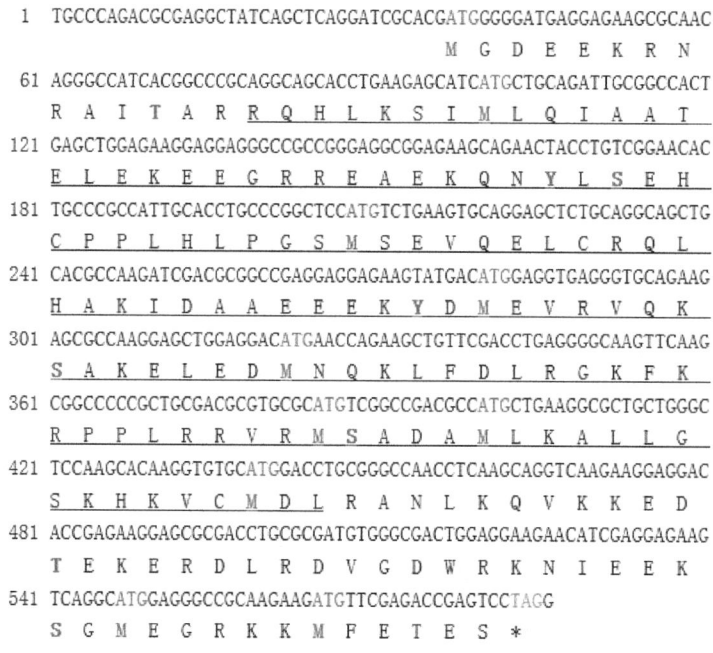

**图2-21 TNNI2基因全序列图**

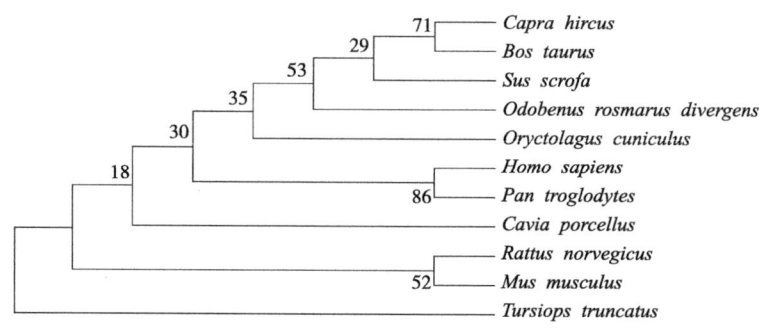

**图2-22 TNNI2蛋白系统发育树**

## （二）*TNNT2*和*TNNI2*基因在mRNA水平上的表达情况

### 1. *TNNT2*基因在mRNA水平上的表达情况

利用实时荧光定量PCR方法检测天府肉羊*TNNT2*基因在365日龄的11个组织（心脏、肝脏、脾脏、肺脏、肾脏、腿肌、腹肌、眼肌、胸肌、膈肌和比目鱼肌）的表达情况，以及1日龄、183日龄、365日龄和730日龄腹肌组织的表达特性。对365日龄天府肉羊*TNNT2*基因在组织中的表达情况进行检测，结果显示（图2-23、表2-18、表2-19）：心脏、肝脏和肺脏的表达量均极显著高于其他8个组织（$P<0.01$），其中心脏的表达量最高，极显著高于肝脏和肺脏（$P<0.01$），肝脏的表达量极显著高于肺脏（$P<0.01$）；其他8个组织之间差异不显著（$P>0.05$）。心脏中*TNNT2*基因在730日龄表达量最高，且表达量极显著高于1日龄和183日龄表达量（$P<0.01$），与365日龄之间差异不显著（$P>0.05$）；365日龄*TNNT2*基因表达量极显著高于1日龄和183日龄（$P<0.01$）；1日龄相对表达量极显著低于183日龄（$P<0.01$）

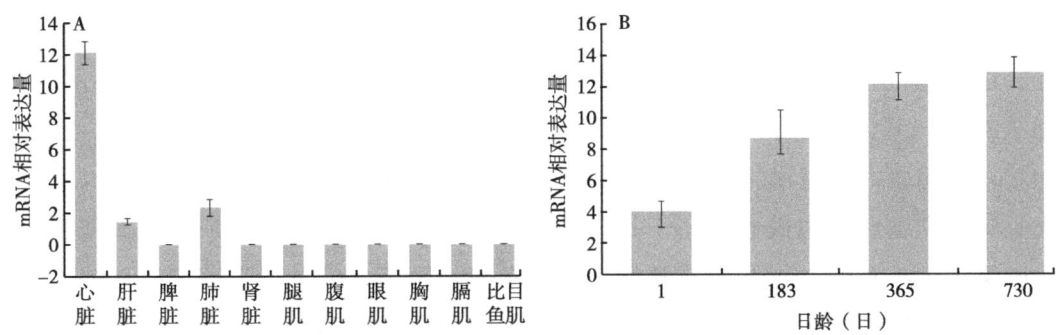

**图2-23　*TNNT2*基因在天府肉羊组织中的mRNA水平上的表达量**

注：A. 365日龄时*TNNT2*基因在天府肉羊各组织中的表达量；B. 不同年龄阶段*TNNT2*基因在天府肉羊心脏中的相对表达量。

**表2-18　365日龄天府肉羊各组织中*TNNT2*基因的相对表达量**

| 组织 | 表达量 |
| --- | --- |
| 心脏 | $12.112\ 23 \pm 0.729\ 52^A$ |
| 肝脏 | $1.469\ 68 \pm 0.201\ 87^C$ |
| 脾脏 | $0.020\ 08 \pm 0.004\ 77^D$ |
| 肺脏 | $2.354\ 30 \pm 0.550\ 91^B$ |
| 肾脏 | $0.009\ 57 \pm 0.001\ 66^D$ |
| 腿肌 | $0.000\ 60 \pm 0.000\ 09^D$ |
| 腹肌 | $0.001\ 91 \pm 0.000\ 21^D$ |
| 眼肌 | $0.000\ 02 \pm 0.000\ 01^D$ |

（续表）

| 组织 | 表达量 |
|---|---|
| 胸肌 | $0.001\ 13 \pm 0.000\ 62^D$ |
| 膈肌 | $0.013\ 38 \pm 0.000\ 97^D$ |
| 比目鱼肌 | $0.002\ 16 \pm 0.000\ 27^D$ |

表2-19　不同日龄阶段天府肉羊肺脏中TNNT2基因的相对表达量

| | 1日龄 | 183日龄 | 365日龄 | 739日龄 |
|---|---|---|---|---|
| 表达量 | $3.997\ 1 \pm 0.700\ 3^C$ | $8.662\ 1 \pm 1.796\ 6^B$ | $12.112\ 2 \pm 0.729\ 5^A$ | $12.869\ 5 \pm 0.938\ 0^A$ |

2. TNNI2基因在mRNA水平上的表达情况

利用实时荧光定量PCR方法检测天府肉羊TNNI2基因在365日龄的11个组织（心脏、肝脏、脾脏、肺脏、肾脏、腿肌、腹肌、眼肌、胸肌、膈肌和比目鱼肌）的表达情况，以及1日龄、183日龄、365日龄和730日龄腹肌组织的表达特性。对365日龄天府肉羊TNNI2基因在组织中的表达情况进行检测，结果显示（图2-24、表2-20、表2-21）：在腹肌中检测到的TNNI2表达量最高，极显著高于其他组织器官（$P<0.01$）；其次是膈肌和胸肌，也极显著高于其他组织器官（$P<0.01$）；所有肌肉组织极显著高于内脏组织（$P<0.01$）；胸肌与腿肌、比目鱼肌、眼肌之间差异显著（$P<0.05$）；在内脏组织中肝脏极显著高于其他内脏组织（$P<0.01$）；其他内脏组织之间差异不显著（$P>0.05$），心脏和肾脏的含量最低。在4个日龄阶段的腹肌TNNI2基因在mRNA水平上的表达量进行检测，结果表明：腹肌中TNNI2基因365日龄的相对表达量最高，极显著高于1日龄、183日龄和730日龄（$P<0.01$），730日龄与1日龄和183日龄之间差异极显著（$P<0.01$），1日龄与183日龄之间差异不显著。

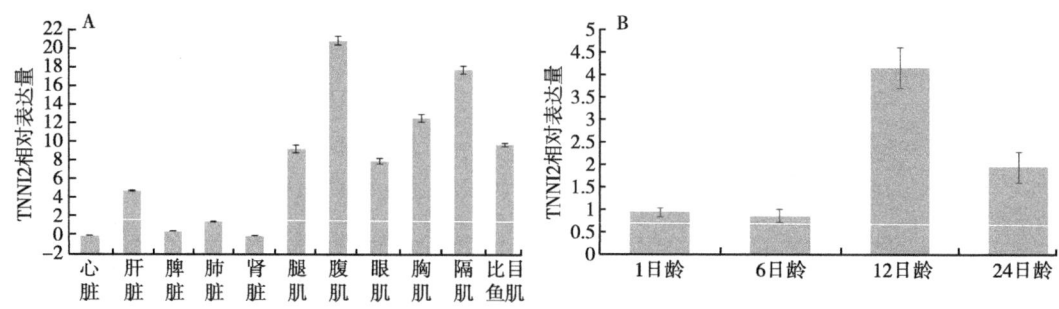

图2-24　TNNI2基因在天府肉羊组织中的相对表达量

注：A. 365日龄时TNNT2基因在天府肉羊各组织中的相对表达量；B. 不同年龄阶段TNNI2基因在天府肉羊腹肌中的相对表达量。

表2-20　365日龄天府肉羊各组织中 *TNNI2* 基因在mRNA水平上的表达量

| 组织 | 表达量 |
| --- | --- |
| 心脏 | $0.028\ 9 \pm 0.000\ 2^E$ |
| 肝脏 | $4.798\ 4 \pm 0.034\ 2^D$ |
| 脾脏 | $0.508\ 3 \pm 0.024\ 7^E$ |
| 肺脏 | $1.506\ 4 \pm 0.069\ 6^E$ |
| 肾脏 | $0.051\ 2 \pm 0.002\ 4^E$ |
| 腿肌 | $9.243\ 9 \pm 0.362\ 6^C$ |
| 腹肌 | $20.738\ 6 \pm 0.455\ 7^A$ |
| 眼肌 | $8.004\ 5 \pm 0.284\ 5^C$ |
| 胸肌 | $12.515\ 5 \pm 0.361\ 4^C$ |
| 膈肌 | $17.678\ 5 \pm 0.367\ 6^B$ |
| 比目鱼肌 | $9.720\ 0 \pm 0.206\ 9^C$ |

表2-21　不同日龄阶段天府肉羊腹肌中 *TNNI2* 基因的相对表达量

| | 1日龄 | 183日龄 | 365日龄 | 730日龄 |
| --- | --- | --- | --- | --- |
| 表达量 | $0.942\ 4 \pm 0.089\ 0^C$ | $0.867\ 7 \pm 0.138\ 2^C$ | $4.147\ 7 \pm 0.455\ 7^A$ | $1.942\ 6 \pm 0.349\ 0^B$ |

## 三、主要研究结论

本研究运用RT-PCR结合克隆测序方法分别获得了天府肉羊 *TNNI2* 和 *TNNT2* 基因的全编码区序列。结果显示：天府肉羊 *TNNT2* 基因具有较长的CDS区，为858 bp，编码285个氨基酸，蛋白序列含有15个磷酸化位点和1个保守结构域，蛋白二级结构主要为无规则卷曲和α-螺旋，提交NCBI得到登录号KF939316；天府肉羊 *TNNI2* 基因CDS区长度为549 bp，编码187个氨基酸，蛋白序列有1个保守结构域，存在6个磷酸化位点，蛋白质二级结构以无规则卷曲和α-螺旋为主，序列提交NCBI获得登录号KF939314。

对天府肉羊TNNT2氨基酸序列进行比对，结果显示天府肉羊与牛属、人属、水牛属、长臂猿属、犀牛属、犬属、熊猫属、猪属、雪貂属和猫属的相似性分别为94%、88%、95%、88%、89%、89%、89%、91%、88%和89%；在进化关系中天府肉羊 *TNNT2* 基因与反刍动物牛的关系最近，与人、黑猩猩和长臂猿等灵长类动物聚为一支，然后与雪貂和熊猫聚为一支；TNNI2氨基酸序列与海象、猪、大鼠、家兔、小鼠、人、荷兰猪、牛、黑猩猩和海豚的相似性分别为97%、96%、96%、95%、94%、96%、94%、98%、92%和92%，构建TNNI2氨基酸序列的系统发育树中天府肉羊与牛的亲缘关系最近。

实时荧光定量RT-PCR技术测定天府肉羊的TNNT2和TNNI2基因在11个组织中的相对表达量，结果表明：TNNT2基因在心脏中高表达，其次为肝脏和肺脏，其他8个组织之间差异不显著；在心脏中，TNNT2基因表达量随日龄的增长而增加。TNNI2基因在被检测的11个组织中，以腹肌中的表达量最高，其次为膈肌，在内脏组织中表达量最低，检测的肌肉组织中的相对表达量与内脏组织的差异极显著（$P<0.01$）；在1日龄、183日龄、365日龄和730日龄的腹肌组织中，365日龄与其他日龄之间的差异极显著（$P<0.01$）。

本试验表明，天府肉羊TNNT2基因在心脏组织中表达量最高，而且在心脏组织中TNNT2基因的表达量随着日龄逐渐升高，即730日龄表达量最高。在骨骼肌组织中，TNNI2基因的表达量在365日龄时的表达量都很高，其中在腹肌组织中表达量最高，可进一步深入研究用于天府肉羊分子标记辅助选择。

## 第六节　天府肉羊TNNI1、TNNI3基因克隆及组织表达分析

肌钙蛋白（Troponin，Tn）属于钙离子结合蛋白多基因家族的成员，在肌肉收缩时起关键作用。肌钙蛋白复合体（TnS）由TnC、TnI和TnT三种亚基组成，其中TnC是钙离子结合亚基，TnI是抑制型亚基，TnT则连接骨骼肌肌钙蛋白复合体和原肌球蛋白。抑制型亚基TnI又包括三种亚型，分别是慢肌型（TNNI1）、快肌型（TNNI2）和心肌型（TNNI3）基因。在骨骼肌形成过程，TNNI1和TNNI2基因在早期发育阶段共表达，之后则分别表达。TNNI1基因存在于心脏的早期发育中，出生前后，被TNNI3基因所取代。TNNI3基因具有优越的心肌特异性，它仅在心肌中表达，而不在骨骼肌中表达。该家族基因是控制畜禽肌肉的重要候选基因。本试验通过对天府肉羊TNNI1、TNNI3基因的克隆、生物信息学分析及组织表达情况研究，为进一步开展天府肉羊羊肉品质提升选育提供试验支持。

### 一、试验材料与方法

#### （一）试验材料

6月龄、12月龄、24月龄、成年（3岁及以上）4个年龄阶段的天府肉羊各5只，6月龄、12月龄、24月龄、成年（3岁及以上）4个年龄阶段的天府肉羊各5只。试验羊的饲

养管理、营养水平一致。屠宰后取心脏、肝脏、脾脏、肺脏、肾脏、腿肌、膈肌、腹肌、大肠（各1g左右，样本任何一边的厚度<0.5 cm），置于1.5 mL的EP管中，液氮保存，带回实验室后转放于-80 ℃冰箱中保存，用于总RNA的抽提。

### （二）试验方法

1. 引物设计

根据GenBank中牛TNNI1基因序列（GenBank ID：XM_002694115.1）和牛TNNI3基因序列（GenBank ID：NM_001040517.1）。用Primer5.0软件分别设计试验所需引物。引物由宝生物工程（大连）有限公司合成（表2-22）。

表2-22 引物信息

| 基因 | 引物名称 | 序列（5'-3'） | 片段长度（bp） | 用途 |
| --- | --- | --- | --- | --- |
| TNNI1 | TNNI1-F | 5'-ACCAAGGAAGGTGCCAACTG-3' | 697 | 克隆 |
|  | TNNI1-R | 5'-GCGAGGTCTTCACCCCAAC-3' |  |  |
| TNNI3 | TNNI3-F | 5'-GGACGCTCCCTCCCTGAC-3' | 773 | 克隆 |
|  | TNNI3-R | 5'-GCTTTATTCCTCGGGGTCATC-3' |  |  |
| GAPDH | GAPDH-F | 5'-GCAAGTTCCACGGCACAG-3' | 118 | 内参基因 |
|  | GAPDH-R | 5'-TCAGCACCAGCATCACCC-3' |  |  |
| TNNI1 | TNNI-F | 5'-AGGTGGGCGACTGGAGGA-3' | 132 | 定量引物 |
|  | TNNI1-R | 5'-CTTGGCGGCATCAAACATCT-3' |  |  |
| TNNI3 | TNNI3-F | 5'-GCTCGTCTGCCAACTACCG-3' | 141 | 定量引物 |
|  | TNNI3-R | 5'-GCTCCTCAGCCTCCCGC-3' |  |  |

2. RT-PCR扩增与基因克隆

提取组织的总RNA，通过反转录分别合成TNNI1和TNNI3基因cDNA第1链。以cDNA第一链为模板进行PCR，TNNI1反应条件为95 ℃预变性5 min，35个循环（94 ℃、30 s；51 ℃、30 s；72 ℃、40 s），最后72 ℃、10 min，4 ℃保存。同样以cDNA第一链为模板，TNNI3基因PCR扩增条件为：反应条件为95 ℃预变性5 min，35个循环（94 ℃、30 s；54 ℃、30 s；72 ℃、40 s），最后72 ℃、10 min，4 ℃保存。两个基因的PCR反应体系都为50 μL体系：25 μL的2×GCBufferI，0.5 μL的TaKaRaTaq，8 μL的dNTPMixture，上下游引物各0.5 μL，5 μL的cDNA，10.5 μL的ddH$_2$O，得到的PCR产物经过1.0%的琼脂糖凝胶进行电泳检测，用Maker确定所得条带长度，判断所得

条带是否为目的条带。利用试剂盒Gel Extraction Mini Kit对所得的且确定为目的条带的PCR产物进行纯化回收。将目的基因与pMD19-T载体的连接，制备感受态细胞，进行连接物的转化，挑选白色的阳性克隆菌落送宝生物工程（大连）有限公司进行测序。

3. 实时荧光定量PCR

使用荧光定量PCR仪Bio-radiCycleriQ5对天府肉羊*TNNI*1、*TNNI*3基因进行定量分析。以*GAPDH*为内参基因。扩增过程完成后，通过熔解曲线来判断扩增过程的特异性。在荧光定量PCR的过程中，对照组用1 μL灭菌水代替cDNA样品加入与试验组相同的反应体系，每个样品检测进行3个平行试验。将cDNA用TaKaRa公司生产的EASYDilution稀释成$1 \times 10^{-6} \sim 1 \times 10^{0}$共7个浓度，通过荧光定量PCR，由Q5系统自动分析获得不同样品的*Ct*值，根据公式计算不同样品的表达量。

## 二、试验结果与分析

### （一）*TNNI*1和*TNNI*3基因克隆测序结果

将克隆所得的白色阳性菌液送宝生物工程（大连）有限公司进行测序。结果表明（图2-25），天府肉羊*TNNI*1基因的cDNA序列全长为697 bp，提交序列至NCBI后获得的登录号为：JN848968，序列中包含有564 bp完整的开放阅读框；天府肉羊*TNNI*3基因的cDNA序列全长为773 bp，提交序列至NCBI后，获得的登录号为：JN848969，序列中包含有639 bp完整的开放阅读框。

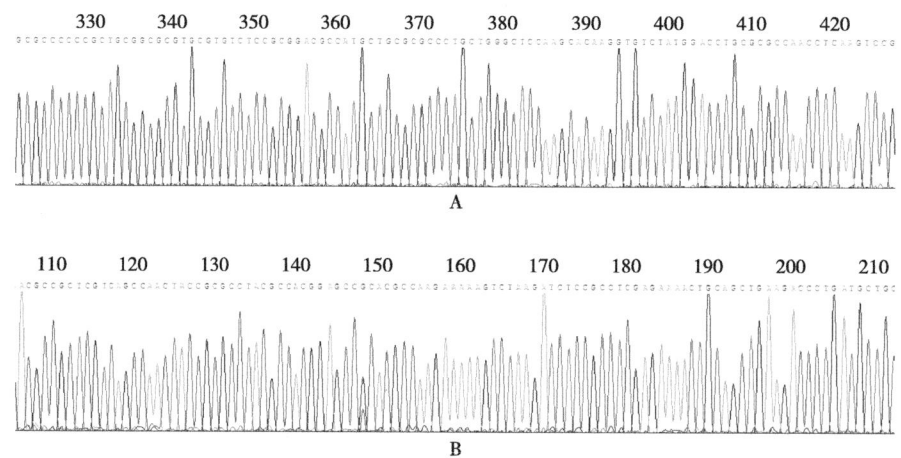

**图2-25　*TNNI*1和*TNNI*3基因部分序列测序图**

注：A.*TNNI*1基因；B.*TNNI*3基因。

用Bioedit软件分析得到本试验，的天府肉羊*TNNI*1基因CDS序列的碱基A、G、T、C分别占总数的22.34%、34.57%、13.65%、29.43%，其数目分别是126、195、77、

166，A+T的含量（35.99%）明显低于C+G的含量（64.01%）；天府肉羊*TNNI*3基因的CDS序列的碱基组成A、G、T、C分别占总数的25.04%、34.74%、13.46%、26.76%，其数目分别是160、222、86、171，A+T的含量（38.5%）明显低于C+G的含量（61.5%）。

### （二）天府肉羊*TNNI*1基因生物信息学分析

利用NCBI中的在线tBLASTn软件，将*TNNI*1基因的核苷酸序列以及经过该软件翻译后所得到的天府肉羊*TNNI*1基因的氨基酸序列分别与GenBank数据库中部分其他物种的*TNNI*1基因的核苷酸序列及其氨基酸序列进行序列比对。结果显示（表2-23、表2-24）它们的核苷酸一致性为：猪100%、牛98%、人98%，与长臂猿、黑猩猩均为90%，与狼犬、恒河猴均为89%，与褐家鼠、家猫的均为87%。氨基酸一致性为：牛97%、家猫96%，与猪、狼犬和人均为95%，与大猩猩、小家鼠和褐家鼠均为94%。用MEGA4.0软件建立不同物种*TNNI*1基因CDS区的序列系统发育树显示：天府肉羊首先与牛聚在一起，其次是猪，然后是猫与狼犬，再与鼠、人、黑猩猩等聚在一起。

表2-23 *TNNI*1核苷酸一致性

| 物种 | GenBank ID | 核苷酸一致性（%） |
| --- | --- | --- |
| *Capra hircus*山羊 | JN848968 | 100 |
| *Sus scrofa*猪 | FJ719787.1 | 100 |
| *Bos taurus*牛 | XM_002694115 | 98 |
| *Homo sapiens*人 | NG_016649.1 | 98 |
| *Nomascus*长臂猿 | XM_003264542.1 | 90 |
| *Pan paniscus*黑猩猩 | XM_003823038.1 | 90 |
| *Canis lupus*狼犬 | XM_003639144.1 | 89 |
| *Macaca mulatta*恒河猴 | NM_001265640.1 | 89 |
| *Rattus*褐家鼠 | NM_017184.1 | 87 |
| *Feliscatus*家猫 | XM_003999365.1 | 87 |

表2-24 TNNI1蛋白质的氨基酸序列一致性

| 物种 | GenBank ID | 氨基酸一致性（%） |
| --- | --- | --- |
| *Capra nircus*山羊 | JN848968 | 100 |
| *Bos taurus*牛 | XP_002694161.1 | 97 |
| *Felis catus*家猫 | XP_003999414.1 | 96 |
| *Sus scrofa*猪 | ACE75947.1 | 95 |

（续表）

| 物种 | GenBank ID | 氨基酸一致性（%） |
|---|---|---|
| *Canis lupus* 狼犬 | XP_003639192.1 | 95 |
| *Homo sapiens* 人 | NP_003272.3 | 95 |
| *Gorilla gorilla* 大猩猩 | XP_004028186.1 | 94 |
| *Mus musculus* 小家鼠 | NP_067442.1 | 94 |
| *Rattus* 褐家鼠 | NP_058880.1 | 94 |
| *Gallus gallus* 原鸡 | XP_419242.3 | 86 |

用在线软件NetPhos 2.0预测天府肉羊*TNNI*1基因的氨基酸序列。结果显示（表2-25）：该氨基酸总共有7个磷酸化位点，其中Ser磷酸化位点为5个、Thr磷酸化位点1个、Tyr磷酸化位点为1个。

表2-25 TNNI1蛋白磷酸化位点预测

| 磷酸化氨基酸 | 位点 | 评分 |
|---|---|---|
| Ser | 58 | 0.669 |
|  | 119 | 0.982 |
|  | 144 | 0.989 |
|  | 169 | 0.991 |
|  | 183 | 0.968 |
| Thr | 150 | 0.99 |
| Tyr | 81 | 0.982 |

用在线预测软件ExPASy Proteomica Server中的protscale功能预测天府肉羊TNNI1蛋白质疏水性，结果显示TNNI1蛋白是亲水性的（图2-26）。

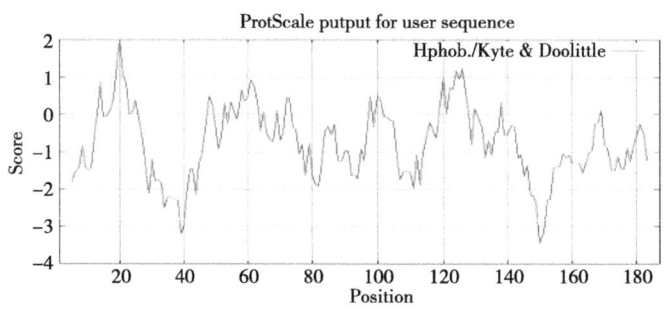

图2-26 TNNI1蛋白的疏水性预测

通过ExPASy Proteomics Server中的SignalP-4.1功能对天府肉羊TNNI1蛋白信号

肽进行在线预测，结果表明（图2-27）：天府肉羊TNNI1氨基酸不是分泌型蛋白，序列存在信号肽的概率为0.26%，存在信号锚的可能性为0.45%。在整个氨基酸序列中最有可能发生断裂的点预测可能会出现在第26个与第27个氨基酸之间，发生的可能性为0.286。利用在线软件ExPASy中的跨膜区结构预测软件TMHMM-2.0发现天府肉羊TNNI1不是跨膜蛋白。

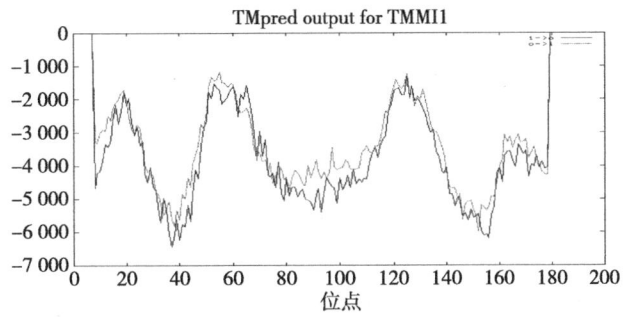

图2-27　TNNI1蛋白跨膜区预测

用NetOGlyc 3.1和NetNGlyc 1.0分别预测天府肉羊TNNI1可能存在的N-糖基化位点和O-糖基化位点，预测结果显示：TNNI1蛋白既没有预测到N-糖基化位点，也没有预测到O-糖基化位点。

利用在线二级结构预测软件HNN预测天府肉羊*TNNI*1氨基酸序列的二级结构。结果显示：该氨基酸序列中含有α-螺旋占57.75%、无规则卷曲占39.04%、延伸片段占3.21%，以α-螺旋及无规则卷曲为主。

在NCBI的CD-Search工具的帮助下，对天府肉羊*TNNI*1氨基酸序列保守结构域进行预测，结果显示（图2-28）：天府肉羊TNNI1蛋白质序列存在1个保守结构功能域，其位置为84～104位。

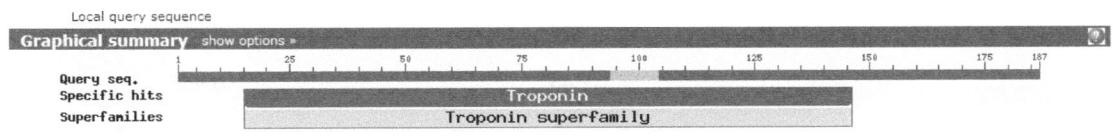

图2-28　TNNI1蛋白的保守结构域预测

## （三）天府肉羊*TNNI*3基因生物信息学分析

采用在线软件tBLASTn将天府肉羊*TNNI*3基因核苷酸序列和经该软件翻译后所得到的氨基酸序列分别与GenBank数据库中其他物种*TNNI*3基因的核苷酸序列和氨基酸序列进行序列比对，结果显示核苷酸一致性为：牛为96%，猪和马为92%。氨基酸一致性：牛为97%，家猫和大熊猫属为96%，猪为94%，马为92%，狼犬及恒河猴为91%，人、黑猩猩及短尾猴为90%，非洲象最低为54%。用MEGA4.0分析软件建立不同物种间*TNNI3*基因CDS区的序列系统发育树，天府肉羊首先与牛聚在一起，然后依次是猪、马、猫、狼犬等聚在一起，再与人、黑猩猩等聚在一起，最后与非洲象聚在一起。

在天府肉羊*TNNI3*核苷酸序列与牛的*TNNI*家族的三个基因型的核苷酸序列比对中发现，只有*TNNI3*核苷酸序列存在GATA-4序列，而在不同物种的*TNNI3*核苷酸序列中，只有少数，如三文鱼、鸡和短尾猴不存在该结构序列。在氨基酸的比对图中可以发现，在N-端各物种间的氨基酸序列保守性较差，其余部分保守性好，整个氨基酸序列存在两个功能位点，近N-端的位点为TNNC的绑定位点，另一个为肌动蛋白内部功能位点。

通过在线软件NetPhos 2.0对天府肉羊TNNI3氨基酸序列进行蛋白质磷酸化位点预测，结果显示：天府肉羊TNNI3氨基酸序列总共有12个磷酸化位点，其中Ser磷酸化位点为10个、Thr磷酸化位点为1个、Tyr磷酸化位点为1个（表2-26）。

表2-26 TNNI3蛋白磷酸化位点预测

| 磷酸化氨基酸 | 位点 | 评分 |
| --- | --- | --- |
| Ser | 5 | 0.722 |
| | 7 | 0.991 |
| | 8 | 0.796 |
| | 24 | 0.996 |
| | 25 | 0.898 |
| | 41 | 0.665 |
| | 44 | 0.971 |
| | 46 | 0.965 |
| | 79 | 0.994 |
| | 152 | 0.958 |
| Thr | 183 | 0.986 |
| Tyr | 114 | 0.974 |

通过在线预测软件ExPASy Proteomica Server中的protscale功能预测天府肉羊TNNI3蛋白质疏水性，结果显示TNNI3蛋白是亲水性的（图2-29）。

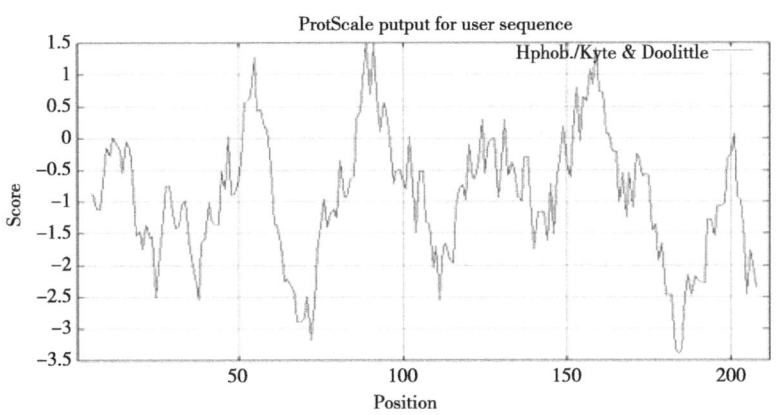

图2-29 TNNI3蛋白的疏水性预测

利用在线预测软件ExPASy Proteomics Server的SignalP 4.1预测天府肉羊TNNI1蛋白信号肽，结果显示：天府肉羊TNNI3氨基酸不是分泌型蛋白，序列存在信号肽的可能性为0.105%，存在信号肽序列的概率为0.45%。通过在线软件ExPASy中的在线跨膜区结构预测软件TMHMM 2.0发现天府肉羊TNNI3不是跨膜蛋白（图2-30）。

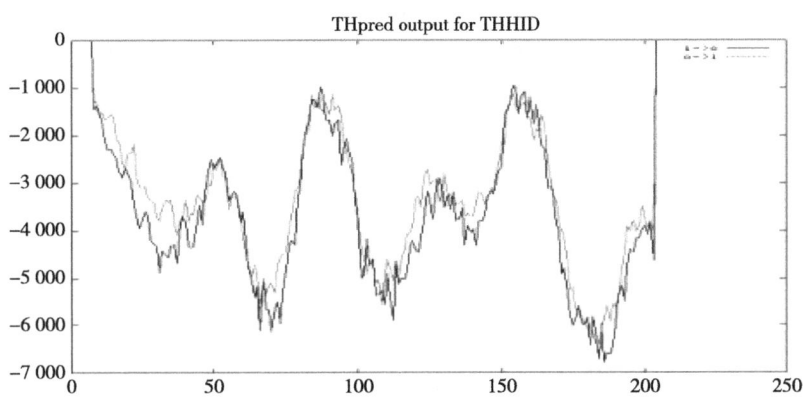

图2-30 TNNI3蛋白跨膜区预测

分别用NetOGlyc3.1和NetNGlyc1.0预测天府肉羊TNNI3蛋白可能存在的糖基化位点，结果发现有5个O糖基化位点和1个N糖基化位点。

利用在线二级结构预测软件HNN预测TNNI3氨基酸序列的二级结构。结果显示：氨基酸序列中含有α-螺旋56.6%、无规则卷曲43.4%、延伸片段0%，以α-螺旋及无规则卷曲为主。

通过NCBI的CD-Search工具对TNNI3氨基酸序列保守结构域进行预测，结果表明：天府肉羊TNNI3蛋白质序列存在3个结构域，结构域1位于14~28，结构域2位于32~48，结构域3位于62~78，且都分布于N-端。

## 三、荧光定量PCR结果

### （一）PCR检测及其标准曲线

不同组织样品的RNA在定量引物的作用下，经过RT-PCR扩增所得产物经1%的琼脂糖凝胶电泳检测后发现，都有清晰的 TNNI1、TNNI3、GAPDH 基因的PCR扩增条带，并且没有杂带产生，片段大小均与预期一致，显示定量引物的特异性高。

荧光定量PCR反应后得到 TNNI1、TNNI3 和内参基因 GAPDH 的扩增产物的熔解曲线。结果显示（图2-31）所得的熔解曲线都只有一个峰，说明在整个荧光定量PCR扩增的过程中，扩增信号都是特异性扩增，没有产生非特异产物和引物二聚体。TNNI1基因标准曲线在模板浓度为$10^{-3} \sim 10^{-10}$的范围内构建，几乎所有的点都在直线上，显示扩增效率$E$为94.6%，相关系数$R^2=0.996$，标准曲线为$Y=-3.464X-6.746$。TNNI3基因标准曲线在模板浓度为$10^{-1} \sim 10^{-10}$的范围内构建，几乎所有的点都在直线上，显示扩增效率$E$为94.1%，相关系数$R^2=0.996$，标准曲线为$Y=-3.459X-6.709$。GAPDH的标准曲线在模板浓度梯度为$10^{-2} \sim 10^{-7}$的范围内构建，几乎所有的点都在直线上，GAPDH基因一致系数$R^2=0.992$，Efficiency=99.1%。三个标准曲线的扩增效率均在90%~105%理想范围以内，可信度高，试验中所得到的$Ct$值能准确反映起始cDNA的拷贝数。

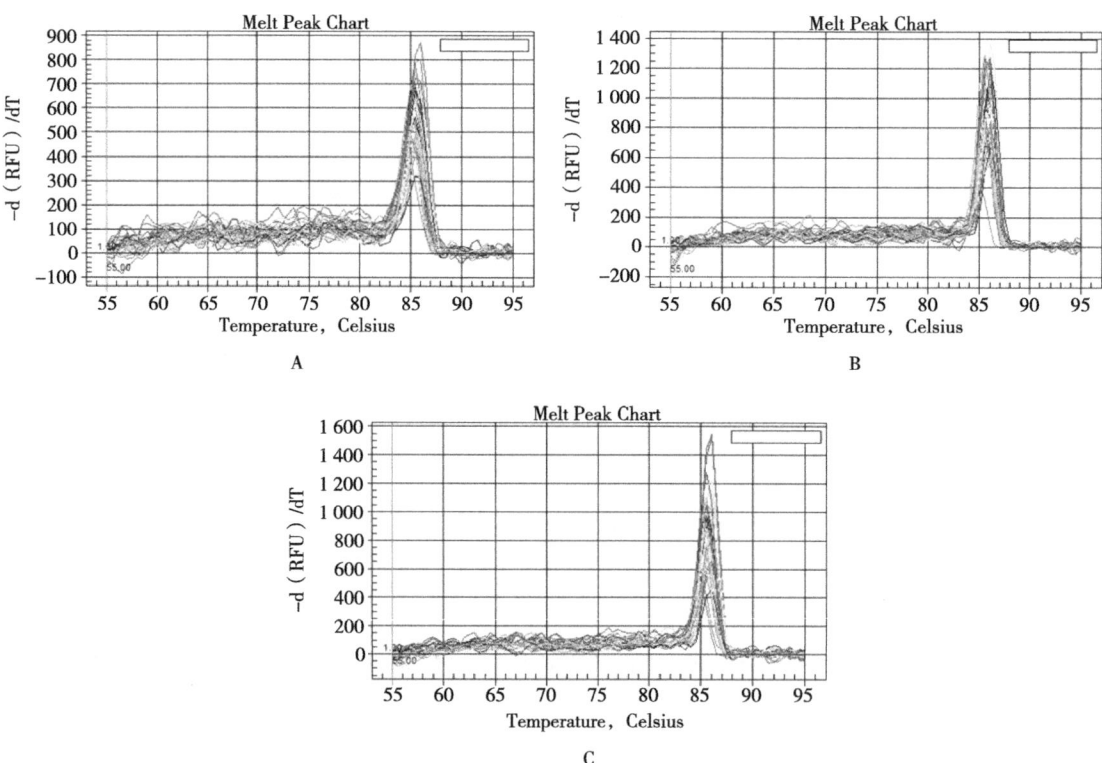

**图2-31　TNNI1、TNNI3和GAPDH基因的熔解曲线及标准曲线**

注：A. TNNI1熔解曲线；B. TNNI3熔解曲线；C. GAPDH熔解曲线。

## （二）TNNI1基因在组织中的表达情况

通过对一岁天府肉羊不同组织中TNNI1基因的表达情况进行检测，结果表明（表2-27、表2-28）：以肝脏为对照，TNNI1基因在腿肌和腹肌中表达量最丰富，极显著高于其他组织（$P<0.01$），心脏与大肠差异不显著（$P>0.05$），均显著高于肝、肺组织（$P<0.05$）。腹肌中TNNI1基因随年龄的增加表达量呈逐渐上升的趋势，以一岁为对照，半岁表达量最少，2岁后趋于平衡，其中半岁与一岁表达量差异不显著（$P>0.05$），2岁与成年后表达量差异也不显著（$P>0.05$），但半岁、一岁与2岁、成年的表达量差异显著（$P<0.05$）。TNNI1基因主要是在腿肌与腹肌中表达。

表2-27 TNNI1基因在一岁天府肉羊不同组织中的相对表达量

| 组织 | 心脏 | 肝脏 | 脾脏 | 肺脏 | 肾脏 | 大肠 |
| --- | --- | --- | --- | --- | --- | --- |
| 表达量 | $0.1951\pm0.022^{Da}$ | $0.0259\pm0.006^{Ec}$ | $0.1361\pm0.034^{Db}$ | $0.0815\pm0.016^{Ec}$ | $0.0216\pm0.008^{Ed}$ | $0.2365\pm0.0029^{Da}$ |
| 组织 | 腹肌 | 膈肌 | 股二头肌 | 臂三头肌 | 眼肌 | 胸肌 |
| 表达量 | $2.5631\pm0.055^{A}$ | $0.5271\pm0.052^{C}$ | $1.7331\pm0.014^{B}$ | $0.2606\pm0.004^{Da}$ | $0.9704\pm0.0023^{C}$ | $0.6258\pm0.016^{C}$ |

注：同行上表大写字母不同表示差异极显著（$P<0.01$），大写字母相同、小写字母不同表示差异显著（$P<0.05$），大写字母相同、小写字母相同表示差异不显著（$P>0.05$）。

表2-28 TNNI1基因在天府肉羊不同年龄段腹肌中的相对表达量

| | 半岁 | 1岁 | 1.5岁 | 2岁 |
| --- | --- | --- | --- | --- |
| 表达量 | $2.45\pm0.038^{D}$ | $2.56\pm0.039^{C}$ | $2.89\pm0.025^{B}$ | $2.92\pm0.0354^{A}$ |

注：同行上表大写字母不同表示差异极显著（$P<0.01$）。

## （三）TNNI3基因在组织中的表达情况

对一岁天府肉羊组织中TNNI3基因表达情况进行检测，结果显示（表2-29、表2-30）：以肝脏为对照，TNNI3基因在心肌中表达量最为丰富，极显著高于其他组织（$P<0.01$），膈肌与肺差异显著且均显著高于肝脏、脾脏、肾脏、腿肌及大肠组织（$P<0.01$），肝脏、脾脏、肾脏、腿肌及大肠之间差异不显著（$P>0.05$）；心肌中TNNI3基因随着年龄的增加表达量呈现逐渐下降的趋势，以一岁羊为对照，半岁时的表达量最高，1岁其次，且均显著高于2岁和成年羊（$P<0.05$），2岁和成年羊差异不显著（$P>0.05$）。由此可见，TNNI3基因主要是在心脏中表达（表2-29、表2-30）。

表2-29　TNNI3基因在一岁天府肉羊不同组织中的相对表达量

| 组织 | 心脏 | 肝脏 | 脾脏 | 肺脏 | 肾脏 | 大肠 |
| --- | --- | --- | --- | --- | --- | --- |
| 表达量 | $1.7411 \pm 0.039^{A}$ | $0.0007 \pm 0.000^{Db}$ | $0.0003 \pm 0.007^{Dc}$ | $0.2485 \pm 0.029^{Bb}$ | $0.0003 \pm 0.000^{Dc}$ | $0.0042 \pm 0.004^{Cb}$ |
| 组织 | 腹肌 | 膈肌 | 股二头肌 | 臂三头肌 | 眼肌 | 胸肌 |
| 表达量 | $0.0018 \pm 0.005^{Da}$ | $0.1113 \pm 0.012^{Bb}$ | $0.0011 \pm 0.002^{B}$ | $0.0301 \pm 0.008^{Ca}$ | $0.0009 \pm 0.000^{Db}$ | $0.0008 \pm 0.000^{Db}$ |

注：同行上表大写字母不同表示差异极显著（$P<0.01$），大写字母相同、小写字母不同表示差异显著（$P<0.05$），大写字母相同、小写字母相同表示差异不显著（$P>0.05$）。

表2-30　TNNI3基因在天府肉羊不同年龄段心肌中的相对表达量

| | 半岁 | 1岁 | 1.5岁 | 2岁 |
| --- | --- | --- | --- | --- |
| 表达量 | $1.95 \pm 0.038^{A}$ | $1.74 \pm 0.039^{B}$ | $1.15 \pm 0.025^{C}$ | $1.07 \pm 0.035^{D}$ |

注：同行上表大写字母不同表示差异极显著（$P<0.01$）。

## 四、主要研究结论

本试验克隆得到的天府肉羊TNNI1基因的cDNA序列全长为697 bp，提交序列至NCBI后获得登录号JN848968；克隆得到的天府肉羊TNNI3基因的cDNA序列全长为773 bp，提交序列至NCBI后获得登录号JN848969。

分析表明：TNNI1基因完整的开放阅读框（ORF）为564 bp，编码187个氨基酸。氨基酸序列有1个保守结构域，存在多个磷酸化位点，蛋白质二级结构以无规则卷曲和α-螺旋为主。实时荧光定量PT-PCR技术分析TNNI1基因在天府肉羊部分组织中的表达情况，结果表明：TNNI1基因在所选择的天府肉羊8个组织中，腹肌表达量最高，腿肌其次，与其他组织差异极显著（$P<0.01$）；在腹肌组织中TNNI1基因的表达量随年龄的增长而减少。

TNNI3基因完整的开放阅读框（ORF）为639 bp，编码212个氨基酸。氨基酸序列存在3个保守结构域；蛋白质二级结构以无规则卷曲和α-螺旋为主，存在多个磷酸化位点和蛋白激酶C（Protein kinase C，PKC）的磷酸化位点。同时通过实时荧光定量RT-PCR技术分析了TNNI3基因在天府肉羊部分组织中的表达情况，结果表明：TNNI3基因在所选择的天府肉羊的8个组织中，心肌表达量最高，与其他组织差异极显著（$P<0.01$）；在心肌组织中

*TNNI*3基因的表达量随年龄的增长而减少。有待作为天府肉羊肌肉生长发育的候选基因进行后续研究。

## 第七节 天府肉羊*TNNT*3基因的克隆及其在不同组织中的表达分析

细肌丝由肌动蛋白、原肌球蛋白和肌钙蛋白复合体组成，其中肌钙蛋白复合体由TnC、TnI和TnT三种亚基组成。组成肌钙蛋白复合体的三种亚基中，TnC是钙离子结合亚基，TnI是抑制型亚基，TnT则连接骨骼肌肌钙蛋白复合体和纤维蛋白原。从进一步分类看，TnT又有三种亚型：慢骨骼肌亚型（Slow skeletal troponin T1，*TNNT*1），心肌亚型（Cardiac troponin T2，*TNNT*2），快骨骼肌亚型（Fast skeletal troponin T3，*TNNT*3）。鉴于*TNNT*3基因具有重要的生物学功能，是控制畜禽肌肉性状的重要候选基因。本试验以天府肉羊*TNNT*3基因为研究对象，为将其用于天府肉羊分子标记选择辅助育种提供参考。

### 一、试验材料与方法

#### （一）试验材料

本研究以天府肉羊作为试验材料，在屠宰上市季节，选择6月龄、12月龄、24月龄、成年（3岁及以上）天府肉羊各5只。屠宰后取心、肝、脾、肺、肾、眼肌、腹肌、前后腿肌肉、膈肌样品，置于1.5 mL的EP管中，液氮保存，带回实验室后转放于-80 ℃冰箱中保存，用于总RNA的抽提。

#### （二）试验方法

1. 引物设计

根据GenBank牛*TNNT*3基因序列（GenBank ID：NM_001001441），利用Primer 5.0和Oligo 6.0软件设计克隆引物，预计片段大小为941 bp，引物序列为F：5′-GCCATGAAAATGCCATCAAG-3′，R：5′-ACGCATGAAGTCTCGGAATG-3′。

2. RT-PCR扩增与基因克隆

提取组织样品总RNA，按照Reverse Transcriptase M-MLV反转录试剂盒（TaKaRa

公司）进行反转录合成cDNA第一链，以cDNA第一链为模板进行PCR，加入上下游引物，克隆TNNT3基因。采用OMEGA公司纯化回收试剂盒Gel Extraction Mini Kit回收PCR产物，将纯化回收后的PCR产物与pMD19-T载体连接，采用E. coli JM109制备感受态细胞，进行连接转化，挑选阳性克隆送上海生工生物有限公司进行测序。

## 二、试验结果与分析

### （一）天府肉羊TNNT3基因的克隆及序列分析

结果表明（表2-31、表2-32），天府肉羊TNNT3基因cDNA序列全长为830 bp，将序列提交GenBank，获得登录号JF816256，天府肉羊TNNT3基因与牛、猪、人、狒狒和鼠的同源性分别为95.5%、93.4%、89.5%、88.4%、87.1%。该基因含801 bp的完整的开放阅读框，编码267个氨基酸，预测的分子量31.389 2 kDa，等电点4.05。负电荷的氨基酸总数（Asp+Glu）为64，带正电荷的氨基酸总数（Arg+Lys）为65。

用在线分析软件分析天府肉羊TNNT3蛋白的氨基酸组成（表2-31），含量最高的是酸性氨基酸Lys和Glu（Lys数量为40，比率为15.00%；Glu数量为47，比率为17.7%），含量最少的氨基酸是Cys和Trp（Cys数量为1，比率为0.40%；Trp数量为2，比率为0.8%）。

表2-31 天府肉羊TNNT3蛋白的氨基酸组成

| 氨基酸 | 数量 | 比率（%） | 氨基酸 | 数量 | 比率（%） |
| --- | --- | --- | --- | --- | --- |
| Ala（A） | 24 | 9.00 | Lys（K） | 40 | 15.00 |
| Arg（R） | 25 | 9.40 | Met（M） | 3 | 1.10 |
| Asn（N） | 5 | 1.90 | Phe（F） | 3 | 1.10 |
| Asp（D） | 17 | 6.40 | Pro（P） | 11 | 4.10 |
| Cys（C） | 1 | 0.40 | Ser（S） | 10 | 3.80 |
| Gln（Q） | 12 | 4.50 | Thr（T） | 8 | 3.00 |
| Glu（E） | 47 | 17.70 | Trp（W） | 2 | 0.80 |
| Gly（G） | 8 | 3.00 | Tyr（Y） | 6 | 2.30 |
| His（H） | 7 | 2.60 | Val（V） | 10 | 3.80 |
| Ile（I） | 8 | 3.00 | Pyl（O） | 0 | 0.00 |
| Leu（L） | 19 | 7.10 | Sec（U） | 0 | 0.00 |

表2-32 天府肉羊TNNT3的序列的同源性

| 物种名称 | 通用名 | 核酸同源性（%） | 氨基酸的同源性（%） | 登录号 | Database |
| --- | --- | --- | --- | --- | --- |
| *Capra hircus* | 羊 | | | | GenBank |
| *Bos taurus* | 奶牛 | 95.01 | 95.49 | AB085597.1 | GenBank |
| *Sus scrofa* | 猪 | 91.03 | 93.36 | AB176599 | GenBank |
| *Homo sapiens* | 人 | 86.27 | 89.47 | BC171727.1 | GenBank |
| *Papio anubis* | 狒狒 | 84.52 | 88.39 | NM001169067 | GenBank |
| *Callithrix jacchus* | 小长尾猴 | 85.77 | 90.23 | XM002799437.1 | GenBank |
| *Mus musculus* | 老鼠 | 81.20 | 87.13 | L49467.1 | GenBank |
| *Rattus norvegicus* | 小家鼠 | 81.77 | 88.72 | DQ273678.1 | GenBank |

## （二）天府肉羊TNNT3磷酸化位点预测

用NetPhos 2.0在线预测软件，预测到天府肉羊TNNT3氨基酸序列有14个磷酸化位点，其中6个Ser（位点24、85、156、157、241、250）磷酸化位点；5个Thr（位点52、178、182、214、256）磷酸化位点；3个Tyr（位点13、225、234）磷酸化位点。

## （三）天府肉羊TNNT3蛋白质疏水性预测

利用蛋白质分析软件Bioedit预测天府肉羊TNNT3蛋白的疏水性，水平刻度表示的氨基酸残基的数量，垂直线表示相对疏水量。零水平线以下是疏水区域，以上是亲水性区域。分析发现：天府肉羊TNNT3蛋白大多数氨基酸是亲水性的（图2-32）。

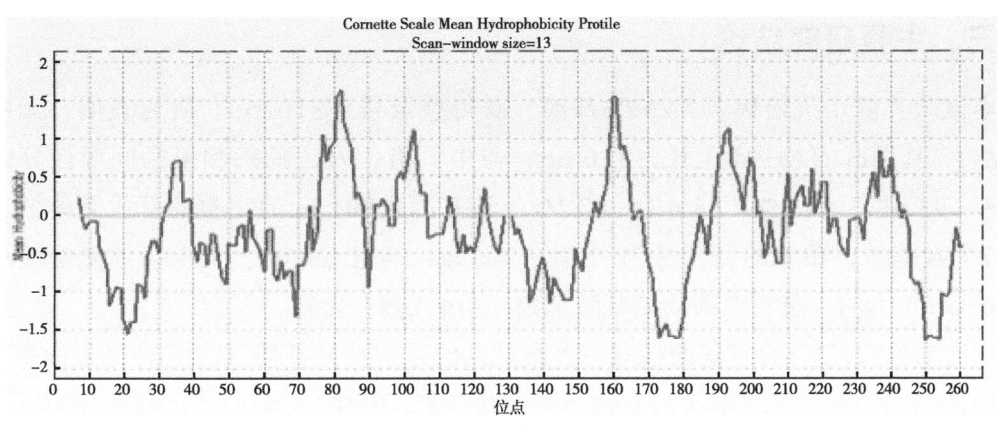

图2-32 天府肉羊TNNT3蛋白的疏水性轮廓

## （四）天府肉羊TNNT3蛋白质信号肽分析

利用在线预测软件ExPASy Proteomics Server的SignalP-3.0预测天府肉羊TNNT3蛋白的信号肽，结果表明：天府肉羊TNNT3氨基酸为非分泌型蛋白，存在信号肽序列的可能性为0.00%，序列存在信号肽序列的概率为0。

## （五）天府肉羊TNNT3蛋白质跨膜特征

利用ExPASy提供的在线跨膜区结构预测软TMHMM-2分析发现TNNT3不是跨膜蛋白。

## （六）天府肉羊TNNT3蛋白糖基化位点分析

分别用NetOGlyc 3.1和NetNGlyc 1.0预测天府肉羊TNNT3蛋白糖基化位点，预测结果显示：TNNT3蛋白可能存在2个O-糖基化位点（24S、52T），预测到1个N-糖基化位点（161NYSS）。

## （七）天府肉羊TNNT3蛋白质二级结构的预测

通过HNN在线二级结构预测服务器，对TNNT3氨基酸序列进行二级结构预测。预测结果显示：氨基酸序列中包含α-螺旋（64.66%）、无规则卷曲（35.34%）、延伸片段（0），以α-螺旋及无规则卷曲为主。

## （八）天府肉羊TNNT3保守结构域预测

通过NCBI的CD-Search工具对TNNT3氨基酸序列保守结构域进行预测，结果表明：天府肉羊TNNT3蛋白序列存在3个保守结构域，并且全部存在于TNNT3的N-端序列。

## 三、主要研究结论

本试验克隆了天府肉羊*TNNT3*基因，获得登录号JF816256。研究表明，天府肉羊*TNNT3*基因cDNA序列全长为830 bp，与牛、猪、人、狒狒和鼠的同源性分别为95.5%、93.4%、89.5%、88.4%、87.1%。该基因含801 bp的完整的开放阅读框，编码267个氨基酸，预测的分子量为31.389 2 kDa，等电点4.05。负电荷的氨基酸总数（Asp+Glu）为64，带正电荷的氨基酸总数（Arg+Lys）为65。

天府肉羊TNNT3的氨基酸组成中含量最高的是酸性氨基酸Lys和Glu，含量最少的氨基酸是Cys和Trp，氨基酸序列有14个磷酸化位点，其中6个Ser（位点24、85、156、157、241、250）磷酸化位点；5个Thr（位点52、178、182、214、256）磷酸化位点；3个Tyr（位点13、225、234）磷酸化位点。天府肉羊TNNT3蛋白为非分泌型蛋白，不是跨膜蛋白，大多数氨基酸是亲水性的，存在信号肽序列的可能性为0.00%，可能存在2个O-糖基化位点（24S、52T），1个N-糖基化位点（161NYSS）。二级结构以α-螺旋、无规则卷曲为主，存在3个保守结构域，并且全部存在于TNNT3的N-端序列。

Penny等研究表明，肌钙蛋白T的降解过程同时伴随着牛肉的嫩化，并且这两者之间表现出了高度的相关性，相关系数为0.78。Muroya等研究发现，TnT降解产生的多肽有助于提高牛肉的嫩度。在本研究中，天府肉羊*TNNT*3的CDS区首次被完整克隆，有待进一步研究*TNNT*3基因的遗传学效应和肉质性状的相关性。

# 第八节 天府肉羊*TNNC*1、*TNNC*2基因的克隆及其在不同组织中的表达分析

细肌丝由肌动蛋白、原肌球蛋白和肌钙蛋白复合体组成，其中肌钙蛋白复合体由TnC、TnI和TnT三种亚基组成。组成肌钙蛋白复合体的三种亚基中，TnC是钙离子结合亚基，TnI是抑制型亚基，TnT则连接骨骼肌肌钙蛋白复合体和纤维蛋白原。从进一步分类看，TnC又有两种亚型：慢亚型（Slow troponin C，Tropouin C1，*TNNC*1）和快亚型（Fast troponin C，Troponin C2，*TNNC*2），其中快亚型基因（*TNNC*2）只在骨骼肌而不在心肌表达，主要调节骨骼肌快肌收缩；慢亚型基因（*TNNC*1）在骨骼肌和心肌均有表达，主要调节骨骼肌慢肌和心肌收缩。作为骨骼肌肌钙蛋白的两种异构型：慢速骨骼肌肌钙蛋白基因（*TNNC*1）和快速骨骼肌肌钙蛋（基因*TNNC*2），两者的转录产物互为异构体，通过已有的研究来看，*TNNC*基因是控制畜禽肌肉的重要候选基因。本试验以天府肉羊*TNNC*1和*TNNC*2基因为研究对象，为将其用于分子标记选择辅助育种提供参考。

## 一、试验材料与方法

### （一）试验材料

本研究以天府肉羊作为试验材料，在屠宰上市季节，选择6月龄、12月龄、24月龄、成年（3岁及以上）天府肉羊各5只。屠宰后取心脏、肝脏、脾脏、肺脏、肾脏、眼肌、腹肌、前后腿肌肉、膈肌样品，置于1.5 mL的EP管中，液氮保存，带回实验室后转放于-80 ℃冰箱中保存，用于总RNA的抽提。

## （二）试验方法

### 1. 引物设计

根据GenBank牛TNNC1基因序列（GenBank ID：BC102995.1）、牛的TNNC2基因序列（GenBank ID：NM001076373），利用Primer 5.0和Oligo 6.0软件结合设计克隆引物。根据克隆所得的基因序列及绵羊的β-Actin基因序列（GenBank ID：U39357）设计定量引物（表2-33）。

表2-33 TNNC1、TNNC2和β-Actin基因的引物信息

| 基因 | 用途 | 名称 | 引物序列（5'-3'） | 片段长度（bp） |
|---|---|---|---|---|
| TNNC1 | PCR | P1 | F：5-CCTGTGAGTCGCCAGTATG-3'<br>R：5-TGGGTGAAGGTTGGTGTC-3' | 522 |
| TNNC2 | PCR | P2 | F2：5'-TGATGACGGACCAGCAGG-3'<br>R2：5'-CTTCTTACTGCACGCCCTC-3' | 530 |
| TNNC1 | RT-PCR | PA | Fa：5-GATGGCAGCGGCACAGT-3'<br>Ra：5-TGCGGAAGAGGTCAGAAG-3' | 109 |
| TNNC2 | RT-PCR | PB | Fb：5-CCTCCCTTACCCTCAATGACACG-3'<br>Rb：5-ACCCACTCACCAAACTGCCACA-3' | 115 |
| β-Actin | RT-PCR | PT | Ft：5-GTCACCAACTGGGACGACA-3'<br>Rt：5-AGGCGTACAGGGACAGCA-3' | 208 |

### 2. RT-PCR扩增与基因克隆

提取组织样品的总RNA，按照Reverse Transcriptase M-MLV反转录试剂盒（TaKaRa公司）进行反转录合成cDNA第1链，以cDNA第一链为模板进行PCR，加入不同的上下游引物，分别克隆TNNC1、TNNC2基因。采用OMEGA公司纯化回收试剂盒Gel Extraction Mini Kit回收PCR产物，将纯化回收后的PCR产物与pMD19-T载体连接，采用E. coli JM109制备感受态细胞，进行连接转化，挑选阳性克隆送上海生工生物有限公司进行测序。

### 3. 实时荧光定量PCR

以β-Actin作为内参基因，制作TNNC1、TNNC2用于实时荧光定量PCR的标准品，使用Bio-Radiq5荧光定量PCR仪进行定量分析。每个样品的表达均以β-Actin基因为对照，扩增完成后，启动熔解曲线测试程序，以此判断扩增过程特异性。PCR过程中，用1 μL灭菌水代替cDNA样品作为阴性对照。每个样品检测做3管平行试验。同时，将回收得到的DNA溶液用EASYDilution（TaKaRa公司）依次稀释成$1\times10^{-1} \sim 1\times10^{-7}$共7个

浓度（10倍梯度），反应条件同上，制作标准曲线。根据系统自动分析荧光信号将其转化为基因的起始拷贝数$Ct$值，根据各样品的$Ct$值，计算其起始模板拷贝数。

## 二、试验结果与分析

### （一）天府肉羊TNNC1、TNNC2基因的克隆及序列分析

结果表明，天府肉羊TNNC1基因cDNA序列全长为522 bp，将序列提交至NCBI，获得登录号HQ640744，cDNA序列中包含486 bp的完整的开放阅读框；TNNC2基因cDNA序列全长为530 bp，将序列提交GenBank，获得登录号HQ640745，cDNA序列中包含486 bp的完整的开放阅读框。

### （二）天府肉羊TNNC1、TNNC2基因生物信息学分析

1. 天府肉羊TNNC1基因生物信息学分析

采用tBLASTn将核苷酸序列及其翻译所得的氨基酸序列与GenBank中其他物种TNNC1核苷酸序列和氨基酸序列比对，结果表明，核苷酸一致性为：牛97%、猪94%、人94%。氨基酸一致性为：牛100%、猪100%、人99%。

对本试验得到的天府肉羊TNNC1的氨基酸序列进行原子组成分析，原子C、H、O、N、S的数目分别是794、1 244、279、196、13。原子总数为2 526，公式为$C_{794}H_{1244}N_{196}O_{279}S_{13}$。分析天府肉羊TNNC1的氨基酸组成，含量最高的是酸性氨基酸Asp和Glu，数量分别为22和24个，比率分别为13.7%和14.9%，这与每个钙离子结合环都富含酸性氨基酸Asp和Glu有关。含量最少的氨基酸是Cys和Pro（数量都是2个，比率1.2%），而His、Typ、Pyl、Sec这四种氨基酸的含量为0（表2-34）。

表2-34 TNNC1的氨基酸组成

| 氨基酸 | 数量 | 比率（%） | 氨基酸 | 数量 | 比率（%） |
| --- | --- | --- | --- | --- | --- |
| Ala（A） | 7 | 4.30 | Met（M） | 11 | 6.80 |
| Arg（R） | 4 | 2.50 | Phe（F） | 9 | 5.60 |
| Asn（N） | 5 | 3.10 | Pro（P） | 2 | 1.20 |
| Asp（D） | 22 | 13.70 | Ser（S） | 5 | 3.10 |
| Cys（C） | 2 | 1.20 | Thr（T） | 7 | 4.30 |
| Gln（Q） | 5 | 3.10 | Trp（W） | 0 | 0.00 |
| Glu（E） | 24 | 14.90 | Tyr（Y） | 3 | 1.90 |

（续表）

| 氨基酸 | 数量 | 比率（%） | 氨基酸 | 数量 | 比率（%） |
|---|---|---|---|---|---|
| Gly（G） | 12 | 7.50 | Val（V） | 8 | 5.00 |
| His（H） | 0 | 0.0 | Pyl（O） | 0 | 0.00 |
| Ile（I） | 9 | 5.60 | Sec（U） | 0 | 0.00 |
| Leu（L） | 13 | 8.10 | （B） | 0 | 0.00 |
| Lys（K） | 13 | 8.10 | （Z） | 0 | 0.00 |

用NetPhos 2.0预测天府肉羊TNNC1氨基酸序列，发现有7个磷酸化位点，其中3个Ser磷酸化位点、2个Thr磷酸化位点、2个Tyr磷酸化位点。利用蛋白质分析软件Bioedit预测天府肉羊TNNC2蛋白的疏水性，分析发现天府肉羊TNNC1蛋白大多数氨基酸是亲水性的。

利用在线预测软件ExPASy Proteomics Server的SignalP-3.0预测天府肉羊TNNC1蛋白的信号肽，表明天府肉羊TNNC1氨基酸为非分泌型蛋白，存在信号肽序列的可能性为0.00%，序列存在信号肽序列的概率为0.00%，最有可能的断裂点出现在16与17氨基酸之间，分值为0.021。

利用ExPASy提供的在线跨膜区结构预测软件TMHMM 2.0分析发现天府肉羊TNNC1不是跨膜蛋白。分别用NetOGlyc 3.1和NetNGlyc 1.0预测天府肉羊TNNC1蛋白糖基化位点，预测结果显示：TNNC1蛋白没有预测到N-糖基化位点，也没有预测到O-糖基化位点。

通过HNN在线二级结构预测服务器，对TNNC1氨基酸序列进行二级结构预测。结果显示：氨基酸序列中包含α-螺旋（57.14%）、无规则卷曲（35.4%）、延伸片段（7.45%），以α-螺旋及无规则卷曲为主。

通过NCBI的CD-Search工具，对TNNC1氨基酸序列保守结构域进行预测，结果表明：天府肉羊TNNC1蛋白序列存在4个保守结构域和4个钙离子结合位点区域：结构域1位于28~39位，域2位于64~75位，域3位于104~115位，域4位于140~151位。

**2. 天府肉羊TNNC2基因生物信息学分析**

用在线分析软件分析天府肉羊TNNC1的氨基酸组成，含量最高的为酸性氨基酸Asp和Glu。其中Asp数量为19，占比为11.9%；Glu数量为26，比率为16.2%。含量最少的氨基酸为His、Cys和Pro（数量都为1个，占比为0.60%）。比较16种哺乳动物，以及鸟类、两栖类和鱼类的TNNC2蛋白，表明天府肉羊TNNC2与其他脊椎动物具有很高的同源性（表2-35）。

表2-35　TNNC2的氨基酸组成

| 氨基酸 | 数量 | 比率（%） | 氨基酸 | 数量 | 比率（%） |
| --- | --- | --- | --- | --- | --- |
| Ala（R） | 13 | 8.10 | Lys（K） | 9 | 5.60 |
| Arg（R） | 7 | 4.40 | Met（M） | 11 | 6.90 |
| Asn（N） | 3 | 1.90 | Phe（F） | 10 | 6.20 |
| Asp（D） | 19 | 11.90 | Pro（P） | 1 | 0.60 |
| Cys（C） | 1 | 0.60 | Ser（S） | 7 | 4.40 |
| Gln（Q） | 5 | 3.10 | Thr（T） | 6 | 3.80 |
| Glu（E） | 26 | 16.20 | Trp（W） | 0 | 0.00 |
| Gly（G） | 13 | 8.10 | Tyr（Y） | 2 | 1.20 |
| His（H） | 1 | 0.60 | Val（V） | 7 | 4.40 |
| Ile（I） | 9 | 5.60 | Pyl（O） | 0 | 0.00 |
| Leu（L） | 10 | 6.20 | Sec（U） | 0 | 0.00 |

用NetPhos 2.0在线预测软件发现，天府肉羊TNNC2氨基酸序列有7个磷酸化位点，其中4个Ser（位点13、36、92、123）磷酸化位点，2个Thr（位点50、52）磷酸化位点，1个Tyr（位点110）磷酸化位点。利用蛋白质分析软件Bioedit预测天府肉羊TNNC2蛋白的疏水性，发现天府肉羊TNNC2蛋白大多数氨基酸是亲水性的。

利用在线预测软件ExPASy Proteomics Server的SignalP-3.0预测天府肉羊TNNC2蛋白的信号肽，发现天府肉羊TNNC2氨基酸为非分泌型蛋白，存在信号肽序列的可能性为0，序列存在信号肽序列的概率为0。利用ExPASy提供的在线跨膜区结构预测软TMHMM-2分析发现TNNC2不是跨膜蛋白。分别用NetOGlyc 3.1和NetNGlyc 1.0预测天府肉羊TNNC2蛋白糖基化位点，预测结果显示：TNNC2蛋白可能存在1个O-糖基化位点（阈值为0.5），没有预测到N-糖基化位点。

通过HNN在线二级结构预测服务器对TNNC2氨基酸序列进行二级结构预测。结果显示：氨基酸序列中包含α-螺旋（58.13%）、无规则卷曲（35.00%）、延伸片段（6.88%），以α-螺旋及无规则卷曲为主。

通过NCBI的CD-Search工具对TNNC2氨基酸序列保守结构域进行预测，结果表明：天府肉羊TNNC2蛋白序列存在4个保守结构域，和4个钙离子结合位点区域。结构域1位于28～39位，域2位于64～75位，域3位于104～115位，域4位于140～151位。

### （三）荧光定量PCR结果

1. PCR检测及其标准曲线

不同组织的总RNA，经过RT-PCR扩增并用1.5%的琼脂糖凝胶电泳检测都有清晰的

TNNC1、TNNC2和β-Actin基因扩增条带无杂带，其片段大小与预期的一致，这表明引物的特异性高，能扩增出目的产物。

实时检测SYBR Green I的荧光信号强度，得到TNNC1、TNNC2和内参基因β-Actin的熔解曲线。结果表明：基因扩增产物的熔解曲线均为单峰曲线。表明在荧光定量PCR扩增过程中，扩增信号均为特异扩增产物荧光信号，没有非特异产物和引物二聚体形成。TNNC1基因标准曲线在模板浓度为$10^{-1} \sim 10^{-10}$的范围内构建，几乎所有的点都在直线上，显示扩增效率$E$为94.4%，相关系数$R^2=0.995$，标准曲线为$Y=-3.464X-6.746$。TNNC2基因标准曲线在模板浓度为$10^{-1} \sim 10^{-10}$的范围内构建，几乎所有的点都在直线上，显示扩增效率$E$为94.7%，相关系数$R^2=0.996$，标准曲线为$Y=-3.459X-6.709$。β-Actin的标准曲线均在模板浓度梯度为$10^{-2} \sim 10^{-7}$的范围内构建，β-Actin基因一致系数$R^2=0.992$，Efficiency=99.1%，标准曲线的扩增效率在理想的90%~105%的范围内，可信度较高，说明试验得到的$Ct$值能准确确定起始cDNA拷贝数。

2. TNNC1基因在不同生长阶段各个组织中的表达

对半岁天府肉羊组织中TNNC1基因表达情况进行检测，结果显示（表2-36、表2-37）：以肝脏为对照，TNNC1基因在心肌和比目鱼肌中表达量最为丰富，极显著高于其他组织（$P<0.01$），肾脏与肺差异不显著（$P>0.05$），均显著高于肝、脑、臀大肌及眼肌组织（$P<0.01$），肝、脑、臀大肌及眼肌之间差异不显著（$P>0.05$）；心肌中TNNC1基因随着年龄的增加表达量呈现逐渐下降的趋势，以一岁时为对照，半岁时的表达量最高，显著高于1岁、2岁和成年（$P<0.05$）。2岁和成年的表达量差异不显著（$P>0.05$），由此可见，TNNC1基因主要是在心脏、慢肌中表达。

表2-36　TNNC1基因在半岁天府肉羊不同组织中的相对表达量

| 组织 | 心脏 | 肝脏 | 脑脏 | 肺脏 | 肾脏 | 比目鱼肌 | 眼肌 | 腿肌 |
| --- | --- | --- | --- | --- | --- | --- | --- | --- |
| 表达量 | $2.571 \pm 0.040^{Cc}$ | $0.153 \pm 0.000^{Ab}$ | $0.195 \pm 0.017^{Aa}$ | $0.686 \pm 0.049^{Bc}$ | $0.720 \pm 0.014^{Bc}$ | $2.081 \pm 0.040^{Cc}$ | $0.229 \pm 0.068^{Aa}$ | $0.211 \pm 0.004^{Aa}$ |

表2-37　TNNC1基因在天府肉羊不同年龄段眼肌中的相对表达量

| | 半岁 | 1岁 | 2岁 | 成年 |
| --- | --- | --- | --- | --- |
| 表达量 | $2.381 \pm 0.038^{Ab}$ | $2.253 \pm 0.039^{Aa}$ | $1.984 \pm 0.025^{Cc}$ | $2.200 \pm 0.035^{Cc}$ |

注：同行上标大写字母不同表示差异极显著（$P<0.01$），大写字母相同、小写字母不同表示差异显著（$P<0.05$），大写字母相同、小写字母相同表示差异不显著（$P>0.05$）。

3. TNNC2基因在不同生长阶段各个组织中的表达

对半岁天府肉羊组织中TNNC2基因表达情况进行检测,结果显示(表2-38、表2-39):以肝脏为对照,TNNC2基因在眼肌表达量最高,与腿肌差异显著($P<0.05$),均极显著高于内脏各组织($P<0.01$),内脏中,心、肝、肺和肾脏的表达量极低,各内脏差异不显著($P>0.05$);眼肌中TNNC2基因随着年龄的增加表达量逐渐下降趋势,2岁以后趋于平稳。以一岁时为对照,半岁时的表达量最高,与1岁之间差异显著($P<0.05$),极显著高于2岁和成年的表达量($P<0.01$),1岁的表达量极显著高于2岁和成年($P<0.01$),2岁和成年的表达量差异不显著($P>0.05$)。

表2-38 TNNC2基因在半岁天府肉羊不同组织中的相对表达量

| 组织 | 心脏 | 肝脏 | 肾脏 | 肺脏 | 臀大肌 | 眼肌 | 腹肌 | 肱二头肌 |
| --- | --- | --- | --- | --- | --- | --- | --- | --- |
| 表达量 | $0.081 \pm 0.014^{Cc}$ | $0.075 \pm 0.009^{Cc}$ | $0.078 \pm 0.013^{Cc}$ | $0.069 \pm 0.011^{Cc}$ | $1.737 \pm 0.024^{Ab}$ | $2.293 \pm 0.286^{Aa}$ | $1.891 \pm 0.186^{Ab}$ | $1.841 \pm 0.112^{Ab}$ |

表2-39 TNNC2基因在天府肉羊不同年龄段眼肌中的相对表达量

| | 半岁 | 1岁 | 2岁 | 3岁 |
| --- | --- | --- | --- | --- |
| 表达量 | $2.230 \pm 0.013^{Cc}$ | $1.856 \pm 0.089^{Bb}$ | $1.760 \pm 0.041^{Aa}$ | $1.716 \pm 0.039^{Aa}$ |

注:同行上标大写字母不同表示差异极显著($P<0.01$),大写字母相同、小写字母不同表示差异显著($P<0.05$),大写字母相同、小写字母相同表示差异不显著($P>0.05$)。

## 三、主要研究结论

本试验克隆了天府肉羊TNNC1、TNNC2基因,获得的登录号分别为HQ640744、HQ640744。研究表明:TNNC1基因具有483 bp的碱基对开放阅读框,编码161个氨基酸的多肽,在进化过程中高度保守,并且选择性地表达于天府肉羊的肌肉组织。荧光定量PCR分析表明:天府肉羊TNNC1在心肌、慢骨骼肌(比目鱼肌)是高表达的,极显著高于快骨骼肌和其他内脏组织($P<0.01$),并且表达量随着年龄的增长而降低,6月龄时表达量最高。TNNC2基因具有480 bp的碱基对的开放阅读框,编码160个氨基酸的蛋白质。荧光定量PCR分析表明天府肉羊TNNC2在快肌(眼肌、股大肌)是高表达的,极显著高于心脏、肝脏、肺、肾等组织($P<0.01$)。

Parmacek等研究表明,在体内TNNC1基因表达于慢肌和心肌。Bucher等研究表明,TNNC2表达于肌细胞分化和骨骼肌生长过程中,TNNC2的等位基因T具有显著影响肉嫩度和大理石纹的作用,并且建议等位基因T可以作为选育的分子标记应用于绵羊的肉质选育上。本试验用半定量PCR法分析8种组织表达情况,表明$TNNC1$、$TNNC2$基因可以作为研究天府肉羊肉质性状的候选基因进一步研究。

## 第九节　天府肉羊$Pax3$、$Pax7$基因克隆及表达特性研究

配对盒转录子(pairedbox,PAX)是处于基因调控网络的上游基因家族,对生物体各器官形成和发育具有不可替代的作用。在哺乳动物中,$Pax$基因家族包含9个成员,即$Pax1$至$Pax9$,可分为4个亚家族,其中$Pax3$和$Pax7$基因同属于第三亚家族,是生肌过程中处于上游的主要调控因子。两个基因在功能上有部分重叠,但不能完全替代对方。

在胚胎的发育过程中,起源于生皮肌节中心区域的$Pax3$/$Pax7$阳性细胞为肌肉生长提供肌源性祖细胞,$Pax3$和$Pax7$协同促进细胞存活和增殖,以及调节肌源性祖细胞分化形成骨骼肌。其中,$Pax3$对于肌肉发生过程中调控肌肉祖细胞的增殖、分层与迁移具有重要作用,$Pax3$在生皮肌节中持续表达,最终分化形成四肢和躯干骨骼肌,而$Pax7$在肌肉卫星细胞的调节中起着重要的作用。

鉴于$Pax3$和$Pax7$在肌肉发生发育过程中的重要功能,本试验通过克隆天府肉羊$Pax3$和$Pax7$基因全序列,采用实时荧光定量的方法检测其在90日龄、180日龄和270日龄天府肉羊肌肉组织的表达差异,分析其在背最长肌、三角肌、臀中肌、臂三头肌、股二头肌、股四头肌、腓肠肌、半膜肌和半腱肌9个肌肉组织中的发育表达特征,研究$Pax3$和$Pax7$基因在天府肉羊个体肌肉发育中的表达模式,为进一步研究天府肉羊肌肉发生、发育的分子机制及其基因水平的调控提供依据。

### 一、试验材料与方法

#### (一)试验材料

本研究以天府肉羊为研究对象,选择饲养条件一致、发育良好、体况健康的3个月龄段的(3月龄、6月龄、9月龄)天府肉羊母羊各3只。宰前禁食24 h后禁水2 h,采用常规方法屠宰,屠宰后立即采取每只试验羊的背最长肌、臀中肌、臂三头肌、股二头肌、腓肠肌、股四头肌、三角肌、半腱肌、半膜肌样品用锡箔纸包好,放入样品袋中迅速放入液氮罐中,并迅速带回实验室中置于-80 ℃冰箱中保存备用。

## （二）试验方法

### 1. 引物设计

参照NCBI在线数据库中牛的 *Pax*3 基因序列和小鼠的 *Pax*7 基因序列，用Primer 5.0 软件设计得到 *Pax*3 和 *Pax*7 基因特异性克隆引物。荧光定量引物参考本试验克隆得到的两个基因部分CDS区序列设计，并选择 *GAPDH* （甘油醛-3-磷酸脱氢酶）作为内参基因。经筛选、分析后确定的基因的引物见表2-40。

**表2-40　*Pax*3、*Pax*7和*GAPDH*引物信息**

| 基因 | 引物名称 | 片段长度（bp） | 序列（5'-3'） | 用途 |
|---|---|---|---|---|
| *Pax* 3q | *Pax*3q-F | 235 | 5'-ACTCCGTCAAGCAGTTCTAC-3' | 荧光定量 |
| | *Pax*3q-R | | 5'-GTCCCTTTCCAGAGTCCC-3' | |
| *Pax* 7q | *Pax*7q-F | 233 | 5'-ACGGACGTGGTGAAGATC-3' | 荧光定量 |
| | *Pax*7q-R | | 5'-TCGGTGAGCAGGTGGTAG-3' | |
| *GAPDH* | *GAPDH*-F | 118 | 5'-GCAAGTTCCACGGCACAG-3' | 定量对照 |
| | *GAPDH*-R | | 5'-TCAGCACCAGCATCACCC-3' | |
| *Pax* 3F | *Pax*3F-f | 403 | 5'-CTCGCACCAAACTTTTCCG-3' | 基因克隆 |
| | *Pax*3F-r | | 5'-TGCCGTTGATAAAAACACCT-3' | |
| *Pax* 3M | *Pax*3M-f | 914 | 5'-TGGAGGTGTTTTTATCAACGGGA-3' | 基因克隆 |
| | *Pax*3M-r | | 5'-AGGAAGAGTGCTTTGGTGTA-3' | |
| *Pax* 7M | *Pax*7M-F | 979 | 5'-GAAAGAAGAAGATGGCGAGAA-3' | 基因克隆 |
| | *Pax*7M-R | | 5'-CGTTTCCACAGGAAGAAGTCC-3' | |
| *Pax* 7R | *Pax*7R-F | 1 275 | 5'-GCGTTCAACCACCTTCTGC-3' | 基因克隆 |
| | *Pax*7R-R | | 5'-TCCCCTTGCTTGGGCTA-3' | |

### 2. RT-PCR扩增与基因克隆

提取组织总RNA，按照TakaRaRR047反转录试剂盒说明书进行反转录反应，克隆 *Pax*3 和 *Pax*7 基因cDNA并测序，以cDNA为模板，选用表中 *Pax*3-rf 和 *Pax*7-rf 基因克隆引物，进行常规PCR反应。在紫外线下将含有 *Pax*3 和 *Pax*7 基因目的片段的胶块切下，参照OMEGA公司的The E. Z. N. A.®Gel Extraction Kit胶回收试剂盒说明书中操作步骤进行 *Pax*3 和 *Pax*7 基因的目的片段的纯化回收。将回收产物目的片段与pMD19-T载体孵育连接，用感受态细胞进行连接产物转化，进行蓝白斑显色筛选，将含有目的基因克隆片段的菌液送至华大基因科技服务有限公司完成测序。

3. 荧光定量PCR

通过常规PCR反应制备 *Pax*3、*Pax*7、*GAPDH* 标准品，纯化回收PCR扩增产物。将 *Pax*3、*Pax*7和 *GAPDH* 基因荧光定量PCR的反应体系总体积设为25 μL，其中cDNA模板为天府肉羊不同组织的总RNA反转录的cDNA，荧光定量PCR引物为 *Pax*3q-RF、*Pax*7q-RF、*GAPDH*-RF。反应在Bio-RadCFX荧光定量PCR仪上进行。在反应过程中，设定阴性对照（用水代替cDNA为模板）、板间对照，目的基因的表达均以 *GAPDH* 基因的表达为对照。

4. 蛋白质免疫印记

提取组织总蛋白。按照上海碧云天生物技术有限公司生产的BCA蛋白浓度测定试剂盒操作步骤，建立蛋白浓度的标准曲线，测定组织样蛋白含量。经变性处理后，进行SDS-聚丙酰胺凝胶电泳，待电泳结束后，进行切胶，制备PVDF膜，按照滤纸-1、PVDF膜、凝胶和滤纸-2的顺序将滤纸和PVDF膜铺在转膜仪上进行转膜，将含有目的条带的PVDF膜转移到含封闭液的离心管中，进行孵育封闭；再分别进行一抗孵育、漂洗、二抗孵育，漂洗，用凝胶成像仪进行显影反应和拍照。

## 二、试验结果与分析

### （一）*Pax*3和*Pax*7基因克隆与序列分析

1. *Pax*3基因克隆产物测序

将测序结果拼接得到*Pax*3基因编码区1 358 bp长度的序列，将该序列与其他物种*Pax*3核苷酸序列进行一致性比较，可以验证为天府肉羊*Pax*3，其中与牛的*Pax*3核苷酸一致性最高，为94.77%；与斑马鱼的最低，为70.13%。使用DNAman软件构建*Pax*3基因氨基酸序列的分子进化树，结果显示：天府肉羊*Pax*3基因与牛*Pax*3基因的同源性最高，为97%；与斑马鱼*Pax*3基因的同源性最低，为73%。

2. *Pax*7基因克隆产物测序

将测序结果拼接得到1 557 bp长度的序列，将该序列与其他物种*Pax*7核苷酸序列进行一致性比较，比对结果表明：目的片段为天府肉羊的*Pax*7基因的部分片段。

使用DNAman软件构建*Pax*7基因序列的分子进化树，结果显示（图2-52）：天府肉羊*Pax*7基因与马和野猪*Pax*7基因的同源性最高，为94%；与安大略鲑*Pax*7基因的同源性最低，为73%。

## (二) *Pax*3和*Pax*7基因荧光定量PCR结果

**1. *Pax*3基因mRNA的时空表达**

采用RT-qPCR检测90日龄、180日龄和270日龄的天府肉羊半膜肌、半腱肌、臂三头肌、二头肌、股四头肌、腓肠肌、臀中肌、三角肌和背最长肌9个肌肉组织*Pax*3基因的表达情况（图2-33）。

结果显示（表2-41）：90日龄天府肉羊的9个组织样本中均检测到*Pax*3基因表达，在三头肌和三角肌中检测到的*Pax*3基因表达水平相对较高，极显著高于其他组织（$P<0.01$）；臀中肌和半膜肌中*Pax*3基因的表达水平最低（$P<0.05$）；180日龄天府肉羊的9个组织样本中均检测到*Pax*3基因表达，在半膜肌中检测到的*Pax*3基因表达水平相对较高，极显著高于其他组织（$P<0.01$）；臀中肌中*Pax*3基因的表达水平低于其他肌肉组织（$P<0.05$）；270日龄天府肉羊的9个组织样本中均检测到*Pax*3基因表达，在三角肌中检测到的*Pax*3基因表达水平相对较高，极显著高于其他组织（$P<0.01$）；股二头肌和臀中肌中*Pax*3基因的表达水平低于其他肌肉组织（$P<0.05$）。

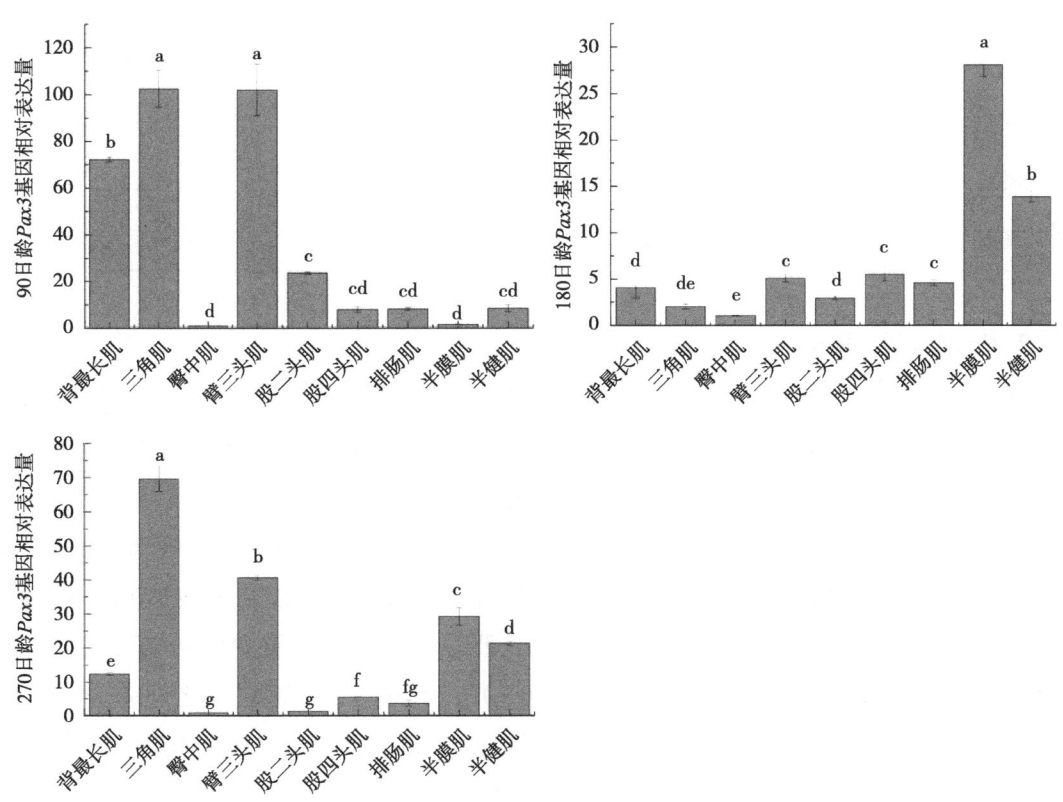

图2-33 天府肉羊相同日龄不同肌肉的*Pax*3基因相对表达量

同一部位肌肉中 $Pax3$ 基因的相对表达量随日龄变化而变化，其中背最长肌、臂三头肌和三角肌 $Pax3$ 基因的相对表达量随日龄的增长而呈现先降低后增加，180日龄的表达量明显降低（$P<0.05$），270日龄的相对表达量显高于180日龄（$P<0.01$）。在臂三头肌和三角肌中，270日龄的相对表达量明显高于90和180日龄（$P<0.01$）。臀中肌、股二头肌、股四头肌、腓肠肌、半膜肌和半腱肌中的表达量随日龄的增加而表现为先上升后下降，180日龄的相对表达量明显高于90和180日龄（$P<0.01$）。

表2-41　90日龄、180日龄和270日龄天府肉羊各组织中 $Pax3$ 基因的相对表达量

| | 90日龄 | 180日龄 | 270日龄 |
| --- | --- | --- | --- |
| 背最长肌 | $22.21 \pm 0.31^b$ | $17.98 \pm 0.99^c$ | $36.52 \pm 6.32^a$ |
| 臂三头肌 | $58.73 \pm 6.41^b$ | $24.11 \pm 2.14^c$ | $119.72 \pm 2.18^a$ |
| 三角肌 | $57.14 \pm 4.47^b$ | $8.04 \pm 1.99^c$ | $204.79 \pm 10.63^a$ |
| 臀中肌 | $1.07 \pm 0.09^c$ | $5.04 \pm 0.35^a$ | $3.04 \pm 0.09^b$ |
| 股二头肌 | $13.18 \pm 0.32^b$ | $14.21 \pm 0.93^a$ | $4.09 \pm 0.11^c$ |
| 股四头肌 | $4.55 \pm 0.65^c$ | $26.59 \pm 3.69^a$ | $16.45 \pm 0.28^b$ |
| 半膜肌 | $1.66 \pm 0.06^c$ | $134.77 \pm 6.08^a$ | $86.06 \pm 7.72^b$ |
| 半腱肌 | $6.42 \pm 1.41^c$ | $77.22 \pm 14.73^a$ | $62.99 \pm 1.75^b$ |
| 腓肠肌 | $3.84 \pm 0.14^c$ | $21.74 \pm 1.59^a$ | $11.00 \pm 2.36^b$ |

2. $Pax7$ 基因mRNA的时空表达

对90日龄、180日龄和270日龄天府肉羊 $Pax7$ 基因在不同组织中的表达情况进行检测，结果显示（图2-34）：90日龄天府肉羊的9个组织样本中均检测到 $Pax7$ 基因表达，在三角肌中检测到的 $Pax7$ 基因表达水平相对较高，极显著高于其他组织（$P<0.01$）；半膜肌、半腱肌中 $Pax7$ 基因的表达水平最低（$P<0.05$）；180日龄天府肉羊的9个组织样本中均检测到 $Pax7$ 基因表达，在三角肌中检测到的 $Pax7$ 基因表达水平相对较高，极显著高于其他组织（$P<0.01$）；背最长肌、股二头肌、臀中肌和半膜肌中 $Pax7$ 基因的表达水平低于其他肌肉组织（$P<0.05$），且这4个肌肉组织之间差异不显著（$P>0.05$）；270日龄天府肉羊的9个组织样本中均检测到 $Pax7$ 基因表达，三角肌中 $Pax7$ 表达量高于其他组织，差异极显著（$P<0.01$）。

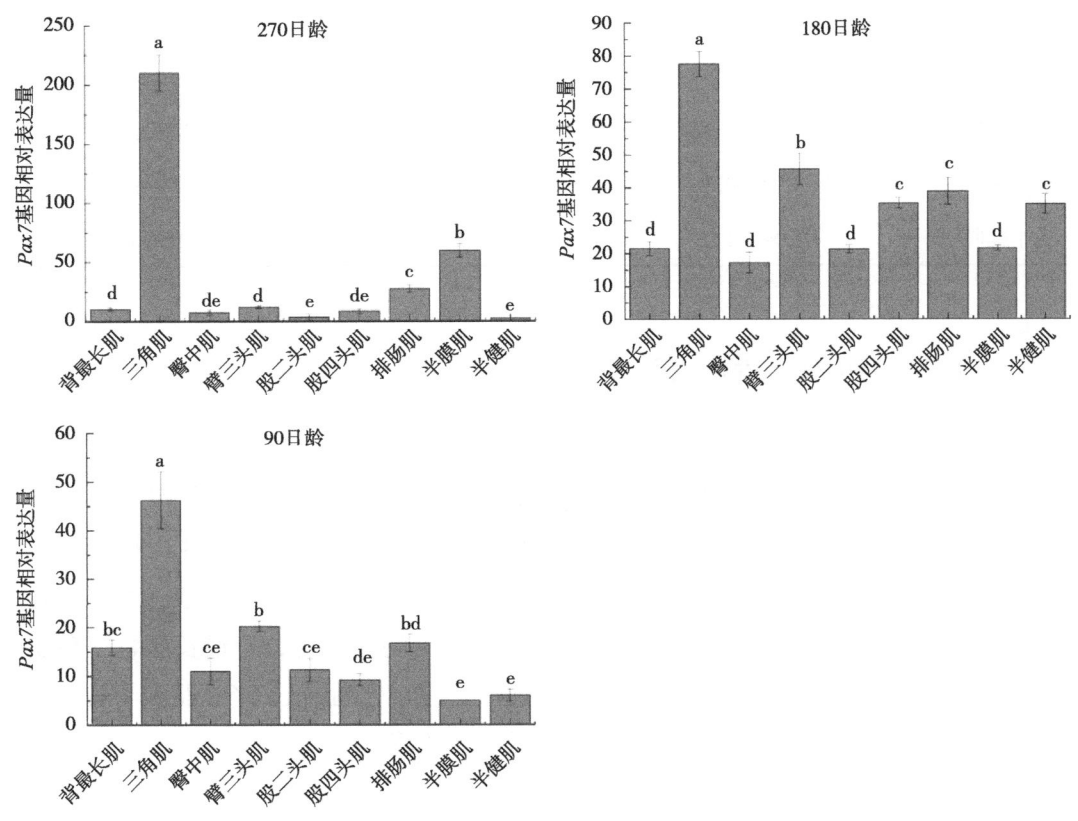

**图2-34 天府肉羊相同日龄不同肌肉的Pax7基因相对表达量**

同一部位肌肉中Pax7基因的相对表达量随日龄变化。臂三头肌、股二头肌、股四头肌、腓肠肌和半腱肌中Pax7基因的相对表达量随着日龄的增加先上升后降低，即180日龄的Pax7相对表达量显著高于90与270日龄（$P<0.05$）。背最长肌与臀中肌中Pax7基因的相对表达量三个时期之间，180日龄的Pax7基因的相对表达量均高于90日龄与270日龄（表2-42）。

**表2-42　90日龄、180日龄和270日龄天府肉羊各组织中Pax7基因的相对表达量**

|  | 90日龄 | 180日龄 | 270日龄 |
| --- | --- | --- | --- |
| 背最长肌 | $15.91 \pm 1.60^b$ | $21.53 \pm 2.17^a$ | $10.02 \pm 1.54^c$ |
| 三角肌 | $46.25 \pm 5.88^c$ | $77.59 \pm 3.81^b$ | $210.22 \pm 15.16^a$ |
| 臀中肌 | $10.98 \pm 2.74^b$ | $17.29 \pm 3.16^a$ | $7.54 \pm 2.18^c$ |
| 臂三头肌 | $20.27 \pm 1.10^b$ | $45.64 \pm 4.88^a$ | $12.05 \pm 1.21^c$ |
| 股二头肌 | $11.31 \pm 2.34^b$ | $21.33 \pm 1.26^a$ | $3.56 \pm 2.88^c$ |
| 股四头肌 | $9.24 \pm 1.21^b$ | $35.29 \pm 1.69^a$ | $8.61 \pm 1.97^b$ |

（续表）

| | 90日龄 | 180日龄 | 270日龄 |
| --- | --- | --- | --- |
| 腓肠肌 | $16.83 \pm 1.86^c$ | $38.90 \pm 4.03^a$ | $27.84 \pm 3.02^b$ |
| 半膜肌 | $4.98 \pm 0.04^c$ | $21.67 \pm 0.84^b$ | $59.78 \pm 5.97^a$ |
| 半腱肌 | $6.04 \pm 1.22^b$ | $35.02 \pm 3.00^a$ | $2.50 \pm 0.04^b$ |

### （三）Pax3和Pax7蛋白表达差异

1. Pax3蛋白表达差异

提取90日龄、180日龄和270日龄天府肉羊的半膜肌、半腱肌、臂四头肌、二头肌、股四头肌、腓肠肌、臀中肌、三角肌和背最长肌9个组织样品总蛋白。采用Western Blotting方法检测Pax3蛋白在90日龄、180日龄、270日龄不同组织间的表达水平。检测结果显示，Pax3蛋白在90日龄、180日龄的9个组织中均有表达，背最长肌、三角肌、臀中肌、三头肌蛋白表达量要高于股二头肌、股四头肌、腓肠肌、半膜肌和半腱肌。后肢肌肉中蛋白表达量，而270日龄的蛋白表达量与之相反。

2. Pax7蛋白表达差异

检测结果显示，在三个时期天府肉羊不同组织中，均有Pax7蛋白表达。90日龄时，三头肌中蛋白表达量最高；180日龄时，除背最长肌和半腱肌表达量偏低外，其他部位蛋白表达量差异不显著；270日龄时，臀中肌、三头肌、股二头肌、股四头肌中蛋白表达量比其他肌肉组织中蛋白表达量高。

## 三、主要研究结论

本试验运用RT-PCR结合克隆测序方法获得了天府肉羊Pax3基因和Pax7基因的编码区序列，长度分别为1 358 bp和1 557 bp。使用DNAman分别将Pax3和Pax7基因序列与已知物种序列构建进化树，结果显示：Pax3基因与牛的同源性最高，与斑马鱼的同源性最低。Pax7基因与马的同源性最高，与安大略鲑的基因的同源性最低。

运用RT-qPCR技术分析Pax3基因和Pax7基因在90日龄、180日龄和270日龄时，天府肉羊背最长肌、三角肌、臂三头肌、臀中肌、股二头肌、股四头肌、腓肠肌、半膜肌和半腱肌9个肌肉组织中的表达。结果显示Pax3和Pax7基因在90日龄、180日龄和270日龄天府肉羊9个肌肉组织中均有表达。Pax3基因具有显著的组织特异性，在90日龄和270日龄的臂三头肌、背最长肌和三角肌这些前肢与躯干肌肉中检测到的Pax3基因的表达水平显著高于半膜肌、半腱肌等后肢肌肉（$P<0.05$）；在180日龄的后肢肌肉中检

测到的 $Pax3$ 基因表达水平显著高于前肢与躯干肌肉（$P<0.05$）。三个时期中 $Pax3$ 的表达规律也明显不同，臂三头肌、三角肌等前肢肌肉 $Pax3$ 表达量先降低后增加，而半腱肌、半膜肌等后肢肌肉中 $Pax3$ 表达量先上升后下降。$Pax7$ 基因在三个时期的三角肌中相对表达水平较高，大部分肌肉组织在这三个时期中的表达量为先上升后下降，在180日龄时达到最高值。

蛋白免疫印迹杂交结果显示，$Pax3$ 蛋白在90日龄、270日龄时9个肌肉组织中均有表达。背最长肌、三角肌、臂三头肌的蛋白表达量要高于股二头肌、股四头肌、腓肠肌、半膜肌和半腱肌等后肢肌肉中的蛋白表达量；而180日龄时肌肉的蛋白表达量却与之相反；$Pax7$ 蛋白在90日龄、180日龄时9个肌肉组织中均有表达，在90日龄时三头肌中的蛋白表达量最高；在180日龄时背最长肌和半腱肌的表达量偏低；在270日龄时，臀中肌、三头肌、股二头肌、股四头肌中的蛋白表达量比其他肌肉组织中的蛋白表达量高。关于 $Pax3$ 和 $Pax7$ 基因及其翻译蛋白在天府肉羊生长发育过程中的影响有待进一步研究。

# 第三章

## 脂肪酸代谢候选基因研究

## 第一节  天府肉羊H-FABP、L-FABP基因克隆、组织表达及其与肌内脂肪的关联性分析

肌肉中肌内脂肪（Intramuscular Fat，IMF）的含量是影响肌肉品质的关键因素。研究认为，脂肪前体细胞数决定于生长发育的早期，而脂肪合成、蓄积能力则受出生后多种因素的影响。FABPs是细胞内脂肪酸结合蛋白多基因家族。其中，心脏型脂肪酸结合蛋白（H-FABP）是分布最广的脂肪酸结合蛋白，其主要功能是将脂肪酸从细胞膜运送到肝脏和脂肪组织并合成甘油三酯，而肝脏型脂肪酸结合蛋白基因（L-FABP）是FABPs家族中最先被克隆出来的基因，其编码的蛋白在长链脂肪酸的运输、代谢、细胞膜磷脂构建、机体能量供应等方面具有重要作用。

本试验通过对脂肪酸结合蛋白家族中的H-FABP和L-FABP基因进行克隆，利用生物信息学对其序列进行分析，挖掘两个基因在结构与功能上对脂肪沉积的影响，并对其在天府肉羊体内的时空表达情况进行研究，为进一步研究天府肉羊肌内脂肪含量的形成机制奠定基础。

## 一、试验材料与方法

### （一）试验材料

选择同等饲养条件、不同月龄阶段的体况中等、健康的天府肉羊羯羊15只，4月龄、6月龄、9月龄、12月龄和24月龄各3只，宰前绝食24 h、停水2 h，采用常规方法屠宰后，立即采取所有羊只的背最长肌样，另对12月龄的天府羊采集心脏、肝脏、脾脏、肺脏、肾脏和眼肌样。将采集的肉样迅速置于液氮中，立即带回实验室中于-80 ℃冰箱中保存备用；另将采集的背最长肌肉样置入盛有冰块的箱内带回实验室中保存在-20 ℃冰箱内，用于测定肌内脂肪含量。

## (二)试验方法

1. 引物设计

利用NCBI在线资源设计H-FABP、L-FABP的特异引物,用以克隆H-FABP和L-FABP基因。选择GAPDH作为内参基因,使用RT-PCR方法判断组织是否有H-FABP、L-FABP和内参基因表达,并对组织H-FABP、L-FABP基因表达的丰度进行相对定量。利用软件Primer 5.0与Oligo 6.0进行引物设计,经分析、筛选后确定的基因的引物见表3-1。

表3-1 H-FABP、L-FABP和GAPDH基因的引物信息

| 基因 | 引物名称 | 序列(5′-3′) | 片段长度(bp) | NCBI登录号 | 用途 |
|---|---|---|---|---|---|
| H-FABP | P1 | F:5′-ATGAGACCACGGCAGAT-3′<br>R:5′-GTAAGACTGTGAGTGGGTA-3′ | 145 | HQ404383 | 荧光定量 |
| L-FABP | P2 | F:5′-GGAGGAGTGTGAGATGGAGTTC-3′<br>R:5′-AATGGTTCATGGTACTGCTTCCC-3′ | 150 | HQ606485 | 荧光定量 |
| GAPDH | P4 | F:5′-TTGGATGAAACGGGAGTGG-3′<br>R:5′-CCGTCCACCTTTTGTTGTTG-3′ | 127 | AJ431207 | 定量对照 |
| H-FABP | P5 | F:5′-ATGGACGCCTTCGTGGGTAC-3′<br>R:5′-GACACAATGAGAACGGAACTGG-3′ | 576 | FJ844408 | 克隆 |
| L-FABP | P6 | F:5′-TGCCAGAAGAGCTGTTG-3′<br>R:5′-ATCTGTTTCAGACGTAAAGT-3′ | 405 | BC111622 | 克隆 |

2. RT-PCR扩增与基因克隆

提取组织总RNA,采用1.0%普通琼脂糖凝胶电泳检测RNA质量,用核酸蛋白分析仪测定其浓度。根据所测定浓度,用适量的DEPC水将各RNA稀释为1 μg/μL备用。按照宝生物公司M-MLV反转录试剂盒说明书操作步骤进行反转录,合成cDNA第一条链。以cDNA第一链为模板,用引物P5、引物P6分别克隆H-FABP、L-FABP基因。

所得PCR产物用1.0%的琼脂糖凝胶进行电泳检测,按照OMEGA公司胶回收试剂盒说明书中操作步骤回收PCR产物。将纯化回收后的PCR产物与pMD19-T载体连接,同时制备E. coli感受态细胞,将连接物接入感受态细胞中进行培养。挑选单克隆菌接种进行培养,经鉴定后送宝生物工程(大连)有限公司测序。

3. 实时荧光定量PCR

制备H-FABP、L-FABP和GAPDH基因标准品,采用50 μL反应体系,在Bio-Radiq5荧光定量PCR仪上进行实时荧光定量PCR。在反应过程中,设定无cDNA样品的空白管作为阴性对照,每个样品的基因表达均以GAPDH为对照,制作标准曲线。利用荧光定

量PCR分别检测目的基因H-FABP、L-FABP和内参基因GAPDH的Ct值，计算出目的基因与内参基因的相对表达量。利用双变量公式将定量表达的测定结果与IMF含量进行相关性分析，以求得两者之间的相关系数。

## 二、试验结果与分析

### （一）H-FABP基因克隆结果及生物信息学分析

#### 1. H-FABP基因的克隆序列

根据测序结果，天府肉羊H-FABP基因cDNA序列全长为576 bp，将序列提交至NCBI，得到的登录号为HQ404383，其中包含一个402 bp的完整的开放阅读框（ORF），包含133个氨基酸残基，预测的分子量大小为14.7 kDa，等电点为6.11。带负电荷的残基总数（Asp+Glu）为18个，带正电荷的残基总数（Arg+Lys）为17个，N-端的残基为Met。

采用DNAman生物学软件将天府肉羊H-FABP基因核苷酸编码序列与GenBank中其他物种H-FABP序列进行比对，天府肉羊（Tianfu goat）与牛（Bos taurus）、猪（Sus scrofa）、人（Homo sapiens）、褐鼠（Rattus norvegicus）、莹鼠耳蝠（Myotis lucifugus）、小鼠（Musmus culus）的CDS序列的相似性分别为99%、99%、97%、95%、95%和93%，而与之对应的翻译后氨基酸的相似性则分别为97%、95%、98%、88%、88%和87%。

#### 2. H-FABP基因编码序列密码子偏倚性

用DNAstar软件对天府肉羊H-FABP基因编码区密码子进行偏倚性分析，其中编码苏氨酸（Thr）的使用频率最高（数量为17），其次是编码缬氨酸（Val，数量为15）。脯氨酸（Pro）和半胱氨酸（Cys）含量最少，只有一个，含有一个终止密码子（表3-2）。

表3-2 H-FABP基因CDS密码子的偏倚性

| 密码子 | 编码氨基酸 | 数量 | 密码子 | 编码氨基酸 | 数量 | 密码子 | 编码氨基酸 | 数量 | 密码子 | 编码氨基酸 | 数量 |
|---|---|---|---|---|---|---|---|---|---|---|---|
| GCA | Ala（A） | 2 | CAG | Gln（Q） | 1 | UUG | Leu（L） | 0 | UAA | Ter（.） | 0 |
| GCC | Ala（A） | 2 | | （Q） | 4 | | （L） | 9 | UAG | Ter（.） | 0 |
| GCG | Ala（A） | 1 | GAA | Glu（E） | 2 | AAA | Lys（K） | 5 | UGA | Ter（.） | 1 |
| GCU | Ala（A） | 1 | GAG | Glu（E） | 6 | AAG | Lys（K） | 8 | | （.） | 1 |
| | （A） | 6 | | （E） | 8 | | （K） | 13 | ACA | Thr（T） | 7 |
| AGA | Arg（R） | 0 | GGA | Gly（G） | 2 | AUG | Met（M） | 3 | ACC | Thr（T） | 7 |

（续表）

| 密码子 | 编码氨基酸 | 数量 | 密码子 | 编码氨基酸 | 数量 | 密码子 | 编码氨基酸 | 数量 | 密码子 | 编码氨基酸 | 数量 |
|---|---|---|---|---|---|---|---|---|---|---|---|
| AGG | Arg（R） | 2 | GGC | Gly（G） | 3 | （M） | | 3 | ACG | Thr（T） | 1 |
| CGA | Arg（R） | 0 | GGG | Gly（G） | 2 | UUC | Phe（F） | 5 | ACU | Thr（T） | 2 |
| CGC | Arg（R） | 0 | GGU | Gly（G） | 3 | UUU | Phe（F） | 1 | （T） | | 17 |
| CGG | Arg（R） | 1 | （G） | | 10 | （F） | | 6 | UGG | Trp（W） | 2 |
| CGU | Arg（R） | 1 | CAC | His（H） | 1 | CCA | Pro（P） | 0 | （W） | | 2 |
| （R） | | 4 | CAU | His（H） | 1 | CCC | Pro（P） | 0 | UAC | Tyr（Y） | 2 |
| AAC | Asn（N） | 1 | （H） | | 2 | CCG | Pro（P） | 0 | UAU | Tyr（Y） | 0 |
| AAU | Asn（N） | 4 | AUA | Ile（I） | 2 | CCU | Pro（P） | 1 | （Y） | | 2 |
| （N） | | 5 | AUC | Ile（I） | 4 | （P） | | 1 | GUA | Val（V） | 0 |
| GAC | Asp（D） | 6 | AUU | Ile（I） | 2 | AGC | Ser（S） | 3 | GUC | Val（V） | 6 |
| GAU | Asp（D） | 4 | （I） | | 8 | AGU | Ser（S） | 1 | GUG | Val（V） | 8 |
| （D） | | 10 | CUA | Leu（L） | 0 | UCA | Ser（S） | 2 | GUU | Val（V） | 1 |
| UGC | Cys（C） | 1 | CUC | Leu（L） | 3 | UCC | Ser（S） | 1 | （V） | | 15 |
| UGU | Cys（C） | 0 | CUG | Leu（L） | 3 | UCG | Ser（S） | 0 | | | |
| （C） | | 1 | CUU | Leu（L） | 2 | UCU | Ser（S） | 0 | | | |
| CAA | Gln（Q） | 3 | UUA | Leu（L） | 1 | （S） | | 7 | 共计 | | 134 |

### 3. H-FABP蛋白磷酸化位点预测

用NetPhos 2.0预测天府肉羊H-FABP蛋白的氨基酸序列，发现共含有8个磷酸化位点，其中含有2个丝氨酸（Ser）磷酸化位点、5个苏氨酸（Thr）磷酸化位点、1个酪氨酸（Tyr）磷酸化位点（表3-3）。

表3-3 H-FABP蛋白的磷酸化位点预测

| 磷酸化氨基酸 | 位点 | 评分 | 位点 | 评分 |
|---|---|---|---|---|
| Ser | 64 | 0.889 | 83 | 0.816 |
| Thr | 8 | 0.673 | 41 | 0.608 |
| | 57 | 0.807 | 74 | 0.562 |
| | 75 | 0.681 | | |
| Tyr | 20 | 0.914 | | |

### 4. H-FABP蛋白质疏水性预测

利用ExPASy中的protscale程序预测天府肉羊H-FABP蛋白的疏水性，结果发现天府肉羊H-FABP蛋白大多数氨基酸是亲水性的。

### 5. H-FABP蛋白质信号肽分析

利用ExPASy的SignalP-4.0程序预测天府肉羊H-FABP蛋白，结果表明天府肉羊H-FABP蛋白是一个非分泌型蛋白；预测的肽段切割位点在第15个氨基酸位置处的可能为0.172，分值较低，经综合分析，表明不会出现信号肽。

### 6. H-FABP蛋白质跨膜特征

利用在线TMHMM-2.0分析发现：H-FABP不是跨膜蛋白。通过PSORT对H-FABP蛋白进行定位，发现78.3%的H-FABP蛋白存在于细胞质中，17.4%存在于细胞核中，4.3%的H-FABP蛋白存在于过氧化物酶体中。

### 7. *H-FABP*蛋白质二级结构的预测

通过PBIL-IBCPLyon-Gerland中的蛋白质二级结构预测软件NPS中的HNN对H-FABP氨基酸序列进行二级结构预测，结果显示：氨基酸序列中，α-螺旋占21.05%；无规则卷曲占42.86%；延伸片段占36.09%，以α-螺旋及无规则卷曲为主。

### 8. H-FABP蛋白的保守结构域预测

通过motifScan工具对H-FABP蛋白的氨基酸序列保守结构域进行预测，结果发现该蛋白只有一个保守结构域，H-FABP蛋白的氨基酸序列6～132位为Lipocalin超家族典型的保守结构功能域。

### 9. H-FABP蛋白的3D结构模型

通过使用SWISS-MODEL服务器的全自动生成程序，并依靠同源建模的方法，根据可视的脂肪酸结合蛋白家族晶体结构来预测这个蛋白的3D结构模型。根据牛的H-FABP（PDB编号：1bwy）为模板得到天府肉羊的H-FABP蛋白的3D结构。结果显示：有2个α-螺旋、10个延伸片段和10个无规则卷曲。用PyMOL分子图像软件标注分子内氢键，并标注分子间氢键的大小。

## （二）*L-FABP*基因克隆结果及生物信息学分析

### 1. *L-FABP*基因的克隆序列

根据测序结果，天府肉羊*L-FABP*基因cDNA序列全长405 bp，将序列提交至NCBI，获得的登录号为HQ606485，其中包含一个381 bp的完整的开放阅读框（ORF），包含127个氨基酸残基，包含了一个起始密码子ATG和一个终止密码子

TAG，预测的分子量大小为14.2 kDa，等电点为7.78。

把已获得的核苷酸序列输入NCBI中，用Blast比较其序列的相似性，发现天府肉羊L-FABP基因与牛、褐家鼠、小家鼠、猪、人的CDS相似性分别为97%、85%、84%、89%、85%。氨基酸一致性分析显示，该蛋白质序列与牛已发现的L-FABP蛋白质的一致性高达96%，与猪、人、家鼠的相似性分别为84%、81%、79%。天府肉羊L-FABP氨基酸与其他物种的氨基酸同源对比发现天府肉羊与牛的氨基酸序列有5个位点的差异（$Val^{35}{\rightarrow}Ile^{35}$，$Thr^{51}{\rightarrow}Ile^{51}$，$Ile^{85}{\rightarrow}Gln^{85}$，$Ser^{105}{\rightarrow}Asn^{105}$，$Ile^{118}{\rightarrow}Val^{118}$）。

用DNAstar软件分析天府肉羊L-FABP基因编码序列密码子的偏倚性（表3-4），可以看出密码子TCA数量有16个，使用频率最高，其次是密码子GGG，密码子CTA、GTA、TAA、CGC、TAG、CGT的使用频率较低，没使用到密码子TAT。

用BioEdit软件分析天府肉羊L-FABP的氨基酸组成，含量最多的是赖氨酸（Lys）16个，百分比为12.5%；其次是缬氨酸（Val）13个，百分比10.16%；半胱氨酸（Cys）、组氨酸（His）和脯氨酸（Pro）含量较低，都只有一个；在20种氨基酸中，没有含有色氨酸（Trp）。

表3-4 L-FABP基因编码序列密码子的偏倚性

| 密码子 | 数量 | 占比（%） | 密码子 | 数量 | 占比（%） | 密码子 | 数量 | 占比（%） | 密码子 | 数量 | 占比（%） |
|---|---|---|---|---|---|---|---|---|---|---|---|
| AAA | 4 | 1.00 | AAC | 3 | 0.80 | AAG | 16 | 4.20 | AAT | 7 | 1.80 |
| ACA | 4 | 1.00 | ACC | 7 | 1.80 | ACG | 3 | 0.80 | ACT | 8 | 2.10 |
| AGA | 12 | 3.10 | AGC | 3 | 0.80 | AGG | 11 | 2.90 | AGT | 11 | 2.90 |
| ATA | 2 | 0.50 | ATC | 7 | 1.80 | ATG | 10 | 2.60 | ATT | 3 | 0.80 |
| CAA | 11 | 2.90 | CAC | 5 | 1.30 | CAG | 10 | 2.60 | CAT | 9 | 2.40 |
| CCA | 9 | 2.40 | CCC | 2 | 0.50 | CCG | 2 | 0.50 | CCT | 2 | 0.50 |
| CGA | 5 | 1.30 | CGC | 1 | 0.30 | CGG | 2 | 0.50 | CGT | 1 | 0.30 |
| CTA | 1 | 0.30 | CTC | 2 | 0.50 | CTG | 8 | 2.10 | CTT | 6 | 1.60 |
| GAA | 14 | 3.70 | GAC | 10 | 2.60 | GAG | 11 | 2.90 | GAT | 5 | 1.30 |
| GCA | 6 | 1.60 | GCC | 2 | 0.50 | GCG | 2 | 0.50 | GCT | 3 | 0.80 |
| GGA | 11 | 2.90 | GGC | 7 | 1.80 | GGG | 15 | 3.90 | GGT | 6 | 1.60 |
| GTA | 1 | 0.30 | GTC | 7 | 1.80 | GTG | 11 | 2.90 | GTT | 5 | 1.30 |
| TAA | 1 | 0.30 | TAC | 4 | 1.00 | TAG | 1 | 0.30 | TAT | 0 | 0.00 |
| TCA | 16 | 4.20 | TCC | 4 | 1.00 | TCG | 2 | 0.50 | TCT | 4 | 1.00 |
| TGA | 12 | 3.10 | TGC | 2 | 0.50 | TGG | 11 | 2.90 | TGT | 6 | 1.60 |
| TTA | 2 | 0.50 | TTC | 10 | 2.60 | TTG | 2 | 0.50 | TTT | 2 | 0.50 |

### 2. L-FABP蛋白磷酸化位点预测

用NetPhos 2.0预测天府肉羊L-FABP氨基酸序列，发现有2个磷酸化位点，都是Ser磷酸化位点，位于第100氨基酸位点和第124个氨基酸位点，其评分分别为0.969和0.788。

### 3. L-FABP蛋白疏水性预测

利用BioEdit软件中的Kyte & Doolittle方法预测天府肉羊L-FABP蛋白的疏水性，结果发现天府肉羊L-FABP蛋白大多数氨基酸残基是亲水性的。

### 4. L-FABP蛋白质信号肽分析

利用ExPASy中SignalP-4.0预测天府肉羊L-FABP蛋白的信号肽。结果表明天府肉羊L-FABP氨基酸为非分泌型蛋白，最大的信号肽预测参考值（$S$值）在第34个氨基酸位置处，其评分为0.114。剪切位点在第67个氨基酸位置处，其断裂位点预测值（C值）为0.121。经综合加权评定后，最有可能出现肽段的区域为第1~66个氨基酸，但其因为评分太低，可能没有信号肽。

### 5. L-FABP蛋白质跨膜特征

利用TMHMM-2.0分析发现，*L-FABP*不具有跨膜结构。通过SORT对L-FABP蛋白进行定位，发现69.6%存在于细胞质中，17.4%存在于细胞核中，4.3%存在于细胞支架中，4.3%存在于过氧化物酶体中，还有4.3%存在于线粒体中。

### 6. L-FABP蛋白糖基化位点分析

利用在线CBS软件中的NetOGlyc 3.1预测天府肉羊L-FABP蛋白糖基化位点，预测结果显示L-FABP蛋白没有O-糖基化位点。

### 7. L-FABP蛋白质二级结构的预测

通过PBIL-IBCPLyon-Gerland中的蛋白质二级结构预测软件HNN对L-FABP氨基酸序列进行二级结构预测。预测结果显示：预测氨基酸序列中，α-螺旋占23.62%，无规则卷曲占43.31%，延伸片段占33.07%。

### 8. L-FABP保守结构域预测

通过motifScan工具对天府肉羊L-FABP氨基酸序列进行预测，发现只有一个保守结构域，预测结果显示L-FABP氨基酸序列4~127位为Lipocalin超家族典型的保守结构功能域。

### 9. L-FABP蛋白的3D结构模型

通过使用SWISS-MODEL服务器的全自动生成程序，并依靠同源建模的方法，根据可视的脂肪酸结合蛋白家族晶体结构来预测L-FABP蛋白的3D结构模型。以人的

L-FABP（PDB编号：3stmX）为模板得到天府肉羊L-FABP蛋白的3D结构，与模板的相似性为81.9%。天府肉羊L-FABP蛋白三级结构包括2个α-螺旋和11个延伸片段。

### （三）*H-FABP*、*L-FABP*荧光定量表达的准确性及特异性

**1. PCR检测及其标准曲线**

从反映荧光定量扩增过程的"S"形荧光定量动力学曲线可以看出，目的基因和内参基因的荧光定量动力学曲线基线平整，指数区较明显，斜率大且固定（平行线），线性范围广，为理想的扩增曲线。

分析熔解曲线的负一次微分曲线可知，目的基因（*H-FABP*、*L-FABP*）和内参基因（*GAPDH*）的反应熔解曲线都是只有单一峰型的曲线，没有其他杂峰，说明扩增产物单一，为特异性产物，没有引物二聚体等非特异性扩增产物。

**2. *H-FABP*、*L-FABP*基因在组织中的表达情况**

利用SYBR-Green实时荧光定量PCR方法检测天府肉羊*H-FABP*基因在12月龄天府羊的心脏、肝脏、脾脏、肺脏、肾脏和眼肌等组织的表达情况，以及4月龄、6月龄、9月龄、12月龄和成年时眼肌组织的表达特性。对12月龄天府肉羊*H-FABP*基因表达情况进行检测结果显示（图3-1）：在心脏中检测到的*H-FABP*基因的表达量最高，其次是背最长肌，与背最长肌的差异不显著（$P>0.05$），但极显著高于其他组织（$P<0.01$）；肝脏、脾脏、肺脏和肾脏的表达量都相对较低，而且这4个组织的表达量都差异不显著（$P>0.05$），*H-FABP*基因在肝脏中的表达量最低。对各个月龄阶段的背最长肌*H-FABP*进行检测，结果表明（表3-5、表3-6）：背最长肌中*H-FABP*基因随着年龄的增加表达

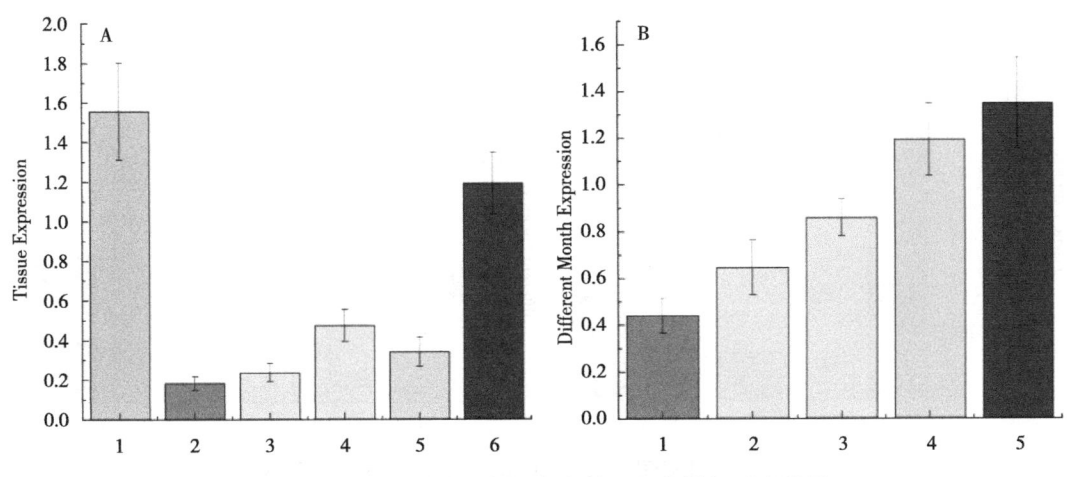

**图3-1 *H-FABP*基因在天府肉羊组织中的相对表达量**

注：A. 12月龄天府肉羊不同组织中*H-FABP*基因的相对表达量，图中标注1~6分别为心脏、肝脏、脾脏、肺脏、肾脏和背最长肌；B. 不同月龄阶段天府肉羊眼肌中*H-FABP*基因的相对表达量，图中标注1~5分别为4月龄、6月龄、9月龄、12月龄和24月龄。

量逐渐增加，各个月龄阶段的表达量差异显著性不同，其中24月龄的表达量最高，与12月龄差异不显著（$P>0.05$），但极显著高于其他月龄（$P<0.01$）；12月龄与9月龄差异不显著，但极显著高于4月龄与6月龄（$P<0.01$）；9月龄与6月龄差异不显著，但显著高于4月龄（$P<0.05$）；6月龄与4月龄之间差异不显著（$P>0.05$）。

表3-5 12月龄天府肉羊不同组织中 *H-FABP* 基因的相对表达量

| 组织 | 心脏 | 肝脏 | 脾脏 | 肺脏 | 肾脏 | 背最长肌 |
|---|---|---|---|---|---|---|
| 表达量 | $1.557 \pm 0.245^A$ | $0.183 \pm 0.036^B$ | $0.238 \pm 0.047^B$ | $0.475 \pm 0.081^B$ | $0.342 \pm 0.074^B$ | $1.193 \pm 0.155^A$ |

表3-6 不同月龄阶段天府肉羊眼肌中 *H-FABP* 基因的相对表达

| | 4月龄 | 6月龄 | 9月龄 | 12月龄 | 24月龄 |
|---|---|---|---|---|---|
| 表达量 | $0.441 \pm 0.075^{Cd}$ | $0.646 \pm 0.118^{Ccd}$ | $0.860 \pm 0.078^{BCbc}$ | $1.193 \pm 0.155^{ABab}$ | $1.350 \pm 0.185^{Aa}$ |

注：同行上标大写字母不同表示差异极显著（$P<0.01$），大写字母相同、小写字母不同表示差异显著（$P<0.05$），大写字母相同、小写字母相同表示差异不显著（$P>0.05$）。下同

12月龄天府肉羊组织表达的检测结果显示（图3-2、表3-7、表3-8）：在肝脏中检测到的 *L-FABP* 基因的表达量最高，极显著高于其他组织（$P<0.01$）；肾脏和背最长肌之间差异显著（$P<0.05$），且极显著高于心脏、脾脏和肺脏（$P<0.01$）；背最长肌、心脏与肺脏之间没有显著差异（$P>0.05$），但显著高于脾脏（$P<0.05$）；心脏、脾脏和肺脏之间差异不显著（$P>0.05$）。背最长肌中 *L-FABP* 基因随着年龄的增加，其表达量呈现下降—上升—下降的趋势，以9月龄的表达量最高，但9月龄与12月龄、24月龄之间

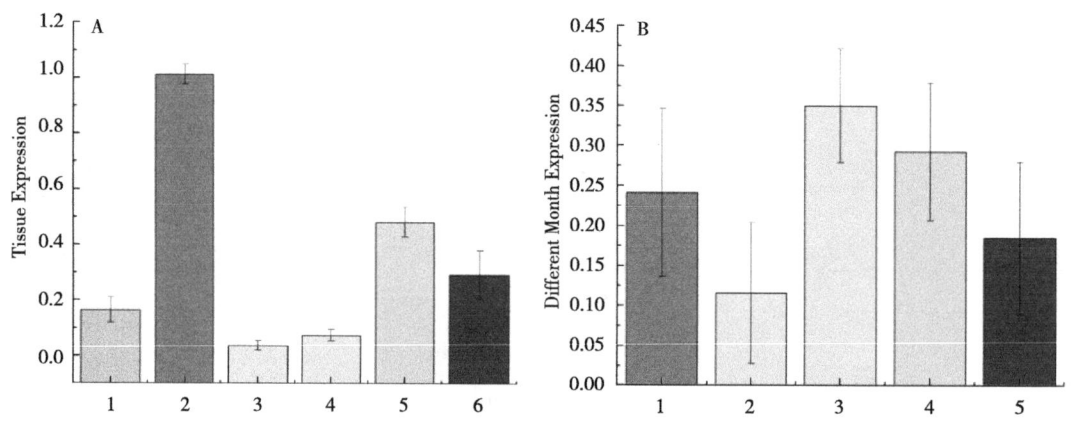

图3-2 *L-FABP* 基因在天府肉羊组织中的相对表达量

注：A. 12月龄天府肉羊不同组织中 *L-FABP* 基因的相对表达量1～6分别为心脏、肝脏、脾脏、肺脏、肾脏和背最长肌；B. 不同月龄阶段天府肉羊眼肌中 *L-FABP* 基因的相对表达量，1～5分别为4月龄、6月龄、9月龄、12月龄和24月龄。

都没有显著差异（$P>0.05$），但三个月龄阶段形成下降趋势，显著高于4月龄、6月龄（$P<0.05$）；9月龄与4月龄差异不显著，与6月龄之间差异显著（$P<0.05$）；6月龄的表达量最低。*L-FABP*基因在整个阶段表达量都较低。

表3-7  12月龄天府肉羊各组织中*L-FABP*基因的相对表达量

| 组织 | 心脏 | 肝脏 | 脾脏 | 肺脏 | 肾脏 | 背最长肌 |
|---|---|---|---|---|---|---|
| 表达量 | $0.165 \pm 0.045^{Cde}$ | $1.013 \pm 0.036^{A}$ | $0.038 \pm 0.017^{Ce}$ | $0.075 \pm 0.021^{Cde}$ | $0.482 \pm 0.054^{Bb}$ | $0.293 \pm 0.086^{BCcd}$ |

表3-8  不同月龄阶段天府肉羊眼肌中*L-FABP*基因的相对表达量

| | 4月龄 | 6月龄 | 9月龄 | 12月龄 | 24月龄 |
|---|---|---|---|---|---|
| 表达量 | $0.241 \pm 0.105^{bc}$ | $0.116 \pm 0.088^{c}$ | $0.350 \pm 0.071^{ab}$ | $0.293 \pm 0.086^{a}$ | $0.185 \pm 0.095^{a}$ |

### （四）天府肉羊背最长肌肌内脂肪含量的发育性变化

取4月龄、6月龄、9月龄、12月龄和24月龄天府肉羊的背最长肌样品，用索氏抽提法进行脂肪含量测定，每个样品设3个重复，从结果可以看出（图3-3、表3-9），天府肉羊背最长肌的肌内脂肪含量在检测的前4个月龄阶段中，随着月龄增加，肌内脂肪含量持续上升，且在各月龄间的差异显著（$P<0.05$）；以12月龄为对照，天府肉羊背最长肌肌内脂肪，4~12月龄一直保持较高的增长率，且差异极显著（$P<0.01$）；12月龄之后，背最长肌肌内脂肪含量维持在一个较高水平，且没有出现增加的趋势。

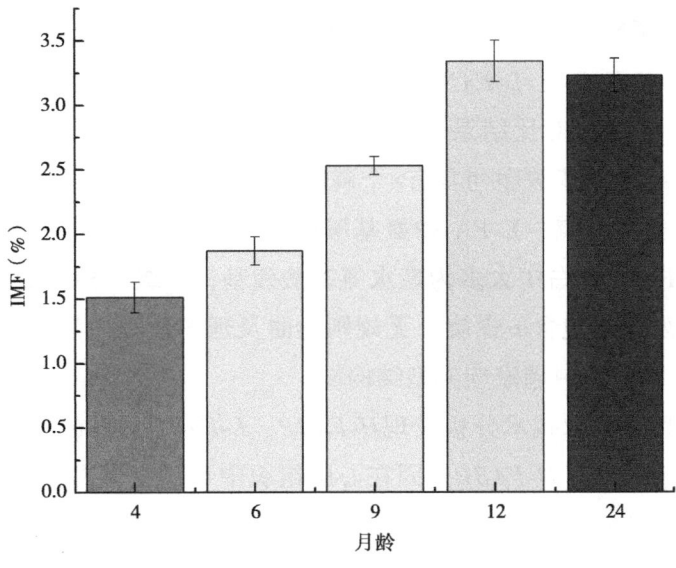

图3-3  不同月龄天府肉羊肌内脂肪含量发育变化

表3-9 不同月龄天府肉羊肌内脂肪含量发育变化

| 月龄 | 样本数 | 肌内脂肪含量（%） |
| --- | --- | --- |
| 4 | 3 | $1.51^D \pm 0.12$ |
| 6 | 3 | $1.87^C \pm 0.11$ |
| 9 | 3 | $2.53^B \pm 0.07$ |
| 12 | 3 | $3.34^A \pm 0.16$ |
| 24 | 3 | $3.23^A \pm 0.13$ |

### （五）H-FABP、L-FABP基因mRNA表达量与IMF的相关分析

使用SPSS 18.0软件，将天府肉羊肌内脂肪含量值分别与H-FABP、L-FABP基因的相对表达量进行双变量相关性分析。结果显示，天府肉羊背最长肌中H-FABP基因与IMF含量相关系数为0.938，这表明IMF含量越高，H-FABP基因的相对表达量就越高。H-FABP基因与IMF不相关的假设检验值为0.004，否定假设，即H-FABP基因表达量会随着IMF含量的增加而显著增加。天府肉羊背最长肌中L-FABP基因与IMF含量相关系数为0.314，L-FABP基因与IMF不相关的假设检验值为0.254，不能否定假设，即L-FABP基因表达量与IMF含量可能是不相关的。

## 三、主要研究结论

本研究运用RT-PCR结合克隆测序方法分别获得了天府肉羊H-FABP、L-FABP基因的全序列，提交至NCBI，获得登录号HQ404383和HQ606485。核苷酸的同源性分析表明：天府肉羊H-FABP、L-FABP基因与其他物种（哺乳动物）的核苷酸序列都具有较高的同源性；氨基酸对比结果表明，这两个蛋白都具有高度的保守性。生物信息学分析表明：H-FABP氨基酸序列含有8个磷酸化位点，分别为2个丝氨酸位点、5个苏氨酸位点和1个酪氨酸位点；L-FABP氨基酸序列含有2个磷酸化位点，均为丝氨酸位点；H-FABP、L-FABP蛋白中大多为亲水氨基酸残基；二级结构预测显示，H-FABP、L-FABP氨基酸序列中都包含α-螺旋、无规则卷曲及延伸片段，都以无规则卷曲为主；都包含一个脂肪酸结合蛋白超家族典型结构域。

实时荧光定量RT-PCR技术分析发现H-FABP、L-FABP基因在所选择的12月龄天府肉羊6个组织中均有表达，H-FABP基因在心脏组织中表达量最高，L-FABP基因在肝脏组织中表达量最高。在眼肌组织中，H-FABP基因的表达量随着月龄的增长而增加，24月龄时的表达量最高；L-FABP基因的表达量随着月龄的增长而表现出不规律性。

天府肉羊背最长肌中IMF含量随着月龄的增长而增加。基因表达量与IMF含量相关性分析表明：*H-FABP*基因的表达量与IMF含量呈极显著正相关，相关系数为0.938；*L-FABP*基因与IMF含量的相关性为0.254，其机制及影响有待进一步研究。

# 第二节　天府肉羊*A-FABP*基因克隆、序列分析及其与肌内脂肪含量的相关性分析

脂肪酸结合蛋白（FABP，Fatty acid-binding protein），能够与细胞质中的多种配体结合，其主要作用是转运脂类或者参与脂类的代谢，直接地或间接地参与多种细胞调节过程。其中，脂肪型脂肪酸结合蛋白（adipocyte fatty acid-binding protein，A-FABP），也称为ALBP、Ap2或FABP4，参与调控甘油三酯的形成以及酯解过程中的脂生成或者熔解的生化过程。肌内脂肪（Intramuscular Fat，IMF）的沉积量在一定程度上决定了羊肉的品质，决定着羊肉的大理石纹、系水力、多汁性、剪切力、嫩度和口感等。

研究表明，*A-FABP*基因变异对肌内脂肪含量（IMF）有显著的影响，是影响动物肌内的脂肪含量的重要候选基因之一。为进一步探究*A-FABP*基因的结构功能及其表达量对天府肉羊肉质的影响，本研究采用RT-PCR技术克隆天府肉羊*A-FABP*基因，对其序列进行生物信息学比对分析，运用实时荧光定量PCR技术检测*A-FABP*基因mRNA的表达情况，分别对不同肌肉组织中*A-FABP*基因表达量与肌内脂肪含量进行关联分析，为筛选天府肉羊优质肉质性状的候选基因奠定试验基础。

## 一、试验材料与方法

### （一）试验材料

本试验以天府肉羊作为研究对象，选择体况良好、健康、发育正常、饲养状况相同的3个日龄阶段（90日龄、180日龄和270日龄）的天府肉羊各3只，共9只。试验羊屠宰前停止喂食24 h，停止喂水2 h，屠宰后迅速采取半膜肌、股二头肌、股四头肌、三角肌、背最长肌、臀中肌、腓肠肌、臂三头肌样品，然后将所采集的样品分为2份装入对应标签的样品袋中，一份用锡箔纸包好后，置于-196 ℃液氮罐中，并立即带回实验室保存于-80 ℃超低温冰箱中，用于RNA的提取；另外一份放置于冰盒中带回实验室放

置于-20 ℃冰箱中保存备用,用于肌内脂肪含量的测定。

## (二)试验方法

### 1. 引物设计

参考NCBIGenBanK山羊*A-FABP*基因保守序列,利用Primer Primer 5.0设计天府肉羊*A-FABP*基因CDS区克隆引物;根据NCBIGenBank数据库中山羊(Caprahircus,Acc.No.NM001285623.1)的*A-FABP*基因序列,利用Primer Primer 5.0设计天府肉羊*A-FABP*基因定量引物,引物信息见表3-10。

表3-10 *A-FABP*基因引物信息

| 引物 | 引物序列(5'-3') | 片段大小(bp) | *Tm*(%) | 用途 |
| --- | --- | --- | --- | --- |
| AFABP-CDSF | 5'-TGAAAGCTGCACTTCTTT-3' | 517 | 58 | 克隆引物 |
| AFABP-CDSR | 5'-GTTTGGACAACGTATCCAT-3' | | | |
| *A-FABP*-F | 5'-AAGAAACTGCCATAGCACA-3' | 158 | 58.3 | 定量引物 |
| *A-FABP*-R | 5'-CAAGACAGTGGCTGAACCC-3' | | | |

### 2. RT-PCR扩增与基因克隆

取出天府肉羊肌肉组织样品,提取组织总RNA,采用1.5%的琼脂糖凝胶电泳检测总RNA的质量,在凝胶成像系统进行拍照,观察总RNA条带的完整性,按照宝生物工程(大连)有限责任公司PrimeScip™ RT reagent Kit(DRR037A)反转录试剂盒说明书进行PCR反转录合成cDNA。以合成的cDNA为模板,进行PCR扩增。扩增完成后,进行胶回收。根据TaKaRapMD19-TVector说明书,将含有目的片段的回收产物与pMD19-T载体进行连接,用DH-5α感受态细胞进行连接产物转化,对克隆产物进行测序。

### 3. 荧光定量PCR

以β-*actin*作为内参基因,根据*A-FABP*定量引物上下游*Tm*值设定温度梯度55~65 ℃,进行梯度qPCR来检测引物特异性。选取一个最适的*Tm*值,将该*Tm*值扩增的产物作为标准样品以10倍梯度依次稀释至原浓度的$1\times10^{-1}$~$1\times10^{-7}$倍,然后进行qPCR扩增,绘制标准曲线。依据标准曲线的建立和扩增效率的结果,运行qPCR正式试验。每个组织进行3个生物学重复,保证数据的准确性。

采用SAS 8.0的GLM过程进行最小二乘分析,结果以最小二乘均数±标准误表示,并用Duncan法进行多重比较,$P<0.05$或$P<0.01$作为差异显著或极显著判断标准。用Graph Pad Prism 5作荧光定量表达差异图。

## 4. 肌内脂肪含量IMF的测定

用脂溶性溶剂反复抽提肌肉样品，除去肌肉中所有脂肪，根据肌肉样品质量和剩余残渣质量的差值计算肌内脂肪含量。本试验，所有数据最后利用SPSS20软件的一般线性模型（GLM）程序对试验数据进行双因素分析，并用LSD法进行多重比较，结果用均值±标准误的形式表示。统计模型包括：日龄效应、肌肉效应以及日龄与肌肉互作效应，$P<0.05$为差异显著，$P<0.01$为差异极显著。

## 二、试验结果与分析

### （一）A-FABP基因克隆与序列分析

采用天府肉羊股二头肌样品提取的总RNA反转录成为cDNA，再用此cDNA为模板进行普通PCR后，用琼脂糖凝胶电泳对3 μL产物进行检测，Marker为DL2000，结果可见约为400 bp的A-FABP基因目的片段。测序结果，A-FABP基因cDNA序列全长为399 bp，共编码132个氨基酸。用DNAman 6.0软件把测序所得A-FABP基因序列与其他生物基因序列进行对比。结果显示：天府肉羊A-FABP氨基酸序列与猪、绵羊、牛、黑猩猩、人、虎鲸和猕猴A-FABP氨基酸序列相似性分别为84.09%，100%，93.18%，86.36%，86.36%，87.12%和86.36%（表3-11）。

表3-11　各物种A-FABP基因信息

| 物种 | GeneBank登录号 | 核苷酸序列比对结果（%） | 氨基酸序列比对结果（%） |
| --- | --- | --- | --- |
| Bos taurus | NM174314.2 | 78.98 | 93.18 |
| Ovis aries | NM001114667.1 | 76.39 | 100.00 |
| Sus scrofa | NM001002817.1 | 51.02 | 84.09 |
| Pan troglodytes | XM519830.6 | 69.94 | 86.36 |
| Homo sapiens | NM001442.2 | 54.42 | 86.36 |
| Orcinus orca | XM004276170.2 | 74.76 | 87.12 |
| Macaca mulatta | NM001266067.1 | 58.56 | 86.36 |

使用MEGE 6.06软件构建A-FABP基因的分子进化树（图3-4）。分子进化树构建结果显示：天府肉羊A-FABP基因与绵羊A-FABP基因的同源性最高，其次是牛，与黑猩猩和人的A-FABP基因的同源性最低。

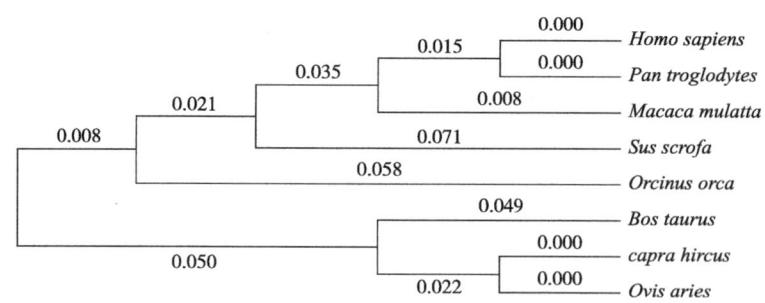

图3-4 *A-FABP*基因分子进化树

## （二）*A-FABP*基因荧光定量PCR结果

### 1. PCR检测及其标准曲线

检测显示，扩增产物条带长度和预计相符。对比结果显示，*A-FABP*基因以及β-*actin*基因的扩增结果曲线都是单纯的波峰，没有非特异性扩增的存在。在浓度$10^{-1} \sim 10^{-7}$的梯度内构建*A-FABP*基因以及β-*actin*基因的标准曲线。本试验的*A-FABP*基因（$R^2$=0.998，Efficiency=95.6%）、β-*actin*基因（$R^2$=0.998，Eficiency=95.6%）的扩增效率良好，所得到*Ct*值可以正确地表示*A-FABP*基因、β-*actin*基因的mRNA表达状况。

### 2. *A-FABP*基因mRNA表达水平

运用荧光定量PCR方法分别对9月龄、6月龄和3月龄天府肉羊的股二头肌、股四头肌、臂三头肌、腓肠肌、三角肌、背最长肌、臀中肌和半膜肌8个部位肌肉的*A-FABP*基因mRNA表达量进行检测，其中半膜肌、腓肠肌和背最长肌中*A-FABP*基因mRNA表达量随着年龄增长而逐渐降低，9月龄达到最低，半膜肌中*A-FABP*基因mRNA表达量下降趋势最为明显，3~9月龄呈极显著下降（$P<0.01$），3~9月龄的背最长肌中*A-FABP*基因mRNA表达量也呈显著下降（$P<0.05$），腓肠肌中*A-FABP*基因mRNA表达量各阶段下降变化不显著；股二头肌中*A-FABP*基因mRNA表达量，3~6月龄缓慢上升，直到9月龄时表达量极显著升高（$P<0.01$）；臂三头肌、三角肌和臀中肌中*A-FABP*基因mRNA表达量先升高后降低，臂三头肌中的表达量在3~6月龄显著上升（$P<0.05$），6~9月龄下降不显著，而臀中肌*A-FABP*基因mRNA表达量变化趋势较臂三头肌中*A-FABP*基因mRNA表达量上升和下降均呈极显著（$P<0.01$），三角肌中*A-FABP*基因mRNA表达量在3~6月龄之间上升变化不明显，而在9月龄时显著下降（$P<0.05$）；股四头肌中*A-FABP*基因mRNA表达量与臀中肌中*A-FABP*基因mRNA表达量变化情况相反，3~6月龄表达量显著下降（$P<0.05$），6~9月龄表达量显著上升（$P<0.05$）；对9月龄天府肉羊*A-FABP*基因肌肉组织表达情况进行检测，结果显示：*A-FABP*基因mRNA在股二头肌肌肉细胞中的表达量极显著（$P<0.01$）高于其他肌肉部位。且只有股二头肌在9月龄时*A-FABP*基因

mRNA的表达量比3月龄、6月龄极显著（$P<0.01$）升高。总体来看，股二头肌中 A-FABP 基因mRNA的表达量变化受年龄的影响最大，其随着年龄的增长表达量随之增长，9月龄的 A-FABP 基因mRNA表达量极显著高于3月龄和6月龄（$P<0.01$）（图3-5）。

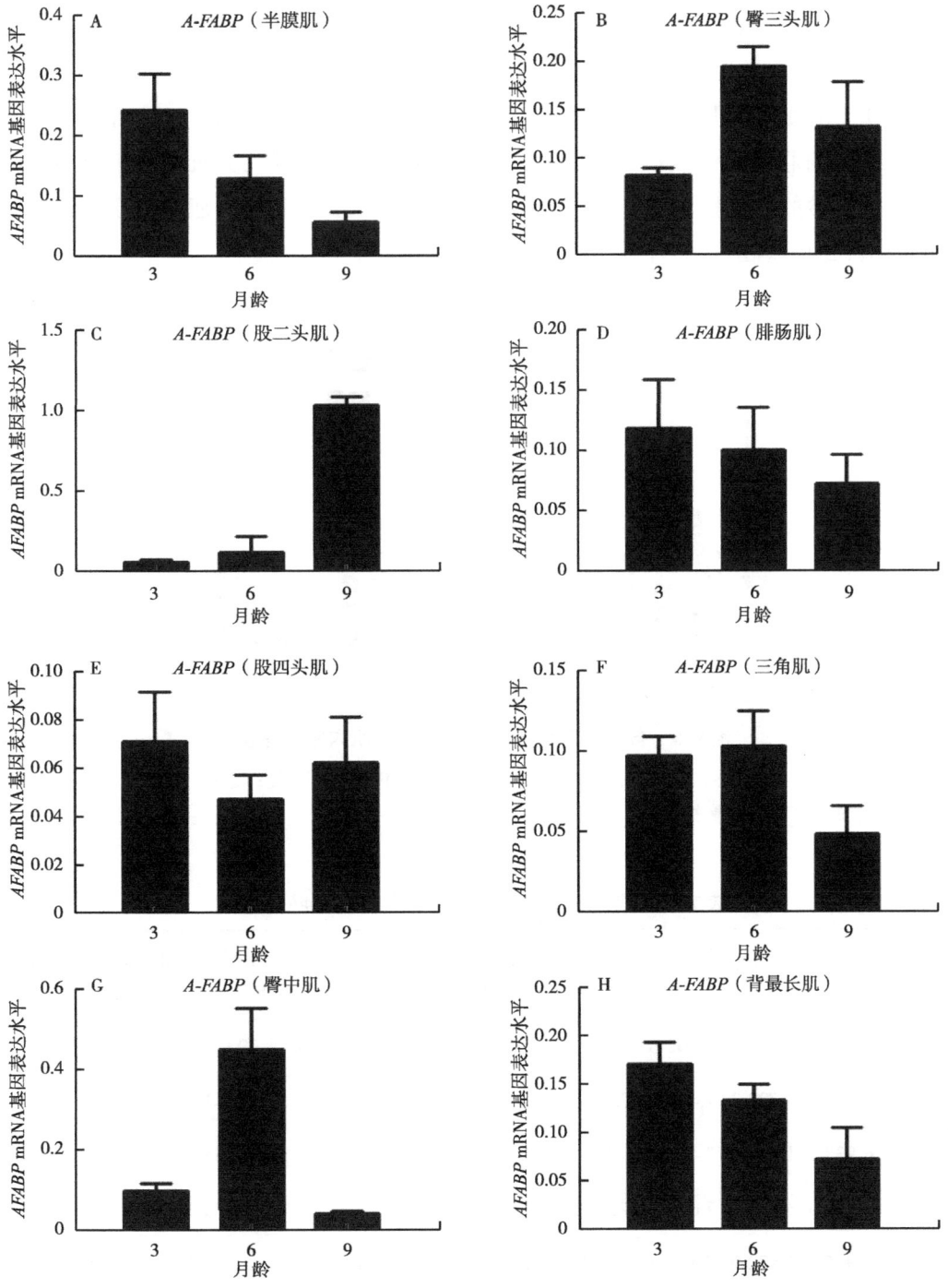

图3-5 不同肌肉在相同月龄的 A-FABP 基因相对表达量

## (三)天府肉羊肌肉肌内脂肪含量

采用残余法分别对3月龄、6月龄和9月龄天府肉羊的股二头肌、股四头肌、臂三头肌、腓肠肌、三角肌、背最长肌、臀中肌和半膜肌8个部位肌肉中肌内脂肪含量进行测定分析,结果显示(图3-6):随着日龄的增长,肌内脂肪在半膜肌、腓肠肌和背最长肌中的含量逐渐升高,且9月龄天府肉羊的肌内脂肪含量极显著高于3月龄($P<0.01$)。在股二头肌中肌内脂肪含量随着日龄的增长逐渐降低,且9月龄天府肉羊股二头肌中肌内脂肪含量极显著低于3月龄($P<0.01$)。在臂三头肌和三角肌中,肌内脂肪含量随年龄的增长呈先下降后上升的趋势。在股四头肌和臀中肌中,肌内脂肪含量随年龄的增长而呈现出先上升后下降的趋势(表3-12)。

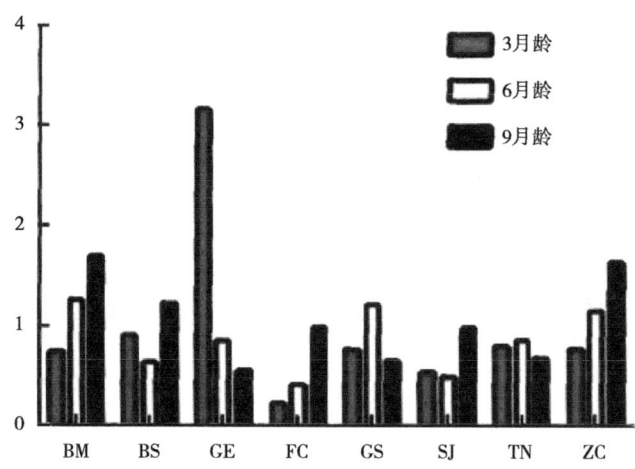

**图3-6 各月龄阶段不同肌肉部位中肌内脂肪含量**

注:BM,半膜肌;BS,臂三头肌;GE,股二头肌;FC,腓肠肌;GS,股四头肌;SJ,三角肌;TZ,臀中肌;ZC,背最长肌。

表3-12 各月龄阶段不同肌肉部位肌内脂肪含量

| 样品名称 | 皿重 | 肉重 | 烘干后总重 | 初水含量(%) | 脂肪样重 | 烘干2h后重 | 抽提恒重 | 烘干样品粗脂肪含量(%) | 换算含水分样粗脂含量(%) |
|---|---|---|---|---|---|---|---|---|---|
| T33股二头 | 6.279 9 | 5.425 9 | 7.602 6 | 75.622 5 | 1.045 7 | 1.673 2 | 1.537 6 | 12.967 4 | 3.161 1 |
| T33四头 | 6.277 6 | 4.723 3 | 7.435 5 | 75.485 4 | 1.126 8 | 1.779 2 | 1.743 8 | 3.141 6 | 0.770 2 |
| T33腓肠 | 6.938 5 | 1.972 3 | 7.404 8 | 76.357 6 | 0.465 9 | 1.282 4 | 1.277 9 | 0.965 9 | 0.228 4 |
| T33三头 | 6.278 0 | 3.460 1 | 7.086 8 | 76.625 0 | 0.773 0 | 1.578 6 | 1.548 5 | 3.893 9 | 0.910 2 |
| T33三角 | 6.945 8 | 3.872 9 | 7.826 7 | 77.254 8 | 0.847 3 | 1.550 3 | 1.530 1 | 2.384 0 | 0.542 3 |
| T33最长 | 6.947 8 | 4.602 6 | 8.047 5 | 76.107 0 | 1.018 3 | 1.683 4 | 1.650 2 | 3.260 3 | 0.779 0 |

（续表）

| 样品名称 | 皿重 | 肉重 | 烘干后总重 | 初水含量（%） | 脂肪样重 | 烘干2h后重 | 抽提恒重 | 烘干样品粗脂肪含量(%) | 换算含水分样粗脂肪含量(%) |
|---|---|---|---|---|---|---|---|---|---|
| T33臀中 | 6.2933 | 3.0118 | 7.0200 | 75.8716 | 0.7209 | 1.4756 | 1.4514 | 3.3569 | 0.8100 |
| T33半膜 | 6.9630 | 2.5427 | 7.5349 | 77.5082 | 0.5847 | 1.2938 | 1.2745 | 3.3008 | 0.7424 |
| T61三角 | 6.0651 | 4.4972 | 7.0860 | 77.2992 | 0.9967 | 1.7613 | 1.7394 | 2.1973 | 0.4988 |
| T61臀中 | 6.0691 | 4.3945 | 7.1094 | 76.3272 | 1.0061 | 1.7529 | 1.7161 | 3.6577 | 0.8659 |
| T61二头 | 6.2849 | 4.5001 | 7.3460 | 76.4205 | 1.0234 | 1.7195 | 1.6822 | 3.6447 | 0.8594 |
| T61腓肠 | 6.7056 | 1.6238 | 7.0822 | 76.8075 | 0.3677 | 0.9749 | 0.9683 | 1.7949 | 0.4163 |
| T61最长 | 6.9399 | 2.6192 | 7.5525 | 76.6112 | 0.6050 | 1.4197 | 1.3896 | 4.9752 | 1.1636 |
| T61半膜 | 6.7103 | 4.5866 | 7.7606 | 77.1007 | 1.0344 | 1.6577 | 1.6005 | 5.5298 | 1.2663 |
| T61四头 | 6.7166 | 3.7076 | 7.6043 | 76.0573 | 0.8911 | 1.6628 | 1.6175 | 5.0836 | 1.2172 |
| T61三头 | 6.2790 | 4.6947 | 7.3974 | 76.1774 | 1.0766 | 1.7142 | 1.6853 | 2.6844 | 0.6395 |
| T91股二头 | 6.7073 | 5.2165 | 7.9652 | 75.8861 | 1.0270 | 1.7474 | 1.7238 | 2.2980 | 0.5541 |
| T91腓肠 | 6.2802 | 4.2910 | 7.3426 | 75.2411 | 1.0110 | 1.6592 | 1.6186 | 4.0158 | 0.9943 |
| T91最长 | 6.0604 | 3.4056 | 7.3412 | 62.3914 | 0.8732 | 1.6344 | 1.5961 | 4.3862 | 1.6496 |
| T91四头 | 6.9428 | 3.1499 | 7.7142 | 75.5103 | 0.7653 | 1.4995 | 1.4789 | 2.6918 | 0.6592 |
| T91三角 | 6.2898 | 2.7022 | 6.9245 | 76.5117 | 0.6100 | 1.2441 | 1.2184 | 4.2131 | 0.9896 |
| T91臀中 | 6.9433 | 2.4776 | 7.5925 | 73.7972 | 0.6369 | 1.4076 | 1.3908 | 2.6378 | 0.6912 |
| T91半膜 | 6.0609 | 2.6634 | 6.7248 | 75.0732 | 0.6623 | 1.3506 | 1.3054 | 6.8096 | 1.6974 |
| T91三头 | 6.9536 | 2.7260 | 7.6575 | 74.1783 | 0.7048 | 1.3089 | 1.2753 | 4.7673 | 1.2310 |

### （四）天府肉羊A-FABP基因与IMF含量的相关性分析

分析结果显示（表3-13），天府肉羊股二头肌中A-FABP基因表达量与其IMF含量表现为显著负相关（$P<0.05$，$r=-0.657$）；半膜肌、臂三头肌、腓肠肌、股四头肌、三角肌、臀中肌、背最长肌中A-FABP基因表达量与其IMF含量的相关系数分别为0.434、0.720、-0.269、-0.638、0.563、0.854、0.905，但是差异均表现为不显著（$P>0.05$）。

表3-13 天府肉羊 A-FABP 基因表达量与IMF含量的相关性分析

| Tissue | | | 肌内脂肪含量 | 表达量 |
|---|---|---|---|---|
| BM | 肌内脂肪含量 | Pearson相关性 | 1 | 0.434 |
| | | 显著性（双尾） | | 0.714 |
| | A-FABP | Pearson相关性 | 0.434 | 1 |
| | | 显著性（双尾） | 0.714 | |
| BS | 肌内脂肪含量 | Pearson相关性 | 1 | 0.720 |
| | | 显著性（双尾） | | 0.489 |
| | A-FABP | Pearson相关性 | 0.720 | 1 |
| | | 显著性（双尾） | 0.489 | |
| FC | 肌内脂肪含量 | Pearson相关性 | 1 | −0.269 |
| | | 显著性（双尾） | | 0.827 |
| | A-FABP | Pearson相关性 | −0.269 | 1 |
| | | 显著性（双尾） | 0.827 | |
| GE | 肌内脂肪含量 | Pearson相关性 | 1 | −0.657* |
| | | 显著性（双尾） | | 0.045 |
| | A-FABP | Pearson相关性 | −0.657* | 1 |
| | | 显著性（双尾） | 0.544 | |
| GS | 肌内脂肪含量 | Pearson相关性 | 1 | −0.638 |
| | | 显著性（双尾） | | 0.560 |
| | A-FABP | Pearson相关性 | −0.638 | 1 |
| | | 显著性（双尾） | 0.560 | |
| SJ | 肌内脂肪含量 | Pearson相关性 | 1 | 0.563 |
| | | 显著性（双尾） | | 0.13 |
| | A-FABP | Pearson相关性 | 0.563 | 1 |
| | | 显著性（双尾） | 0.013 | |
| TZ | 肌内脂肪含量 | Pearson相关性 | 1 | 0.854 |
| | | 显著性（双尾） | | 0.348 |
| | A-FABP | Pearson相关性 | 0.854 | 1 |
| | | 显著性（双尾） | 0.348 | |

（续表）

| Tissue | | | 肌内脂肪含量 | 表达量 |
|---|---|---|---|---|
| ZC | 肌内脂肪含量 | Pearson相关性 | 1 | 0.905 |
| | | 显著性（双尾） | | 0.279 |
| | A-FABP | Pearson相关性 | 0.905 | 1 |
| | | 显著性（双尾） | 0.279 | |

注：*表示具有统计学相关（$P<0.05$）。BM—半膜肌；BS—臂三头肌；GE—股头肌；FC—腓肠肌；GS—股四头肌；SJ—三角肌；TZ—臀中肌；ZC—背最长肌。

### 三、主要研究结论

本研究以天府肉羊为试验动物，采用RT-PCR技术克隆天府肉羊A-FABP基因，运用实时荧光定量PCR技术检测A-FABP基因mRNA的表达情况，并分别对不同肌肉组织中A-FABP基因表达量与肌内脂肪含量进行了关联分析。试验获得了天府肉羊A-FABP基因序列，长度399 bp，编码132个氨基酸。

通过采用RT-qPCR方法分析A-FABP基因在3月龄、6月龄、9月龄天府肉羊的8个肌肉组织中的表达量，结果显示A-FABP基因在3月龄、6月龄、9月龄天府肉羊8个肌肉部位中均有表达，股二头肌中A-FABP基因表达量变化受年龄的影响最大，随着年龄的增长表达量随之增长，在9月龄天府肉羊股二头肌中相对表达量水平最高。采用残余法分析测定90日龄、180日龄和270日龄天府肉羊8个肌肉组织中肌内脂肪含量，结果表明，随着日龄的增长，肌内脂肪在半膜肌、腓肠肌和背最长肌中的含量逐渐升高，且9月龄天府肉羊的IMF含量极显著高于3月龄（$P<0.01$）。在股二头肌中IMF含量随着日龄的增长逐渐降低，且9月龄天府肉羊股二头肌中肌内脂肪含量极显著低于3月龄（$P<0.01$）。对A-FABP基因表达水平与IMF含量的相关性分析表明，在三个年龄阶段天府肉羊股二头肌中A-FABP基因的表达量与股二头肌中IMF含量表现为显著负相关（$P<0.05$，$r=-0.657$），提示该基因可作为天府肉羊肌肉品质的功能候选基因进行深入研究。

## 第三节　天府肉羊FAM134B基因克隆、序列分析及其与肌内脂肪含量的相关性分析

FAM134B（Family with sequence similarity134, member B）基因是近几年来新发

现的一个功能性基因。目前，国内外针对*FAM134B*这一新基因的研究还处于初始起步阶段，而且大多数关于*FAM134B*基因的研究主要集中在老鼠和人上，对于*FAM134B*基因在其他物种上的研究报道还较少。有研究表明，*FAM134B*基因对维持细胞内高尔基体正常的生理作用具有极其重要的意义，*FAM134B*基因的缺失会导致高尔基体转运修饰蛋白质和脂质功能的降低。高尔基体作为细胞中一个主要的细胞器，在脂肪和蛋白质的合成上担当着相当重要的作用。肌内脂肪（Intramuscular Fat，IMF）的沉积量在一定程度上决定了羊肉的品质，决定着羊肉的大理石纹、系水力、多汁性、剪切力、嫩度和口感等。由此提示，*FAM134B*基因的作用很有可能与脂肪沉积有关，值得深入研究。

为了进一步探究*FAM134B*基因的结构功能及其表达量对天府肉羊肉质的影响，本研究采用RT-PCR技术克隆天府肉羊*FAM134B*基因，对其生物信息学进行分析，并运用实时荧光定量PCR技术检测*FAM134B*基因mRNA在组织中的表达情况，分别对不同肌肉组织中*FAM134B*基因表达量与肌内脂肪含量进行关联分析，为筛选天府肉羊优质肉质性状的候选基因奠定试验基础。

## 一、试验材料与方法

### （一）试验材料

本试验以天府肉羊新品系作为研究对象，选择体况良好、健康、发育正常、饲养状况相同的3个日龄阶段的天府肉羊（90日龄、180日龄和270日龄）各3只，共9只。试验羊屠宰前停止喂食24 h后停止喂水2 h，屠宰后迅速采取半膜肌、股二头肌、股四头肌、三角肌、背最长肌、臀中肌、腓肠肌、臂三头肌样品，然后将所采集的样品分为两份装入对应标签的样品袋中，一份用锡箔纸包好后，立即置于-196 ℃液氮罐中，并立即带回实验室保存于-80 ℃超低温冰箱中，用于RNA的提取；另外一份放置于冰盒中带回实验室放置于-20 ℃冰箱中保存，用于肌内脂肪含量的测定。

### （二）试验方法

1. 引物设计

天府肉羊*FAM134B*基因全序列的引物设计与合成参考NCBIGenBanK山羊（Caprahircus，Acc.No.KF684947.1）、小鼠（*Mus musculus*；Acc.No.NM001034851.2）、人（*Homo sapiens*；Acc.No.NM001034850.2）的*FAM134B*基因保守序列，利用Primer Primer 5.0设计基因CDS区克隆引物，根据NCBIGenBank数据库中山羊（*Capra hircus*，Acc.No.KF684947.1）的*FAM134B*基因，利用Primer Primer 5.0设计天府肉羊

*FAM*134*B*基因定量引物（表3-14）。

表3-14　*FAM*134*B*基因引物信息

| 引物 | 引物序列（5′-3′） | 片段大小（bp） | 用途 |
| --- | --- | --- | --- |
| *FAM*134*B*-CDSF | 5′-ATGCCTGAAGGTGAAGA-3′ | 1 071 | 克隆引物 |
| *FAM*134*B*-CSDR | 5′-CTAATGGCCTCCGAGCAG-3′ | | |
| *FAM*134*B*-F | 5′-TAAGATTAGCCTCACCAC-3′ | 143 | 定量引物 |
| *FAM*134*B*-R | 5′-GTCGGTCAAGATCATCAG-3′ | | |

**2. RT-PCR扩增与基因克隆**

取出天府肉羊肌肉组织样品，提取组织总RNA，采用1.5%的琼脂糖凝胶电泳检测总RNA的质量，在凝胶成像系统进行拍照，观察总RNA条带的完整性，按照宝生物工程（大连）有限公司PrimeScip™ RT reagent Kit（DRR037A）反转录试剂盒说明书进行PCR反转录合成cDNA。以合成的cDNA为模板，进行PCR扩增。扩增完成后，进行胶回收。根据TaKaRa pMD™19-T Vector说明书，将含有目的片段的回收产物与pMD19-T载体进行连接，用DH-5α感受态细胞进行连接产物转化，对克隆产物进行测序。

**3. 荧光定量PCR**

以β-*actin*作为内参基因，根据*FAM*134*B*定量引物上下游$Tm$值设定温度梯度55~65 ℃，进行梯度qPCR来检测引物特异性。选取一个最适$Tm$值，将该$Tm$值扩增的产物作为标准样品以10倍梯度依次稀释至原浓度的$1 \times 10^{-1}$~$1 \times 10^{-7}$倍，然后进行qPCR扩增，绘制标准曲线。依据标准曲线的建立和扩增效率的结果，运行qPCR正式试验。每个组织进行3个生物学重复，保证数据的准确性。

**4. 肌内脂肪含量IMF的测定**

用脂溶性溶剂反复抽提肌肉样品，除去肌肉中所有脂肪，根据肌肉样品质量和剩余残渣质量的差值计算肌内脂肪含量。本试验，所有数据最后利用SPSS20软件的一般线性模型（GLM）程序对试验数据进行双因素分析，并用LSD法进行多重比较，结果用均值±标准误的形式表示。统计模型包括：日龄效应、肌肉效应、日龄与肌肉互作效应，$P<0.05$为差异显著，$P<0.01$为差异极显著。

## 二、试验结果与分析

### (一) FAM134B基因克隆与序列分析

FAM134B基因克隆产物测序。测序结果得到天府肉羊FAM134B基因cDNA序列全长为1 071 bp,共编码356个氨基酸。用Dnaman 6.0软件把测序所得FAM134B基因序列和其他生物基因序列进行对比显示(表3-15),天府肉羊FAM134B基因氨基酸序列与人、虎鲸、猪、牛和绵羊FAM134B基因编码氨基酸序列相似性分别为59.59%、92.42%、64.84%、96.63%和95.51%。

表3-15　各物种FAM134B基因信息

| 物种 | GeneBank登录号 | 核苷酸序列比对结果(%) | 氨基酸序列比对结果(%) |
|---|---|---|---|
| *Bos taurus* | NM001015672.2 | 96.73 | 96.63 |
| *Ovis aries* | XM012097152.2 | 96.64 | 95.51 |
| *Sus scrofa* | XM003483804.3 | 65.04 | 64.84 |
| *Homo sapiens* | XM011514053.2 | 58.61 | 59.59 |
| *Orcinus orca* | XM004274476.1 | 91.32 | 92.42 |

使用MEGE6.06软件构建FAM134B基因序列的分子进化树,结果表明(图3-7):天府肉羊FAM134B基因和绵羊以及牛的FAM134B基因的同源性最高,和人的FAM134B基因的同源性最低。

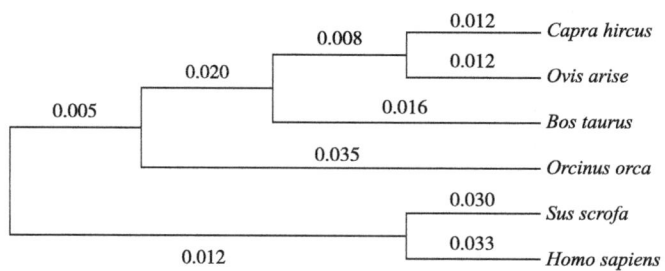

图3-7　FAM134B基因分子进化树

### (二) FAM134B基因荧光定量PCR结果

1. PCR检测及其标准曲线

检测显示,扩增产物条带长度和预计相符。对比结果显示,FAM134B、β-actin

基因的扩增结果曲线都是单纯的波峰，没有非特异性扩增的存在。在浓度$10^{-1} \sim 10^{-7}$的梯度内构建*FAM*134*B*基因以及β-*actin*基因的标准曲线。本试验的*FAM*134*B*基因（$R^2=0.997$，Efficiency=91.0%）、β-*actin*基因（$R^2=0.998$，Eficiency=95.6%）的扩增效率良好，所得到*Ct*值可以正确地表示*FAM*134*B*基因、β-*actin*基因的mRNA表达状况。

2. *FAM*134*B*基因mRNA表达水平

为了探究天府肉羊*FAM*134*B*基因在各个年龄阶段的各肌肉部位中的表达情况，运用荧光定量PCR分别对9月龄、6月龄、3月龄（各3只羊作为生物学重复）天府肉羊的股二头肌、股四头肌、臂三头肌、腓肠肌、三角肌、背最长肌、臀中肌和半膜肌8个部位肌肉的*FAM*134*B*基因mRNA表达量进行分析。结果显示（图3-8）：*FAM*134*B*基因在天府肉羊不同年龄阶段肌肉细胞中都存在表达，背最长肌中*FAM*134*B*基因mRNA表达量呈先下降再上升的趋势。半膜肌中*FAM*134*B*基因mRNA表达量在6～9月龄显著升高（$P<0.05$），背最长肌中*FAM*134*B*基因mRNA表达量在6～9月龄极显著升高（$P<0.01$），其他部位肌肉组织细胞中*FAM*134*B*基因mRNA表达量变化都不显著；三角肌和腓肠肌中*FAM*134*B*基因mRNA表达量表现出先上升再下降的趋势，6月龄时表达量最高，其中*FAM*134*B*基因mRNA表达量6～9月龄显著降低（$P<0.05$）；臀中肌中*FAM*134*B*基因mRNA的表达量变化不明显，3月龄、6月龄、9月龄的表达量几乎没有改变；通过对9月龄天府肉羊*FAM*134*B*基因在不同肌肉部位中的表达情况进行检测，结果显示：*FAM*134*B*基因mRNA在背最长肌肉细胞中的表达量极显著（$P<0.01$）高于其他肌肉部位，且只有背最长肌在9月龄时*FAM*134*B*基因mRNA的表达量比起3月龄和6月龄极显著（$P<0.01$）升高。总体来看，3个年龄阶段的育成羊不同部位的肌肉受*FAM*134*B*基因影响最大的是背最长肌，其随着年龄的增长表达量随之增长，9月龄的表达量急剧上升。

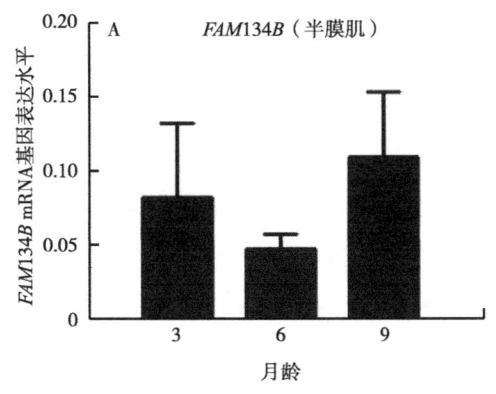
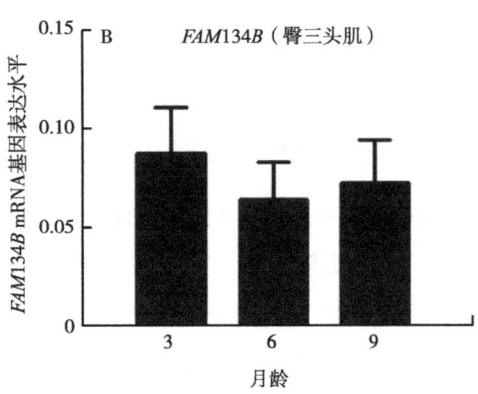

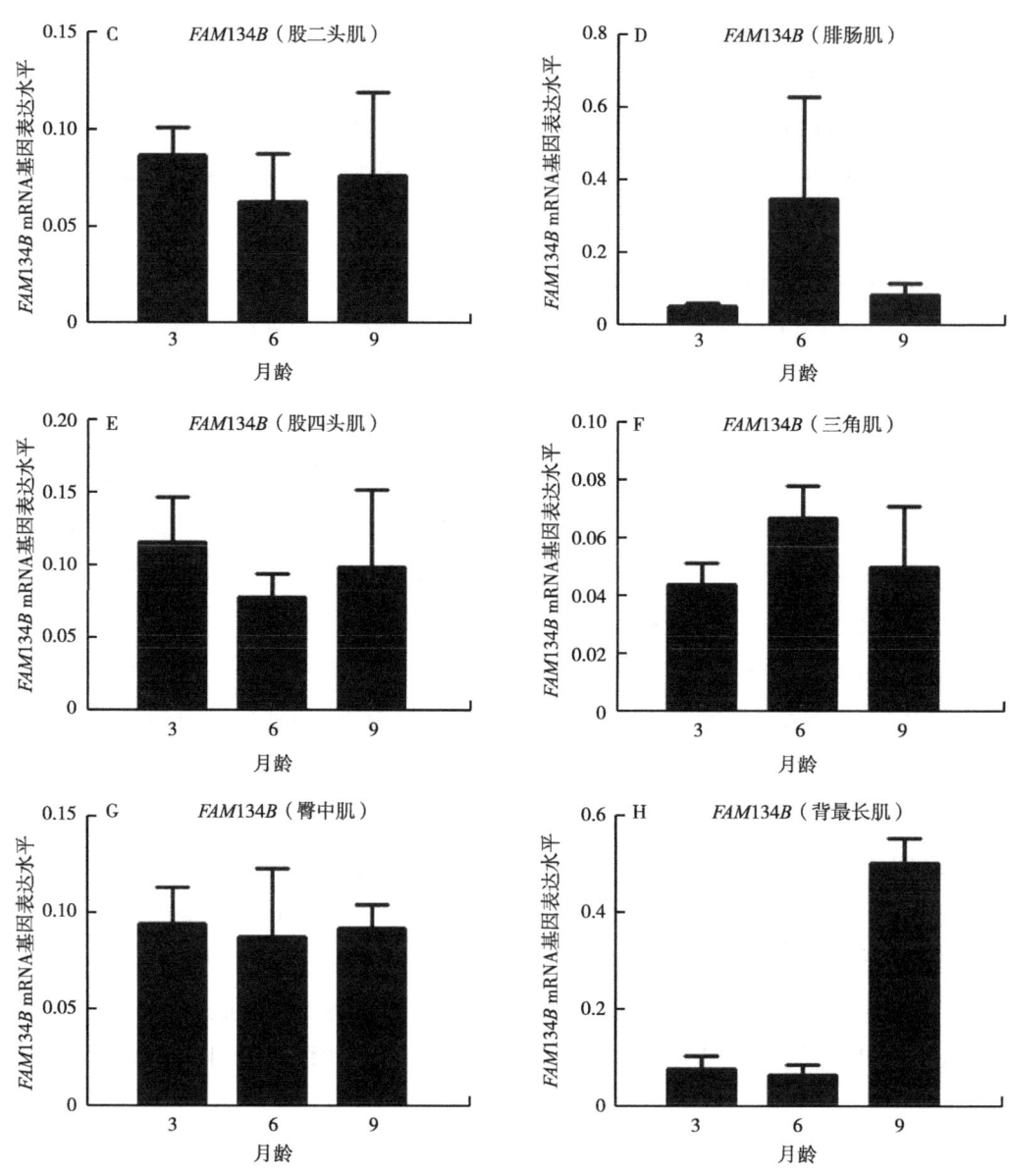

图3-8 **FAM134B**基因在不同月龄不同肌肉组织的相对表达量

## (三) 天府肉羊肌肉肌内脂肪含量

采用残余法分别对3月龄、6月龄和9月龄（各3只羊作为生物学重复）天府肉羊的股二头肌、股四头肌、臂三头肌、腓肠肌、三角肌、背最长肌、臀中肌和半膜肌8个部位肌肉中肌内脂肪含量进行测定分析，结果显示（图3-9、表3-16）：随着日龄的增长，肌内脂肪在半膜肌、腓肠肌和背最长肌中的含量逐渐升高，且9月龄天府肉羊的肌内脂肪含量极显著高于3月龄（$P<0.01$）。在股二头肌中肌内脂肪含量随着日龄的增长

逐渐降低，且9月龄天府肉羊股二头肌中肌内脂肪含量极显著低于3月龄（$P<0.01$）。在臂三头肌和三角肌中，肌内脂肪含量随年龄的增长呈先下降后上升的趋势。在股四头肌和臀中肌中，肌内脂肪含量随年龄的增长呈先上升后下降的趋势。

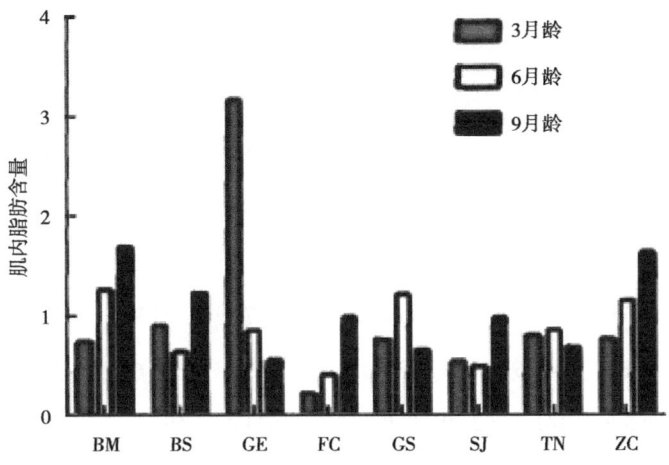

**图3-9　各月龄阶段不同肌肉部位中肌内脂肪含量**

注：BM，半膜肌；BS，臂三头肌；GE，股二头肌；FC，腓肠肌；GS，股四头肌；SJ，三角肌；TZ，臀中肌；ZC，背最长肌。

**表3-16　各月龄阶段不同肌肉部位肌内脂肪含量**

| 样品名称 | 皿重 | 肉重 | 烘干后总重 | 初水含量（%） | 脂肪样重（g） | 烘干2h后重（g） | 抽提恒重（g） | 烘干样品粗脂肪含量（%） | 换算含水分样粗脂肪含量（%） |
|---|---|---|---|---|---|---|---|---|---|
| T33股二头 | 6.2799 | 5.4259 | 7.6026 | 75.6225 | 1.0457 | 1.6732 | 1.5376 | 12.9674 | 3.1611 |
| T33四头 | 6.2776 | 4.7233 | 7.4355 | 75.4854 | 1.1268 | 1.7792 | 1.7438 | 3.1416 | 0.7702 |
| T33腓肠 | 6.9385 | 1.9723 | 7.4048 | 76.3576 | 0.4659 | 1.2824 | 1.2779 | 0.9659 | 0.2284 |
| T33三头 | 6.2780 | 3.4601 | 7.0868 | 76.6250 | 0.7730 | 1.5786 | 1.5485 | 3.8939 | 0.9102 |
| T33三角 | 6.9458 | 3.8729 | 7.8267 | 77.2548 | 0.8473 | 1.5503 | 1.5301 | 2.3840 | 0.5423 |
| T33最长 | 6.9478 | 4.6026 | 8.0475 | 76.1070 | 1.0183 | 1.6834 | 1.6502 | 3.2603 | 0.7790 |
| T33臀中 | 6.2933 | 3.0118 | 7.0200 | 75.8716 | 0.7209 | 1.4756 | 1.4514 | 3.3569 | 0.8100 |
| T33半膜 | 6.9630 | 2.5427 | 7.5349 | 77.5082 | 0.5847 | 1.2938 | 1.2745 | 3.3008 | 0.7424 |
| T61三角 | 6.0651 | 4.4972 | 7.0860 | 77.2992 | 0.9967 | 1.7613 | 1.7394 | 2.1973 | 0.4988 |
| T61臀中 | 6.0691 | 4.3945 | 7.1094 | 76.3272 | 1.0061 | 1.7529 | 1.7161 | 3.6577 | 0.8659 |
| T61二头 | 6.2849 | 4.5001 | 7.3460 | 76.4205 | 1.0234 | 1.7195 | 1.6822 | 3.6447 | 0.8594 |

（续表）

| 样品名称 | 皿重 | 肉重 | 烘干后总重 | 初水含量（%） | 脂肪样重（g） | 烘干2h后重（g） | 抽提恒重（g） | 烘干样品粗脂肪含量（%） | 换算含水分样粗脂肪含量（%） |
|---|---|---|---|---|---|---|---|---|---|
| T61腓肠 | 6.705 6 | 1.623 8 | 7.082 2 | 76.807 5 | 0.367 7 | 0.974 9 | 0.968 3 | 1.794 9 | 0.416 3 |
| T61最长 | 6.939 9 | 2.619 2 | 7.552 5 | 76.611 2 | 0.605 0 | 1.419 7 | 1.389 6 | 4.975 2 | 1.163 6 |
| T61半膜 | 6.710 3 | 4.586 6 | 7.760 6 | 77.100 7 | 1.034 4 | 1.657 7 | 1.600 5 | 5.529 8 | 1.266 3 |
| T61四头 | 6.716 6 | 3.707 6 | 7.604 3 | 76.057 3 | 0.891 1 | 1.662 8 | 1.617 5 | 5.083 6 | 1.217 2 |
| T61三头 | 6.279 0 | 4.694 7 | 7.397 4 | 76.177 4 | 1.076 6 | 1.714 2 | 1.685 3 | 2.684 4 | 0.639 5 |
| T91股二头 | 6.707 3 | 5.216 5 | 7.965 2 | 75.886 1 | 1.027 0 | 1.747 4 | 1.723 8 | 2.298 0 | 0.554 1 |
| T91腓肠 | 6.280 2 | 4.291 0 | 7.342 6 | 75.241 2 | 1.011 0 | 1.659 2 | 1.618 6 | 4.015 8 | 0.994 3 |
| T91最长 | 6.060 4 | 3.405 6 | 7.341 2 | 62.391 4 | 0.873 2 | 1.634 4 | 1.596 1 | 4.386 2 | 1.649 6 |
| T91四头 | 6.942 8 | 3.149 9 | 7.714 2 | 75.510 3 | 0.765 3 | 1.499 5 | 1.478 9 | 2.691 8 | 0.659 2 |
| T91三角 | 6.289 8 | 2.702 2 | 6.924 5 | 76.511 7 | 0.610 0 | 1.244 1 | 1.218 4 | 4.213 1 | 0.989 6 |
| T91臀中 | 6.943 3 | 2.477 6 | 7.592 5 | 73.797 2 | 0.636 9 | 1.407 6 | 1.390 8 | 2.637 8 | 0.691 2 |
| T91半膜 | 6.060 9 | 2.663 4 | 6.724 8 | 75.073 2 | 0.662 3 | 1.350 5 | 1.305 4 | 6.809 6 | 1.697 4 |
| T91三头 | 6.953 6 | 2.726 0 | 7.657 5 | 74.178 3 | 0.704 8 | 1.308 9 | 1.275 3 | 4.767 3 | 1.231 0 |

### （四）天府肉羊 *FAM134B* 基因与 IMF 含量的相关性分析

分析结果显示（表3-17），天府肉羊背最长肌中 *FAM134B* 基因表达量与背最长肌中 IMF 含量表现为显著正相关（$P<0.05$，$r=0.991$）；半膜肌、臂三头肌、腓肠肌、股二头肌、股四头肌、臀中肌、三角肌中 *FAM134B* 基因表达量与其 IMF 含量的相关系数分别为 0.389、0.292、-0.187、0.760、-0.713、-0.45、0.867，但是差异均表现为不显著（$P>0.05$）。

表3-17 天府肉羊 *FAM134B* 基因表达量与 IMF 含量的相关性分析

| 组织 | | | 肌内脂肪含量 | *FAM134B* 表达量 |
|---|---|---|---|---|
| BM | 肌内脂肪含量 | Pearson相关性 | 1 | 0.389 |
| | | 显著性（双尾） | | 0.746 |
| | *FAM134B* | Pearson相关性 | 0.389 | 1 |
| | | 显著性（双尾） | 0.746 | |

（续表）

| 组织 | | | 肌内脂肪含量 | FAM134B表达量 |
|---|---|---|---|---|
| BS | 肌内脂肪含量 | Pearson相关性 | 1 | 0.292 |
| | | 显著性（双尾） | | 0.812 |
| | FAM134B | Pearson相关性 | 0.292 | 1 |
| | | 显著性（双尾） | 0.812 | |
| FC | 肌内脂肪含量 | Pearson相关性 | 1 | −0.187 |
| | | 显著性（双尾） | | 0.880 |
| | FAM134B | Pearson相关性 | −0.187 | 1 |
| | | 显著性（双尾） | 0.880 | |
| GE | 肌内脂肪含量 | Pearson相关性 | 1 | 0.760 |
| | | 显著性（双尾） | | 0.451 |
| | FAM134B | Pearson相关性 | 0.760 | 1 |
| | | 显著性（双尾） | 0.451 | |
| GS | 肌内脂肪含量 | Pearson相关性 | 1 | −0.713 |
| | | 显著性（双尾） | | 0.494 |
| | FAM134B | Pearson相关性 | −0.713 | 1 |
| | | 显著性（双尾） | 0.494 | |
| ZC | 肌内脂肪含量 | Pearson相关性 | 1 | 0.991* |
| | | 显著性（双尾） | | 0.032 |
| | FAM134B | Pearson相关性 | 0.991* | 1 |
| | | 显著性（双尾） | 0.032 | |
| TZ | 肌内脂肪含量 | Pearson相关性 | 1 | −.450 |
| | | 显著性（双尾） | | 0.703 |
| | FAM134B | Pearson相关性 | −0.450 | 1 |
| | | 显著性（双尾） | 0.703 | |
| SJ | 肌内脂肪含量 | Pearson相关性 | 1 | 0.867 |
| | | 显著性（双尾） | | 0.332 |
| | FAM134B | Pearson相关性 | 0.867 | 1 |
| | | 显著性（双尾） | 0.332 | |

注：*表示具有统计学相关（$P<0.05$）。BM—半膜肌；BS—臂三头肌；GE—股头肌；FC—腓肠肌；GS—股四头肌；SJ—三角肌；TZ—臀中肌；ZC—背最长肌。

## 三、主要研究结论

本研究以天府肉羊为试验对象，采用RT-PCR技术克隆天府肉羊FAM134B基因，并对其序列进行生物信息学比对分析，运用实时荧光定量PCR技术检测*FAM134B*基因mRNA的表达情况，分别对不同肌肉组织中*FAM134B*基因表达量与肌内脂肪含量进行关联分析，获得了天府肉羊*FAM134B*基因的编码区序列，长度1 071 bp，编码356个氨基酸；系统进化树分析表明天府肉羊FAM134B氨基酸序列分别和牛与绵羊的氨基酸序列有较强的相似度。

通过采用RT-qPCR方法分析*FAM134B*基因在3月龄、6月龄、9月龄天府肉羊的8个肌肉组织中的表达量，结果显示：*FAM134B*基因在3月龄、6月龄、9月龄天府肉羊8个肌肉部位中均有表达，在9月龄天府肉羊背最长肌中相对表达水平最高，在各年龄阶段三角肌中相对表达水平最低；采用残余法分析测定90日龄、180日龄和270日龄天府肉羊8个肌肉组织中肌内脂肪含量，结果表明，随着日龄的增长，肌内脂肪在半膜肌、腓肠肌和背最长肌中的含量逐渐升高，且9月龄天府肉羊的IMF含量极显著高于3月龄（$P<0.01$）。在股二头肌中IMF含量随着日龄的增长逐渐降低，且9月龄天府肉羊股二头肌中肌内脂肪含量极显著低于3月龄（$P<0.01$）。对*FAM134B*基因表达水平与IMF含量的相关性分析表明，在三个年龄阶段天府肉羊背最长肌中*FAM134B*基因表达量与IMF含量表现为显著正相关（$P<0.05$，$r=0.991$），提示该基因可作为天府肉羊肌肉品质的功能候选基因进行深入研究。

## 第四节　天府肉羊*PID1*基因克隆、组织表达及其与肌内脂肪含量关系研究

磷酸酪氨酸互作结构域1（*PID1*）是近年来发现的多物种多组织广泛表达的新基因，高表达于与脂肪代谢有关的组织，作为一种信号分子在细胞生长和成脂过程中起调节作用。大量研究表明：*PID1*的高表达现象，与畜禽屠宰率、失水率、系水力、背最长肌色值、股二头肌色值、肌内水分和肌内脂肪存在一定的关系。本研究以天府肉羊为试验材料，克隆天府肉羊*PID1*基因的cDNA序列，采用实时荧光定量PCR技术研究其在天府肉羊不同时期不同组织的表达规律，探讨其发育性表达模式；同时采用蛋白免疫印迹技术（Western Blotting）检测PID1蛋白的表达水平，测定天府肉羊肌内脂肪的发育变化情况，并结合基因表达量与肌内脂肪的关联性分析探讨天府肉羊肌内脂肪沉积规律，为进一步研究这该基因及其编码产物对天府肉羊生长发育的调控机制提供试验依据。

# 一、试验材料与方法

## （一）试验材料

本试验采用同等饲养条件、4个月龄阶段体况中等、健康的天府肉羊公羊20只（3月龄、6月龄、9月龄和12月龄各5只），宰前禁食24 h，停水2 h，采用常规方法屠宰后，立即采取所有羊只的背最长肌样放入冰盒；另对3月龄和12月龄羊采集心脏、肝脏、脾脏、肺脏、肾脏、腓肠肌、腹肌（腹直肌）和背最长肌肉样，迅速置于液氮中，立即带回实验室中于-80 ℃低温冰箱中保存备用；冰盒中的背最长肌带回实验室中保存在-20 ℃的冰箱内，以备测其肌内脂肪含量。

## （二）试验方法

### 1. 基因引物设计

根据哺乳动物相同基因序列保守性原则，选择NCBI在线数据库中绵羊、牛和猪的 *PID*1基因序列作为参考，设计本试验所需的克隆引物，克隆得到 *PID*1基因全长CDS区以后再根据其序列设计定量引物，选择 *GAPDH*（甘油醛-3-磷酸脱氢酶）作为内参并设计出内参引物。利用软件Primer 5.0与DNAman 6.0进行引物设计，经分析、筛选后确定的基因的引物见表3-18。

表3-18 *PID*1和 *GAPDH* 基因引物信息

| 基因 | 引物名称 | 序列（5′-3′） | 片段长度（bp） | NCBI登录号 | 用途 |
| --- | --- | --- | --- | --- | --- |
| *PID*1 | *PID*1-F | 5′-GCCAGCAGTCATCTTCCAT-3′ | 197 | JN257257 | 荧光定量 |
|  | *PID*1-R | 5′-ACGTCTTCTCGGGCTAGTGT-3′ |  |  |  |
| *GAPDH* | *GAPDH*-F | 5′-GCAAGTTCCACGGCACAG-3′ | 118 | AJ431207 | 定量对照 |
|  | *GAPDH*-R | 5′-TCAGCACCAGCATCACCC-3′ |  |  |  |
| *PID*1 | *PID*1-f | 5′-CCCCGCGGCTGGAAGATGTG-3′ | 896 | JN257257 | 克隆 |
|  | *PID*1-R | 5′-TCCACACTCCCACCCTCCTCA-3′ |  |  |  |

### 2. RT-PCR扩增与基因克隆

提取组织总RNA，用1.5%普通琼脂糖凝胶电泳检测其质量，通过凝胶成像观察条带的完整性；用核酸蛋白分析仪测定其浓度，读取OD值，分析RNA的纯度，加入适量的DEPC水稀释为1 μg/μL备用。按照宝生物工程（大连）有限公司M-MLV反转录试剂盒说明书进行反转录合成cDNA。以cDNA为模板，进行PCR克隆目的基因，并将PCR产物通过1.5%的琼脂糖凝胶进行检测。按照上海生工生物技术有限公司胶回收试剂盒说明书中操作步骤回收PCR产物。以 E. coli JM109菌制备感受态细胞，将含有目的基因的PCR产物与pMD19-T载体连接，在 E. coli 感受态细胞中进行连接物的转化培养。通过蓝白斑筛选克隆转化体，挑选白色阳性克隆送北京六合华大生物有限公司进行测序。

3. 荧光定量PCR

制作标准品，在Bio-Radiq5进行荧光定量PCR；在反应过程中，用无菌水代替cDNA样品的空白管作为阴性对照，对照组同样设置3个平行样；每个目的基因样品的表达均以 GAPDH 基因为对照。将回收得到的DNA溶液，用EASYDilution（TaKaRa公司）依次稀释成$1\times10^{-1}\sim1\times10^{-7}$共7个浓度进行扩增，制作标准曲线，进行计算目的基因表达量。

4. 蛋白免疫印迹

提取总蛋白，测定蛋白含量，进行SDS-PAGE电泳，待电泳结束后，进行切胶，制备PVDF膜，按滤纸、PVDF膜、凝胶和滤纸的夹层顺序将滤纸和PVDF膜铺在转膜仪上进行转膜，将转膜完成的PVDF膜移至封闭液的平皿中，进行孵育封闭；再分别进行一抗孵育、二抗孵育，用凝胶成像仪进行显影反应和拍照。用凝胶图像处理系统分析目标带的分子量和净光密度值。

5. 测定肌内脂肪

将定量滤纸烘干称重，将背最长肌样品切碎后用烘干的滤纸包裹并称重，经65 ℃烘干15 h以上，直至重量没有变化为止；将烘干后的滤纸包放入索氏抽提瓶中，倒入无水乙醚浸泡12 h以上，打开乙醚回流装置，40 ℃回流12 h以上；从索氏抽提瓶中取出滤纸包，分摊在洁净的盘中，在通风橱中放置30 min，使乙醚充分挥发；将纸包再次105 ℃烘干2 h以上，直至其重量没有变化为止；肌内脂肪含量用抽提总脂重量占烘干后样品中（65 ℃烘干15 h）的百分比表示。

## 二、试验结果与分析

### （一）PID1基因克隆与序列分析

1. PID1基因克隆测序

用天府肉羊腹肌组织提取出的RNA，经反转录后，以cDNA为模板进行普通PCR后，结果可得850 bp左右的 PID1 基因片段。将经电泳检测后证实为阳性克隆的菌液送北京六合华大有限公司测序。

测序结果得到 PID1 基因含全长编码区序列的cDNA长为896 bp，通过NCBI的在线ORFFinder得到最长的开放阅读框为654 bp，总共编码217个氨基酸。利用DNAman 6.0

软件比对PID1基因与其他物种的相似性，结果表明：克隆的基因即为天府肉羊PID1基因，将序列提交至GenBank数据库，得到的登录号JN257257。

2. PID1序列比对结果

利用软件对PID1编码区序列进行比对，结果显示：天府肉羊（TianfuGoat）与牛属（Bos）、猪属（Sus）、人属（Homo）、小鼠属（Mus）、猕猴属（Macacas）、大鼠属（Rattus）、大熊猫属（Ailuropoda）、家兔属（Oryctolagus）和马属（Equus）的核苷酸序列的相似性分别为97%、94%、93%、89%、92%、89%、92%、91%和93%；而与之对应的翻译后氨基酸的相似性则分别为98%、98%、97%、96%、97%、97%、93%、96%、97%。比对结果显示，各物种的PID1氨基酸序列中，在牛和天府肉羊之间，除了N-末端比牛属多14个氨基酸外，仅有第71位上的氨基酸不同（天府肉羊为精氨酸，牛为谷氨酰胺）。

3. PID1基因进化树的构建

从NCBI的GenBank数据库下载牛属、猪属、马属等现有物种的PID1基因CDs区编码的氨基酸序列，结合本试验克隆获得的PID1基因的CDs区编码的氨基酸序列，用MEGA 4.0软件以p-distance模型构建PID1氨基酸序列的NJ分子系统发育树，结果表明，PID1基因与其他物种的进化关系与传统的经典分类方法所得到的分类一致，天府肉羊PID1基因与反刍动物牛的关系最近，再与猪、人，猴、犬等哺乳动物聚为一支，然后与鸡和鹅、火鸡聚为一支，非洲树蛙与鲐聚为一支，鱼类聚为一支。

4. PID1蛋白理化性质

利用Expasy在线平台的ProtParam程序对PID1蛋白进行分析（表3-19），PID1的氨基酸分子量为28.87 kDa，理论等电点（pI）为6.45；带负电氨基酸总数（Asp+Glu）为29个，带正电荷的残基总数（Arg+Lys）为26个，表示这个蛋白可能带负电荷，序列N-端残基为Met，蛋白在体外的活性时间大概为30 h。经过软件计算，这个蛋白的不稳定系数为48.30，表明这个蛋白在理化性质上是不稳定的。

表3-19 天府肉羊PID1蛋白的氨基酸组成

| 氨基酸 | 数量（个） | 比例（%） | 氨基酸 | 数量（个） | 比例（%） |
| --- | --- | --- | --- | --- | --- |
| Ala（A） | 17 | 7.8 | Arg（R） | 9 | 4.1 |
| Asn（N） | 6 | 2.8 | Asp（D） | 10 | 4.6 |
| Cys（C） | 6 | 2.8 | Gln（Q） | 8 | 3.7 |
| Glu（E） | 19 | 8.8 | Gly（G） | 7 | 3.2 |
| His（H） | 12 | 5.5 | Ile（I） | 8 | 3.7 |

（续表）

| 氨基酸 | 数量（个） | 比例（%） | 氨基酸 | 数量（个） | 比例（%） |
| --- | --- | --- | --- | --- | --- |
| Leu（L） | 20 | 9.2 | Lys（K） | 17 | 7.8 |
| Met（M） | 9 | 4.1 | Phe（F） | 9 | 4.1 |
| Pro（P） | 10 | 4.6 | Ser（S） | 13 | 6.0 |
| Thr（T） | 17 | 7.8 | Trp（W） | 4 | 1.8 |
| Tyr（Y） | 4 | 1.8 | Val（V） | 12 | 5.5 |

采用软件NetPhos 2.0和NetPhos 1.0预测天府肉羊PID1氨基酸序列上磷酸化位点，结果显示PID1氨基酸序列含有15个磷酸化位点，其中11个Ser磷酸化位点、3个Thr磷酸化位点、1个Tyr磷酸化位点和9个特异性蛋白激酶C（Protein kinase C，PKC）磷酸化位点。

利用在线预测软件ExPASy Proteomics Server的protscale预测天府肉羊PID1蛋白的疏水性，分析发现天府肉羊PID1蛋白大多数氨基酸是亲水性的。

利用在线预测软件ExPASy Proteomics Server的SignalP-4.1预测天府肉羊PID1蛋白的信号肽，结果发现PID1蛋白无信号肽序列，表明天府肉羊PID1氨基酸为非分泌型蛋白。

利用ExPASy提供的在线跨膜区结构预测软TMHMM-2分析发现PID1不是跨膜蛋白，进一步分析结果显示，PID1蛋白的氨基酸序列6.5%存在于核质中，11.5%存在于胞质中，11.0%存在于线粒体中，9.0%存在于细胞外。

分别用NetOGlyc 3.1和NetNGlyc 1.0预测天府肉羊PID1蛋白糖基化位点，预测结果显示：PID1蛋白没有预测到N-糖基化位点和O-糖基化位点。

通过HNN在线二级结构预测服务器，对PID1氨基酸序列进行二级结构预测，氨基酸序列中，α-螺旋占36.41%；无规则卷曲占49.31%、延伸片段占14.29%，以α-螺旋及无规则卷曲为主。

蛋白质功能结构域预测：SMART在线结构域预测软件进行蛋白质结构域查找与分析，预测结果显示，天府肉羊PID1蛋白序列中含有一个PTB功能结构域，位于从第53位至第199位氨基酸序列。

三级结构预测：根据人类的FE65-PTB1结构域（PDB编号：3D8D_B）为模板得到天府肉羊的PID1蛋白的3D结构，结果显示：PID1蛋白3D结构包括两个α-螺旋为主，10个延伸片段和10个无规则卷曲。

## （二）*PID*1基因荧光定量PCR结果

1. 引物正确性验证

以天府肉羊的背最长肌组织cDNA为模板，用定量引物进行PCR扩增，经1.5%的凝胶检测，结果出现单一性的条带，没有其他杂带，大小与设计的引物片段大小一致，确定了目的基因和内参基因定量引物的准确性和特异性，可进行下一步荧光定量试验。

**2. *PID*1目的基因与内参基因的熔解曲线和标准曲线**

PCR反应结束后将温度从52 ℃渐渐升高，检测荧光信号强度，得到*PID*1和内参基因*GAPDH*的熔解曲线。结果表明：基因扩增产物的熔解曲线均为单峰曲线。说明在荧光定量PCR扩增过程中，扩增信号均为特异信号，没有非特异产物和引物二聚体形成。*PID*1和*GAPDH*的标准曲线均在模板浓度梯度为$10^{-1} \sim 10^{-7}$的范围内构建，*GAPDH*基因一致系数$R^2=0.996$，Efficiency=97.7%；*PID*1基因一致系数$R^2=0.989$，Efficiency=96.3%，标准曲线的扩增效率在理想的90%~105%的范围内，可信度较高，说明试验得到的$Ct$值能准确确定起始cDNA拷贝数。

**3. *PID*1基因在组织中的表达情况**

对12月龄天府肉羊组织中*PID*1基因表达情况进行检测（图3-10、表3-20），*PID*1基因在肝脏中表达量最为丰富，与腓肠肌、腹肌和背最长肌差异显著（$P<0.05$），均极显著高于内脏各组织（$P<0.01$）；内脏中，心脏的表达量最高，与肾脏差异不显著（$P>0.05$），肾脏显著高于肺脏（$P<0.05$），肺脏与脾脏之间差异不显著（$P>0.05$）；在4个月龄阶段，背最长肌中*PID*1基因随着年龄的增加，其表达量也呈现上升趋势，12月龄表达量最高，表达量极显著高于3月龄、6月龄、9月龄（$P<0.01$），6月龄显著高于3月龄的表达量（$P<0.05$），3月龄和9月龄之间差异不显著（$P>0.05$）（图3-11）。

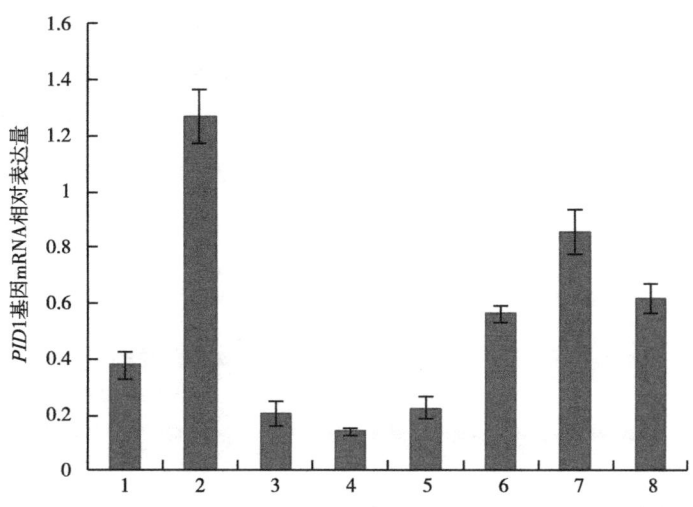

**图3-10　12月龄时*PID*1基因在天府肉羊各组织中的表达量**

注：1~8代表的是心脏、肝脏、脾脏、肺脏、肾脏、腓肠肌、腹肌和背最长肌

表3-20　12月龄天府肉羊各组织中 *PID1* 基因的相对表达量

| 组织 | 心脏 | 肝脏 | 脾脏 | 肺脏 | 肾脏 | 腓肠肌 | 腹肌 | 背最长肌 |
|---|---|---|---|---|---|---|---|---|
| 表达量 | 0.377 ± 0.046$^{Bc}$ | 1.269 ± 0.098$^{Aa}$ | 0.206 ± 0.043$^{Bd}$ | 0.139 ± 0.011$^{Bd}$ | 0.225 ± 0.042$^{Bc}$ | 0.563 ± 0.029$^{Ab}$ | 0.858 ± 0.079$^{Ab}$ | 0.620 ± 0.052 3$^{Ab}$ |

注：同行上标大写字母不同表示差异极显著（$P<0.01$），大写字母相同，小写字母不同表示差异显著（$P<0.05$），大写字母相同，小写字母相同表示差异不显著（$P>0.05$）。

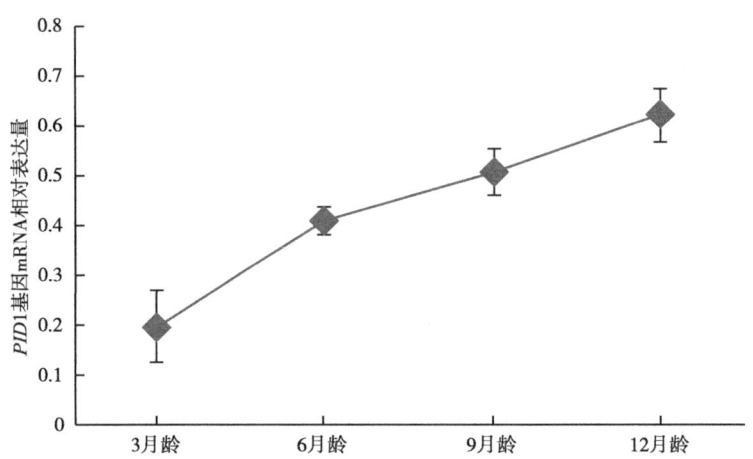

图3-11　4个月龄阶段 *PID1* 基因在天府肉羊背最长肌中的相对表达量

### （三）PID1蛋白表达差异

提取天府肉羊12月龄时期的心脏、肝脏、脾脏、肺脏、肾脏、腓肠肌、腹肌和背最长肌组织样品的总蛋白，选用特异性的抗体PID1和内参GAPDH抗体，采用Western Blotting方法进一步分析PID1蛋白在不同组织和同一时期的表达，结果在心脏、肺脏、肾脏、腓肠肌、腹肌和腓肠肌均检测 *PID1* 表达信号，而肝脏和脾脏未见表达（图3-12）。

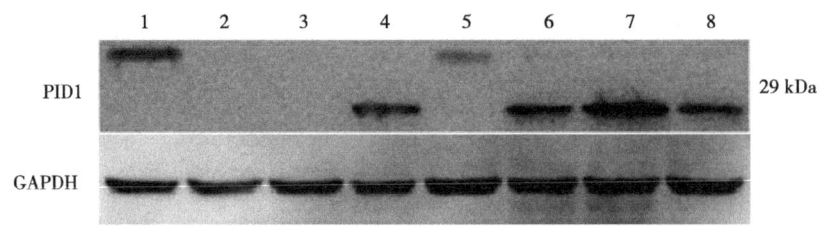

图3-12　天府肉羊PID1蛋白在12月龄时8个组织的表达图谱

注：1~8代表的是心脏、肝脏、脾脏、肺脏、肾脏、腓肠肌、腹肌和背最长肌。

利用凝胶定量分析软件Gel-ProAnalyzer，检测各条带的累积光密度（Integrated

option density，IOD）值，用目标蛋白的IOD值除以内参的IOD值以校正误差，所得结果代表样品目标蛋白的相对含量（图3-13）。

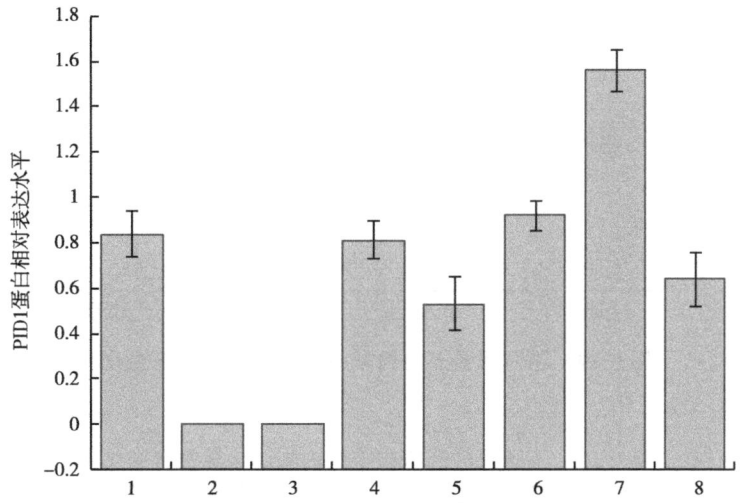

**图3-13 天府肉羊PID1蛋白12月龄时8个组织的相对表达量**

注：1～8代表的是心脏、肝脏、脾脏、肺脏、肾脏、腓肠肌、腹肌和背最长肌。

灰度扫描结果显示，所有表达组织中，腹肌中PID1蛋白的表达量最高，与其他组织差异极其显著（$P<0.01$），心脏、肺脏、腓肠肌和背最长肌之间差异显著（$P<0.05$），肾脏中表达量最低（表3-21）。

**表3-21 12月龄天府肉羊各组织中PID1蛋白的相对表达量**

| 组织 | 心脏 | 肝脏 | 脾脏 | 肺脏 | 肾脏 | 腓肠肌 | 腹肌 | 背最长肌 |
| --- | --- | --- | --- | --- | --- | --- | --- | --- |
| 表达量 | $0.837 \pm 0.102^{Ba}$ | 0 | 0 | $0.810 \pm 0.083^{Ba}$ | $0.531 \pm 0.117^{Bc}$ | $0.917 \pm 0.063^{Ba}$ | $1.557 \pm 0.094^{A}$ | $0.638 \pm 0.116^{Bb}$ |

注：同行上标大写字母不同表示差异极显著（$P<0.01$），大写字母相同、小写字母不同表示差异显著（$P<0.05$），大写字母相同、小写字母相同表示差异不显著（$P>0.05$）。

## （四）天府肉羊背最长肌肌内脂肪含量的发育性变化

取3月龄、6月龄、9月龄和12月龄天府肉羊背最长肌样品，用索氏抽提法进行脂肪含量测定，每个样品设5个重复，结果表明（图3-14、表3-22）：天府肉羊背最长肌的肌内脂肪含量在检测的4个月龄阶段中，随着月龄增加肌内脂肪含量持续上升，且在各月龄间的差异显著（$P<0.05$）；以12月龄为对照，天府肉羊背最长肌肌内脂肪在3～6月龄增长较为缓慢；在6～12月龄一直保持较高的增长率，且差异极显著（$P<0.01$）；12月龄时，背最长肌肌内脂肪含量维持在一个较高水平，且没有出现增加的趋势。

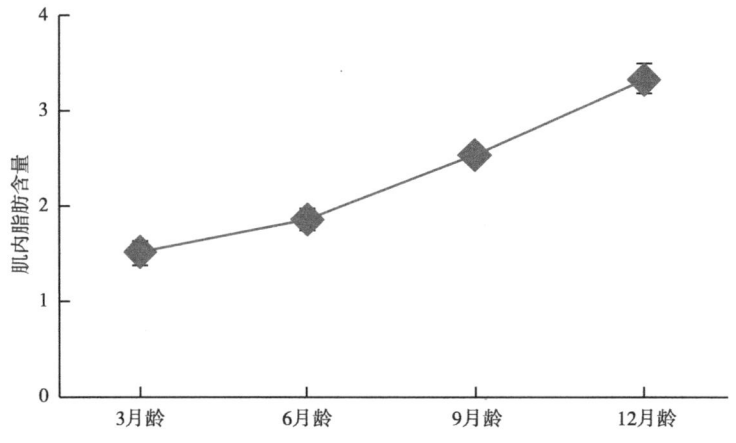

**图3-14 不同月龄天府肉羊肌内脂肪含量发育变化**

表3-22 不同月龄天府肉羊肌内脂肪含量发育变化

| 月龄 | 样本数 | 肌内脂肪含量 |
| --- | --- | --- |
| 3 | 5 | $1.51^{Cd} \pm 0.12$ |
| 6 | 5 | $1.87^{Cc} \pm 0.11$ |
| 9 | 5 | $2.53^{B} \pm 0.07$ |
| 12 | 5 | $3.34^{A} \pm 0.16$ |

注：同行上标大写字母不同表示差异极显著（$P<0.01$），大写字母相同、小写字母不同表示差异显著（$P<0.05$），大写字母相同、小写字母相同表示差异不显著（$P>0.05$）。

### （五）基因表达量与肌内脂肪的关系

应用统计学软件SPSS 11.0对天府肉羊 PID1 基因表达量与IMF含量的相关分析表明：天府肉羊 PID1 基因mRNA的表达量在3~12月龄时与肌内脂肪含量呈极显著正相关，相关系数为0.943。

## 三、主要研究结论

本研究运用RT-PCR结合克隆测序方法分别获得了天府肉羊 PID1 基因的全编码序列。结果表明，PID1 基因序列长896 bp包括654 bp的编码区，编码217个氨基酸，序列提交NCBI得到登录号：JN257257，PID1氨基酸序列含有15个磷酸化位点，氨基酸序列的第53位精氨酸与第199位的异亮氨酸之间含有一个PTB结构域，系统进化树分析显示，天府肉羊PID1蛋白和牛PID1蛋白具有很近的遗传关系和进化关系。

实时荧光定量PCR技术分析 PID1 基因12月龄时在8个组织中表达情况，结果显示

PID1基因在8个组织中均有表达；PID1基因高表达组织为肝脏和腹肌，低表达组织为脾脏和肺脏，在背最长肌中，PID1基因表达量随日龄的增长而增加。

蛋白质免疫印迹（Western Blotting）分析PID1蛋白在12月龄时在8个组织中的表达情况，结果显示，PID1蛋白除了肝脏和脾脏未见表达外，其他组织都检测到表达信号，但是心脏和肾脏表达量较多。

测定3月龄、6月龄、9月龄、12月龄天府肉羊的背最长肌的脂肪含量（IMF），结果显示：IMF含量随着年龄的增长而增长，在12月龄时达到最高峰；基因表达量与IMF含量相关性分析表明：PID1基因的表达量与IMF含量呈极显著正相关，相关系数为0.943。关于PID1基因及其翻译蛋白在天府肉羊生长发育过程中脂肪代谢的影响及其机制有待进一步研究。

# 第五节　天府肉羊MYLPF基因克隆、组织表达及其与肌内脂肪含量关系研究

快肌肌浆球蛋白可调节磷酸化轻链（myosinlightchain, phosphorylatable, fastskeletalmuscle, MYLPF）是近几年研究较多的一种肌浆球蛋白。大量的研究表明：MYLPF基因对家畜肉质具有重要的影响，与畜禽屠宰率、失水率、系水力、背最长肌色值、股二头肌色值、肌内水分和肌内脂肪存在一定的关系，本研究以天府肉羊为对象，克隆天府肉羊MYLPF的cDNA序列，采用实时荧光定量PCR技术研究其在天府肉羊不同时期和不同组织的表达规律，同时采用蛋白免疫印迹技术（Western Blotting）检测MYLPF蛋白的表达水平，测定天府肉羊肌内脂肪的发育变化情况，进行基因表达量与肌内脂肪的关联性分析，为进一步研究该基因对天府肉羊肌内脂肪的影响与调控机制提供试验依据。

## 一、试验材料与方法

### （一）试验材料

本试验采用同等饲养条件下，4个月龄阶段（3月龄、6月龄、9月龄和12月龄）的体况中等、健康的天府肉羊公羊各5只，共20只。宰前禁食24 h，停水2 h，采用常规方法屠宰后，立即采取所有羊只的背最长肌样放入冰盒；另对3月龄和12月龄羊采集心脏、肝脏、脾脏、肺脏、肾脏、腓肠肌、腹肌（腹直肌）和背最长肌肉样，迅速置于液

氮中，立即带回实验室中于-80 ℃低温冰箱中保存备用；冰盒中的背最长肌带回实验室中保存在-20 ℃的冰箱内，用于肌内脂肪含量。

## （二）试验方法

### 1. 基因引物设计

根据哺乳动物相同基因序列保守性原则，选择NCBI在线数据库中绵羊、牛和猪的 *MYLPF* 基因序列作为参考，设计本试验所需的克隆引物，克隆得到 *MYLPF* 基因全长CDS区以后再根据其序列设计定量引物，选择 *GAPDH*（甘油醛-3-磷酸脱氢酶）作为内参并设计出内参引物。利用软件Primer 5.0与DNAman 6.0进行引物设计，经分析、筛选后确定的基因的引物如表3-23所示。

表3-23 *MYLPF*和*GAPDH*基因引物信息

| 基因 | 引物名称 | 序列（5'-3'） | 片段长度(bp) | NCBI登录号 | 用途 |
|---|---|---|---|---|---|
| *MYLPF* | *MYLPF*-F | 5'-GAAGACCTGCGGGACACT-3' | 159 | JN107562 | 荧光定量 |
|  | *MYLPF*-R | 5'-GATCACATCCTCAGGGTCAG-3' |  |  |  |
| *GAPDH* | *GAPDH*-F | 5'-GCAAGTTCCACGGCACAG-3' | 118 | AJ431207 | 定量对照 |
|  | *GAPDH*-R | 5'-TCAGCACCAGCATCACCC-3' |  |  |  |
| *MYLPF* | *MYLPF*-f | 5'-CTTGATCCCAGGAGACCTAAAAC-3' | 616 | JN107562 | 克隆 |
|  | *MYLPF*-r | 5'-ATTTATTAGTCTGGGTGGGAGGA-3' |  |  |  |

### 2. RT-PCR扩增与基因克隆

提取组织总RNA，用1.5%普通琼脂糖凝胶电泳检测其质量，通过凝胶成像观察条带的完整性；用核酸蛋白分析仪测定其浓度，读取$OD$值，分析RNA的纯度，加入适量的DEPC水稀释为1 μg/μL备用。按照宝生物工程（大连）有限公司M-MLV反转录试剂盒说明书进行反转录，合成cDNA。以cDNA为模板，进行PCR克隆目的基因，并将PCR产物通过1.5%的琼脂糖凝胶进行检测。按照上海生工生物技术有限公司胶回收试剂盒说明书中操作步骤回收PCR产物。以 *E. coli* JM109菌制备感受态细胞，将含有目的基因的PCR产物与pMD19-T载体连接，在 *E. coli* 感受态细胞中进行连接物的转化培养。通过蓝白斑筛选克隆转化体，挑选白色阳性克隆送北京六合华大生物有限公司进行测序。

### 3. 荧光定量PCR

制作标准品，在Bio-Radiq5进行荧光定量PCR；在反应过程中，用无菌水代替cDNA样品的空白管作为阴性对照，对照组同样设置3个平行样；目的基因样品的表达均以 GAPDH 为对照。将回收得到的DNA溶液，用EASYDilution（TaKaRa公司）依次稀释成 $1\times10^{-1}\sim1\times10^{-7}$ 共7个浓度进行扩增，制作标准曲线，计算目的基因表达量。

4. 蛋白免疫印迹

提取总蛋白，测定蛋白含量，进行SDS-PAGE电泳，待电泳结束后，进行切胶，制备PVDF膜，按滤纸、PVDF膜、凝胶和滤纸的夹层顺序将滤纸和PVDF膜铺在转膜仪上进行转膜，将转膜完成的PVDF膜移至封闭液的平皿中，进行孵育封闭；再分别进行一抗孵育、二抗孵育，用凝胶成像仪进行显影反应和拍照。用凝胶图像处理系统分析目标带的分子量和净光密度值。

5. 测定肌内脂肪

将定量滤纸烘干称重，将背最长肌样品切碎后用烘干的滤纸包裹并称重，经65 ℃烘干15 h以上，直至重量没有变化为止；将烘干后的滤纸包放入索氏抽提瓶中，倒入无水乙醚浸泡12 h以上，打开乙醚回流装置，40 ℃回流12 h以上；从索氏抽提瓶中取出滤纸包，分摊在洁净的盘中，在通风橱中放置30 min，使乙醚充分挥发；将纸包再次105 ℃烘干2 h以上，直至其重量没有变化为止；肌内脂肪含量用抽提总脂重量占烘干后样品中（65 ℃烘干15 h）的百分比表示。

## 二、试验结果与分析

### （一）MYLPF基因克隆与序列分析

1. MYLPF基因克隆测序

测序结果表明，MYLPF基因包含全编码区序列cDNA长为616 bp，通过NCBI的在线OFRFinder得到MYLPF基因最长的开放阅读框为513 bp，总共编码170个氨基酸。利用DNAman 6.0软件比对MYLPF基因与其他物种的相似性。相似性结果表明克隆的基因即为天府肉羊MYLPF基因，将序列提交至GenBank数据库，得到的登录号为JN107562。

2. MYLPF序列比对结果

利用DNAman 6.0软件将天府肉羊MYLPF基因的核苷酸序列（表3-24）与其他物种MYLPF序列进行比对，结果表明，天府肉羊（Tianfugoat）与绵羊（Ovis）、牛属（Bos）、猪属（Sus）、家兔属（Oryctolagus）、犬属（Canis）、家鼠属（Rattus）、小鼠属（Mus）、人属（Homo）的核苷酸序列的相似性分别为88.74%、85.20%、80.61%、67.28%、76.23%、79.04%、75.50%；而与之对应的翻译后氨基酸的相似性分别为99.41%、97.65%、98.24%、98.82%、98.24%、98.24%和98.85%。结果显示天府肉羊和牛属、绵羊的氨基酸序列只有一个位点的氨基酸差异。

表3-24 天府肉羊MYLPF蛋白的氨基酸组成

| 氨基酸 | 数量（个） | 比例（%） | 氨基酸 | 数量（个） | 比例（%） |
| --- | --- | --- | --- | --- | --- |
| Ala（A） | 15 | 8.8 | Arg（R） | 7 | 4.1 |
| Asn（N） | 8 | 4.7 | Asp（D） | 15 | 8.8 |
| Cys（C） | 2 | 1.2 | Gln（Q） | 8 | 4.7 |
| Glu（E） | 15 | 8.8 | Gly（G） | 13 | 7.6 |
| His（H） | 1 | 0.6 | Ile（I） | 10 | 5.9 |
| Leu（L） | 9 | 5.3 | Lys（K） | 15 | 8.8 |
| Met（M） | 7 | 4.1 | Phe（F） | 12 | 7.1 |
| Pro（P） | 6 | 3.5 | Ser（S） | 5 | 2.9 |
| Thr（T） | 10 | 5.9 | Trp（W） | 1 | 0.6 |
| Tyr（Y） | 2 | 1.2 | Val（V） | 9 | 5.3 |

3. *MYLPF*进化树的构建

从NCBI的GenBank数据库下载绵羊属、犬属、小鼠属、家兔属、大鼠属、猪属、牛属、人类、黑猩猩属、原鸡属和非洲树蛙等物种的*MYLPF*基因CDs区编码的氨基酸序列，结合本试验克隆获得的*MYLPF*基因的CDs区编码的氨基酸序列，用MEGA4.0软件以p-distance模型构建MYLPF氨基酸的NJ分子系统发育树，结果表明，天府肉羊MYLPF蛋白与绵羊的关系最近，并和犬属聚于一支，再与牛、猪、人、黑猩猩、大鼠和小鼠等哺乳动物聚为一支，然后与鸡和非洲树蛙汇聚。

4. MYLPF蛋白质理化性质分析

利用Expasy在线平台的ProtParam程序对MYLPF蛋白质进行分析，预测的分子量大小为19.0 kDa，等电点为4.82。带负电荷的残基总数（Asp+Glu）为30个，带正电荷的残基总数（Arg+Lys）为22个，表示该蛋白可能带负电荷，序列N-端残基为Met，蛋白在体外的活性时间大概为30 h。经过软件计算，这个蛋白的不稳定系数为28.74，表明该蛋白在理化性质上是稳定的。

用NetPhos2.0预测天府肉羊MYLPF氨基酸序列有6个磷酸化位点，包括2个Ser磷酸化位点，2个Thr磷酸化位点，2个Tyr磷酸化位点和2个特异性蛋白激酶C（protein kinaseC，PKC）磷酸化位点。

利用在线预测软件ExPASy Proteomics Server的protscale预测天府肉羊MYLPF蛋白的疏水性，分析发现天府肉羊MYLPF蛋白大多数氨基酸是亲水性的。

利用在线预测软件ExPASy Proteomics Server的SignalP-4.1预测天府肉羊MYLPF蛋白的信号肽，发现该蛋白无信号肽序列。利用ExPASy提供的在线跨膜区结构预测软

TMHMM-2分析发现MYLPF不是跨膜蛋白，主要存在于细胞质中。

分别用NetOGlyc 3.1和NetNGlyc 1.0在线软件预测该蛋白糖基化位点，预测结果显示，MYLPF蛋白既没有N-糖基化位点也没有O-糖基化位点。

通过HNN在线二级结构预测服务器，对MYLPF氨基酸序列进行二级结构预测结果显示：氨基酸序列中α-螺旋占44.12%、无规则卷曲占41.76%、延伸片段占14.12%，以α-螺旋及无规则卷曲为主。

利用SMART在线结构域分析数据库，进行蛋白质结构域的查找与分析，结果显示，天府肉羊MYLPF蛋白序列中含有两个EF-手型结构域，一个位于30~58位氨基酸，另一个位于100~128位氨基酸上。

通过使用SWISS-MODEL服务器的全自动生成程序，依靠同源建模的方法，根据可视的结合蛋白家族晶体结构来预测该蛋白的3D结构模型。根据人类的EF-手型结构域（PDB编号：2w4aB）为模板得到天府肉羊的MYLPF蛋白的3D结构，结果显示：MYLPF蛋白3D结构主要以α-螺旋为主，有8个，10个延伸片段和10个无规则卷曲。

## （二）*MYLPF*基因荧光定量PCR结果

1. *MYLPF*目的基因与内参基因的熔解曲线和标准曲线

结果表明：基因扩增产物的熔解曲线均为单峰曲线。说明在荧光定量PCR扩增过程中，扩增信号均为特异信号，没有非特异产物和引物二聚体形成。*MYLPF*和*GAPDH*的标准曲线均在模板浓度梯度为$10^{-1}$~$10^{-7}$的范围内构建，*GAPDH*基因一致系数$R^2$=0.996，Efficiency=97.7%；*MYLPF*基因一致系数$R^2$=0.997，Efficiency=99.1%；标准曲线的扩增效率在理想的90%~105%的范围内，可信度较高，说明试验得到的*Ct*值能准确确定起始cDNA拷贝数。

2. *MYLPF*基因在组织中的表达情况

利用实时荧光定量PCR方法检测天府肉羊*MYLPF*基因在3月龄的心脏、肝脏、脾脏、肺脏、肾脏、腓肠肌、腹肌和背最长肌等组织的表达情况，以及3月龄、6月龄、9月龄和12月龄背最长肌组织的表达特性。结果表明：3月龄天府肉羊*MYLPF*基因在组织中的表达情况为：在背最长肌中检测到的*MYLPF*基因表达量最高，极显著高于其他组织（$P<0.01$）；其次是腓肠肌和腹肌，也极显著高于心脏、肝脏、脾脏、肺脏和肾脏（$P<0.01$）；心脏与肝脏、脾脏、肺脏和肾脏之间差异显著（$P<0.05$），肝脏和脾脏的含量最低，且差异不显著（$P>0.05$）；对4个月龄阶段的背最长肌*MYLPF*基因mRNA进行检测，结果表明：背最长肌中*MYLPF*基因随着年龄的增加表达量逐渐减少，3月龄的表达量最高，显著高于6月龄（$P<0.05$），极显著高于其他月龄（$P<0.01$）；6月龄与9月龄、

12月龄之间差异显著（$P<0.05$），9月龄与12月龄之间差异不显著（$P>0.05$），呈现递减的趋势（图3-15、表3-25、图3-16、表3-26）。

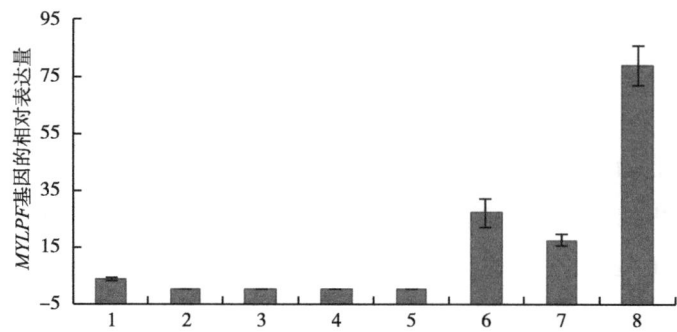

图3-15　3月龄天府肉羊各组织中*MYLPF*基因的相对表达量

注：1~8代表的是心脏、肝脏、脾脏、肺脏、肾脏、腓肠肌、腹肌和背最长肌。

表3-25　3月龄天府肉羊各组织间*MYLPF*基因的相对表达量

| 组织 | 心脏 | 肝脏 | 脾脏 | 肺脏 | 肾脏 | 腓肠肌 | 腹肌 | 背最长肌 |
|---|---|---|---|---|---|---|---|---|
| 表达量 | $3.932 \pm 0.509^{Ca}$ | $0.155 \pm 0.001^{Cb}$ | $0.055 \pm 0.0009^{Cb}$ | $0.068 \pm 0.00016^{Cb}$ | $0.452 \pm 0.005^{Cb}$ | $27.506 \pm 4.890^{B}$ | $17.506 \pm 2.120^{B}$ | $78.638 \pm 6.990^{A}$ |

注：同行上标大写字母不同表示差异极显著（$P<0.01$），大写字母相同、小写字母不同表示差异显著（$P<0.05$），大写字母相同、小写字母相同表示差异不显著（$P>0.05$）。

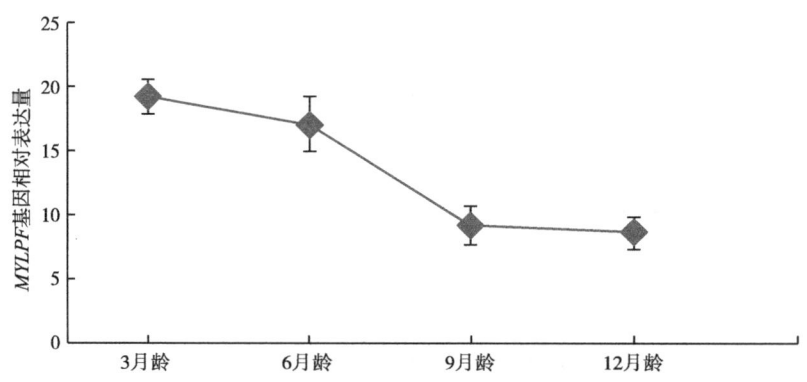

图3-16　4个月龄阶段天府肉羊背最长肌中*MYLPF*基因的相对表达量

表3-26　4个月龄阶段天府肉羊背最长肌中*MYLPF*基因的相对表达量

|  | 3月龄 | 6月龄 | 9月龄 | 12月龄 |
|---|---|---|---|---|
| 表达量 | $1.928 \pm 0.134^{Aa}$ | $1.707 \pm 0.214^{Ab}$ | $0.916 \pm 0.153^{Bc}$ | $0.868 \pm 0.129^{Bc}$ |

注：同行上标大写字母不同表示差异极显著（$P<0.01$），大写字母相同、小写字母不同表示差异显著（$P<0.05$），大写字母相同、小写字母相同表示差异不显著（$P>0.05$）。

## （三）MYLPF蛋白表达差异

提取天府肉羊3月龄时期的心脏、肝脏、脾脏、肺脏、肾脏、腓肠肌、腹肌和背最长肌组织样品的总蛋白，选用特异性的抗体MYLPF和内参GAPDH抗体，采用Western Blotting方法进一步分析MYLPF蛋白在同一时期不同组织中的表达，结果表明（图3-17、表3-27）：MYLPF蛋白在相同时期的不同组织表达变化很大，除了心脏、腓肠肌、腹肌和背最长肌检测到表达信号以外，肝脏、脾脏、肺脏和肾脏都未检测到表达信号。

利用凝胶定量分析软件Gel-ProAnalyzer，检测各条带的累积光密度（Integrated option density，IOD）值，用目标蛋白的IOD值除以内参的IOD值以校正误差，所得结果代表样品目标蛋白的相对含量。

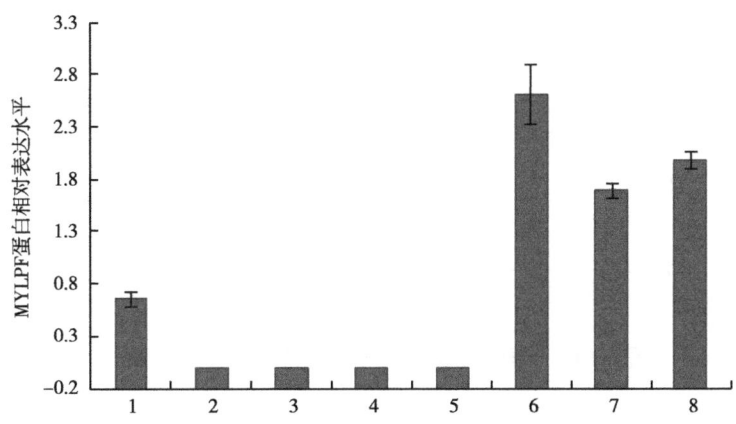

**图3-17　天府肉羊 *MYLPF* 蛋白3月龄时在8个组织中的相对表达量**

注：1~8代表的是心脏、肝脏、脾脏、肺脏、肾脏、腓肠肌、腹肌和背最长肌

**表3-27　3月龄天府肉羊各组织中MYLPF蛋白的相对表达量**

| 组织 | 心脏 | 肝脏 | 脾脏 | 肺脏 | 肾脏 | 腓肠肌 | 腹肌 | 背最长肌 |
| --- | --- | --- | --- | --- | --- | --- | --- | --- |
| 表达量 | $0.658 \pm 0.014^B$ | 0 | 0 | 0 | 0 | $2.631 \pm 0.079^{Aa}$ | $1.685 \pm 0.036^{Ab}$ | $1.964 \pm 0.028^{Ab}$ |

注：同行上标大写字母不同表示差异极显著（$P<0.01$），大写字母相同、小写字母不同表示差异显著（$P<0.05$），大写字母相同、小写字母相同表示差异不显著（$P>0.05$）。

结果显示，在检测到 *MYLPF* 表达的4个组织中，表达量高低依次为腓肠肌>背最长肌>腹肌>心脏。腓肠肌表达量最高显著高于腹肌和背最长肌（$P<0.05$），极其显著高于心脏（$P<0.01$），腹肌和背最长之间差异不显著（$P>0.05$），显著高于心脏组织（$P<0.05$）。

## （四）天府肉羊背最长肌肌内脂肪含量的发育性变化

取3月龄、6月龄、9月龄和12月龄天府肉羊背最长肌样品，用索氏抽提法进行脂肪含量测定，每个样品设5个重复，结果可以看出（图3-18、表3-28），天府肉羊背最长肌的肌内脂肪含量在检测的4个月龄阶段中，随着月龄增加肌内脂肪含量持续上升，且在各月龄间的差异显著（$P<0.05$）；以12月龄为对照，天府肉羊背最长肌肌内脂肪3月龄到6月龄之间增长较为缓慢；在6~12月龄一直保持较高的增长率，且差异极显著（$P<0.01$）；12月龄时，背最长肌肌内脂肪含量维持在一个较高水平，且没有出现增加的趋势。

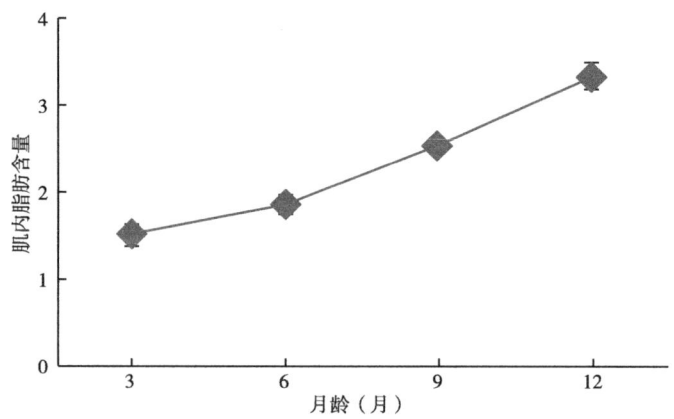

图3-18　不同月龄天府肉羊肌内脂肪含量发育变化

表3-28　不同月龄天府肉羊肌内脂肪含量发育变化

| 月龄 | 样本数 | 肌内脂肪含量（%） |
| --- | --- | --- |
| 3 | 5 | $1.51^{Cd} \pm 0.12$ |
| 6 | 5 | $1.87^{Cc} \pm 0.11$ |
| 9 | 5 | $2.53^{B} \pm 0.07$ |
| 12 | 5 | $3.34^{A} \pm 0.16$ |

注：同行上标大写字母不同表示差异极显著（$P<0.01$），大写字母相同、小写字母不同表示差异显著（$P<0.05$），大写字母相同、小写字母相同表示差异不显著（$P>0.05$）。

## （五）基因表达量与肌内脂肪的关系

应用统计学软件SPSS 11.0对天府肉羊*MYLPF*基因表达量与IMF含量的相关分析表明：天府肉羊*MYLPF*基因mRNA的表达量在3~12月龄时与肌内脂肪含量呈负相关，相关系数为-0.925。

## 三、主要研究结论

本研究运用RT-PCR结合克隆测序方法获得天府肉羊*MYLPF*基因的全编码序列。结果表明,*MYLPF*基因序列长616 bp,包括514 bp的开放阅读框,编码170个氨基酸,序列提交NCBI得到登录号:JN107562,*MYLPF*氨基酸结构含有6个磷酸化位点,序列预测显示MYLPF蛋白质的氨基酸序列含有两个EF—手型超家族功能结构域,推导的氨基酸序列分析和其他哺乳动物具有很高的相似性,系统进化分析显示MYLPF蛋白和其他哺乳动物具有很近遗传关系和进化关系。

实时荧光定量PCR技术分析*MYLPF*基因在天府肉羊3月龄8个组织中表达情况,结果显示:*MYLPF*基因在8个组织中均有表达;*MYLPF*基因高表达组织为背最长肌、腓肠肌和腹肌,低表达组织为肝脏、脾脏、肺脏和肾脏;在背最长肌中,*MYLPF*基因的表达量随着月龄的增长而减少。

蛋白质免疫印迹(Western Blotting)分析MYLPF蛋白在天府肉羊3月龄时8个组织中的表达情况,结果显示:MYLPF蛋白除了腓肠肌、腹肌、背最长肌和心肌以外,其他组织都不表达。

测定3月龄、6月龄、9月龄、12月龄天府肉羊的背最长肌的脂肪含量(IMF),结果显示:IMF含量随着年龄的增长而增长,在12月龄时达到最高峰;基因表达量与IMF含量相关性分析表明:*MYLPF*基因的表达与IMF含量呈负相关,相关系数为−0.925。对于天府肉羊*MYLPF*基因对肌肉品质的影响及机制还有待进一步研究。

# 第六节　天府肉羊*SCD*1基因在肌肉中的表达及与棕榈油酸和油酸含量的相关性分析

硬脂酰辅酶A脱氢酶(stearoyl-CoAdesaturase,SCD)属于脂肪酸脱氢酶家族,是内质网膜结合蛋白,是饱和脂肪酸(saturated fatty acids,SFA)向单不饱和脂肪酸(monounsaturated fatty acids,MUFA)转化的限速酶。SCD主要催化软脂酸和硬脂酸形成棕榈油酸和油酸。研究表明,*SCD*基因的单核苷酸多态性对肉质中的pH值、大理石纹等级、失水率、熟肉率、肌内脂肪含量和肌肉颜色等性状有显著影响。鉴于*SCD*1基因的表达与棕榈油酸、油酸含量和肌肉品质相关。本研究采用分子克隆技术、实时荧光定量PCR和Western Blotting技术,克隆天府肉羊*SCD*1基因全部编码区序列,并检测其在不同肌肉组织中mRNA和蛋白质的表达情况;用气相色谱法测定天府肉羊不同肌肉组织中棕榈油酸和油酸含量,并与SCD1基因及蛋白表达情况进行相关性分析,以揭示天府肉羊SCD1基因在不同肌肉组织的表达规律及其与棕榈油酸和油酸含量的关系,为进一步探索SCD1基因及其编码产物在天府肉羊肌肉单不饱和脂肪酸合成作用机制奠定基础,为筛选影响天府肉羊肌肉品质的候选基因提供依据。

## 一、试验材料与方法

### (一)试验材料

本试验以天府肉羊作为研究对象,选择饲养条件一致、体况中等、健康、发育正常的3个年龄阶段(90日龄、180日龄和270日龄)的天府肉羊各3只(均为公羊),屠宰前禁食24 h,屠宰后立即采集背最长肌、三角肌、臀中肌、臂三头肌、股四头肌、股二头肌、腓肠肌、半膜肌样品,将采集的样品一份装入贴好标签的样品袋,并用锡箔纸包好后,迅速置于液氮罐中,并立即带回实验室中保存于-80 ℃低温冰箱中,用于RNA和蛋白提取;另一份置于冰盒中带回实验室于-20 ℃冰箱中保存,用于脂肪酸含量检测。

### (二)试验方法

1. 引物设计

选择NCBI在线数据库中山羊的SCD1基因序列作为参考,用Primer 5.0软件设计得到SCD1基因特异性克隆引物。荧光定量引物参考本试验,克隆得到的基因全部CDs区序列设计,并选择GAPDH(甘油醛-3-磷酸脱氢酶)作为内参基因。经筛选、分析后确定的基因的引物见表3-29。

表3-29 SCD1和GAPDH引物信息

| 基因 | 引物名称 | 序列(5'-3') | 片段长度(bp) | 用途 |
| --- | --- | --- | --- | --- |
| SCD1 | SCD1-F | 5'-AAAGCAGGCTCAGGAACT-3' | 1 198 | 基因克隆 |
| | SCD1-R | 5'-TCCAAGGGACCAGAAACT-3' | | |
| SCD1 | SCD1-f | 5'-CGCCCTTACGACAAGACCA-3' | 315 | 荧光定量 |
| | SCD1-r | 5'-ACGGCAGCCTTGGATACTT-3' | | |
| GAPDH | GAPDH-f | 5'-GCAAGTTCCACGGCACAG-3' | 118 | 定量对照 |
| | GAPDH-r | 5'-TCAGCACCAGCATCACCC-3' | | |

2. RT-PCR扩增与基因克隆

提取总RNA，采用1.5%的琼脂糖凝胶电泳检测总RNA的提取质量，在凝胶成像系统进行拍照，观察总RNA条带的完整性，取1 μL总RNA加入99 μL DEPC水稀释后用核酸蛋白分析仪测定总RNA的纯度，然后计算每个组织样品中总RNA的浓度，根据测定所得的浓度，加入适量的DEPC水稀释为1 μg/μL备用。按照宝生物工程（大连）有限公司PrimeScipt™ RT reagent Kit（DRR037A）反转录试剂盒说明书进行反转录合成cDNA。

以cDNA为模板，通过PCR克隆*SCD*1基因，待反应结束，进行琼脂糖凝胶电泳检测，在紫外线下将含有*SCD*1基因目的片段的胶块切下，按照OMEGA公司的The E. Z. N. A.®Gel Extraction Kit胶回收试剂盒说明书中操作步骤回收DNA，将收集产物保存在-20 ℃。将含有目的片段的回收产物与pMD19-T载体进行连接，用感受态细胞进行连接产物转化，观察克隆菌落的实际生长情况，挑选单克隆菌落接种到LB/Amp液体培养基中，进行蓝白斑显色筛选，最后将含有目的基因克隆片段的菌液送至华大基因科技服务有限公司完成测序。

3. 荧光定量PCR

制作*SCD*1、*GAPDH*标准品，用1.5%的琼脂糖凝胶进行检测，扩增效果好的样品进行胶回收和纯化。采用Bio-RadCFX荧光定量PCR仪进行实时荧光定量PCR。在反应过程中，设定阴性对照（用水代替cDNA为模板）、板间对照，目的基因的表达均以*GAPDH*基因为对照。将纯化回收得到的DNA溶液用EASYDilution依次进行稀释，稀释成$1 \times 10^{-1} - 1 \times 10^{-7}$共7个不同的浓度梯度（10倍梯度）。取不同浓度梯度的溶液各1 μL，加入与上面完全相同的反应体系中，进行同样反应条件的扩增，绘制相应的标准曲线。

4. 蛋白质免疫杂交（Western Blotting）

提取总蛋白，按照上海碧云天生物技术有限公司BCA蛋白浓度测定试剂盒方法测定蛋白含量，用酶标仪测定各样品A562的波长；根据获得的不同波长值建立蛋白浓度的标准曲线，计算出待测组织样品的蛋白浓度。

将蛋白质经变性处理后，进行SDS-PAGE聚丙酰胺凝胶电泳，当蓝色蛋白条带刚跑出分离胶时终止电泳。待电泳结束后，根据预染蛋白质Marker的目的条带的大概位置进行切胶，制备PVDF膜，按照滤纸-1、PVDF膜、凝胶和滤纸-2的顺序将滤纸和PVDF膜铺在转膜仪上进行转膜，将含有目的条带的PVDF膜转移到含封闭液的离心管中，进行孵育封闭；再分别进行一抗孵育、漂洗、二抗孵育、漂洗，将凝胶成像系统调节到合适化学发光和成像条件，用凝胶成像仪进行显影反应和拍照。

5. 肌肉脂肪酸含量的测定

采取甲醇-氯仿浸提法提取肉样中的脂肪，采用安捷伦气质联用仪（6890N-5973）测定肌肉脂肪酸的含量。色谱条件：HP-5MS色谱柱（100 mm×0.25 mm×0.2 μm）；载气为高纯氦气（He），流速为1.0 mL/min；升温程序，柱温80 ℃，6 ℃/min升到280 ℃，持续10 min；进样量1 μL，分流进样，分流比为10∶1；进样口温度280 ℃。质谱条件：电离方式采用电子轰击（EI），电子能量为70 eV，离子源温度230 ℃，四级杆温度150 ℃，采用SCAN模式进行扫描，质量扫描范围29～450 amu，分离所得化合物通过检索NIST98标准谱库鉴定其结构，采用面积归一化法计算各组分百分含量。

## 二、试验结果与分析

### （一）SCD1基因克隆与序列分析

测序结果显示：SCD1基因cDNA序列全长为1 198 bp，通过NCBI的在线OFRFinder工具得到天府肉羊SCD1基因的完整开放阅读框为1 080 bp，共编码359个氨基酸。将天府肉羊SCD1基因与其他物种进行比对，结果表明克隆的目的片段为天府肉羊SCD1基因全编码区序列片段，提交序列至GenBank数据库，获得基因登录号：KT315581。

用DNAman 6.0软件将天府肉羊SCD1氨基酸序列与其他物种SCD1氨基酸序列进行比对。结果显示（表3-30）：天府肉羊SCD1氨基酸序列与牛、绵羊、牛、猪、人、猩猩和小鼠SCD1编码氨基酸序列高度一致，相似性分别为98.05%、94.15%、88.02%、86.91%、86.63%、82.73%。

表3-30 不同物种SCD1基因比对信息

| 物种 | GenBank登录号 | 核苷酸的同源性（%） | 氨基酸的同源性（%） |
| --- | --- | --- | --- |
| Caprahircus | KT315581 | | |
| Ovis aries | AJ001048.1 | 98.33 | 98.05 |
| Bos taurus | AF188710.1 | 95.46 | 94.15 |
| Sus scrofa | JN613287.1 | 90.28 | 88.02 |
| Homo sapiens | AF097514.1 | 86.85 | 86.91 |
| Pongo abelii | NM_001132259.1 | 86.76 | 86.63 |
| Mus musculus | NM_009127.4 | 81.48 | 82.73 |

使用MEGE6.06软件构建SCD1基因序列的分子进化树，结果显示天府肉羊SCD1基

因与绵羊和牛SCD1基因的同源性最高，与黄颡鱼SCD1基因的同源性最低（图3-19）。

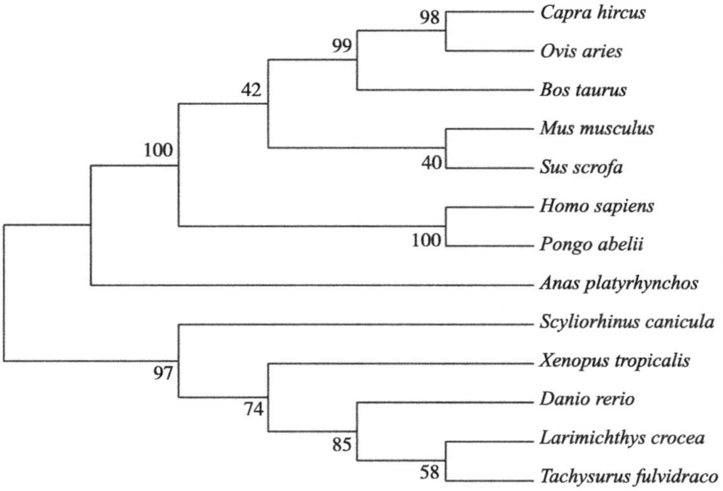

图3-19　SCD1基因分子进化树

采用ExPASy的ProtParam程序预测显示（表3-31），SCD1蛋白化学分子式为$C_{1916}H_{2910}N_{504}O_{510}S_{13}$，SCD1氨基酸序列含有33个带负电荷的氨基酸残基（Asp+Glu），42个带正电荷的氨基酸残基（Arg+Lys）。在线软件预测的分子量大小为41.6 kDa，等电点为9.19，表示SCD1氨基酸在生理pH值条件下带正电荷。

表3-31　SCD1氨基酸组成

| 氨基酸 | 数量（个） | 比例（%） | 氨基酸 | 数量（个） | 比例（%） |
| --- | --- | --- | --- | --- | --- |
| Ala（A） | 26 | 7.2% | Leu（L） | 41 | 11.4% |
| Arg（R） | 23 | 6.4% | Lys（K） | 19 | 5.3% |
| Asn（N） | 12 | 3.3% | Met（M） | 9 | 2.5% |
| Asp（D） | 15 | 4.2% | Phe（F） | 19 | 5.3% |
| Cys（C） | 4 | 1.1% | Pro（P） | 18 | 5.0% |
| Gln（Q） | 6 | 1.7% | Ser（S） | 19 | 5.3% |
| Glu（E） | 18 | 5.0% | Thr（T） | 25 | 7.0% |
| Gly（G） | 21 | 5.8% | Trp（W） | 9 | 2.5% |
| His（H） | 15 | 4.2% | Tyr（Y） | 22 | 6.1% |
| Ile（I） | 18 | 5.0% | Val（V） | 20 | 5.6% |

利用NetPhos 2.0在线软件预测天府肉羊SCD1蛋白质的氨基酸序列磷酸化位点，发

现天府肉羊SCD1蛋白含有Ser、Thr和Tyr三种磷酸化位点，共12个，数量分别为6、2和4个。

利用在线软件ExPASy-ProtParam预测天府肉羊SCD1蛋白的亲（疏）水性，结果显示，天府肉羊SCD1氨基酸总平均亲水指数为-0.175，表明其氨基酸多数是疏水的。

利用在线软件SignalP-4.1对天府肉羊SCD1蛋白信号肽进行预测，结果显示，SCD1蛋白是非分泌蛋白，不含有信号肽序列。

利用TMHMM-2在线跨膜结构预测软件进行分析，结果发现，SCD1蛋白含有4个跨膜结构域，表明SCD1是跨膜蛋白。

通过在线预测糖基化位点软件NetNGlyc 1.0和NetOGlyc 4.0可以进行两种糖基化位点的预测，预测结果表明天府肉羊SCD1蛋白在318（Asn）位点有一个可能的N-糖基化位点。

利用HNN二级结构预测软件在线预测SCD1蛋白的二级结构。结果表明SCD1氨基酸序列中主要有α-螺旋、延伸片段和无规则卷曲三种形式，三者所占比例分别为45.13%、10.58%和44.29%。

## （二）*SCD*1基因荧光定量PCR结果

### 1. PCR检测及其标准曲线

结果表明，目的基因和内参基因扩增曲线均为单一波峰，没有杂峰，不存在非特异性扩增。在浓度$10^{-1} \sim 10^{-7}$的梯度范围内建立*SCD*1和*GAPDH*基因的标准曲线，*SCD*1基因（$R^2=0.998$，Efficiency=99.5%）和*GAPDH*基因（$R^2=1.000$，Efficiency=103.8%）的扩增效率良好，所得的*Ct*值能够准确地反映*SCD*1和*GAPDH*基因的mRNA表达情况。

### 2. *SCD*1基因mRNA相对表达结果

采用RT-qPCR检测背最长肌、三角肌、臀中肌、臂三头肌、股四头肌、股二头肌、腓肠肌和半膜肌8个肌肉组织在90日龄、180日龄和270日龄3个年龄段的天府肉羊*SCD*1基因的表达情况，结果显示肌肉、日龄以及肌肉和日龄的互作效应对天府肉羊*SCD*1基因相对表达量均有显著影响（$P<0.01$）。相同日龄的不同肌肉的天府肉羊*SCD*1基因相对表达量多重比较结果显示（表3-32、图3-20、图3-21）：3个年龄段的三角肌的*SCD*1基因相对表达量均极显著高于其他7个肌肉组织（$P<0.01$）；90日龄，臂三头肌的*SCD*1基因相对表达量极显著高于腓肠肌和半膜肌（$P<0.01$）；180日龄，腓肠肌、臂三头肌和股二头肌的*SCD*1基因相对表达量极显著高于股四头肌（$P<0.01$）；270日龄，股二头肌的*SCD*1基因相对表达量极显著高于除三角肌以外的其他6个肌肉组织（$P<0.01$），并且臂三头肌、半膜肌和背最长肌的*SCD*1基因相对表达量极显著高于臀中肌、腓肠肌和股四头肌（$P<0.01$）。相同肌肉在不同日龄的天府肉羊*SCD*1基因相对

表达量多重比较结果显示：检测的天府肉羊8个肌肉组织的SCD1基因相对表达量均表现出与日龄有关的趋势，SCD1基因相对表达量先升高后降低，在180日龄达到最大值（$P<0.01$），三角肌、股二头肌、股四头肌、腓肠肌（$P<0.01$）和背最长肌、半膜肌（$P<0.05$）在3月龄的SCD1基因相对表达量最低，臀中肌和臀三头肌在3月龄的SCD1基因相对表达量与9月龄没有显著性差异。

表3-32 SCD1基因相对表达量双因素方差分析结果

| 效应 | 类型Ⅲ平方和 | 自由度 | 均方 | $F$值 | $P$值 |
| --- | --- | --- | --- | --- | --- |
| 肌肉 | 1 157.955 | 7 | 165.422 | 222.998 | 0.000 |
| 日龄 | 16.434 | 2 | 8.217 | 11.077 | 0.000 |
| 肌肉×日龄 | 198.239 | 14 | 14.160 | 19.088 | 0.000 |
| 误差 | 35.607 | 48 | 0.742 | | |
| 总计 | 3 218.044 | 72 | | | |

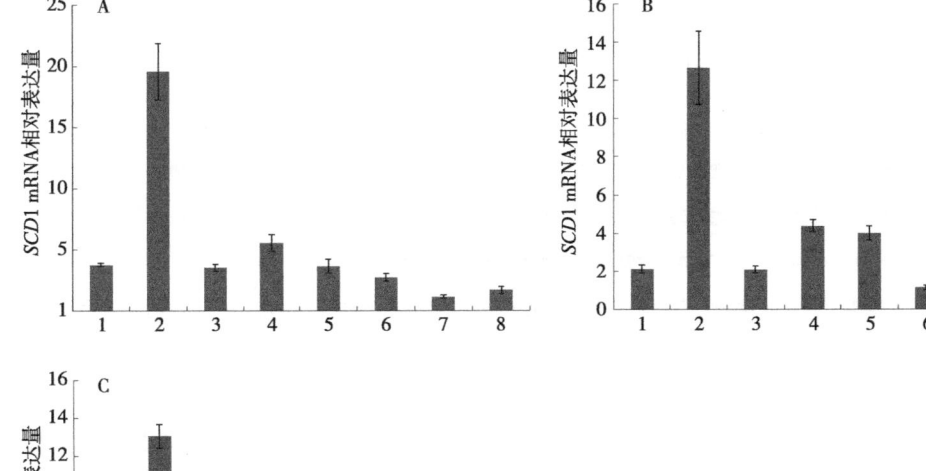
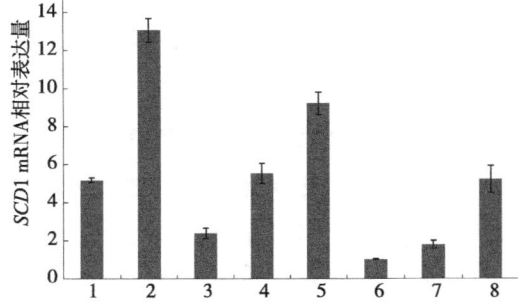

图3-20 天府肉羊相同日龄不同肌肉的SCD1基因相对表达量

注：横坐标1~8分别代表背最长肌、三角肌、臀中肌、臀三头肌、股四头肌、股二头肌、腓肠肌、半膜肌，纵坐标表示相对表达量。A、B和C分别代表90日龄、180日龄和270日龄SCD1基因相对表达量。

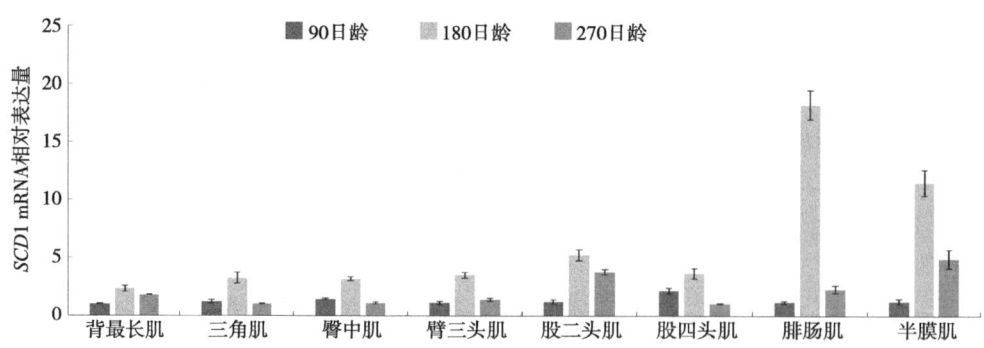

图3-21 天府肉羊相同肌肉在不同日龄的SCD1基因相对表达量

注：横坐标表示8种不同的肌肉，纵坐标表示相对表达量。

### （三）SCD1蛋白表达结果

提取90日龄、180日龄和270日龄天府肉羊背最长肌、三角肌、臀中肌、臂三头肌、股四头肌、股二头肌、腓肠肌和半膜肌8个肌肉组织总蛋白，并利用Western Blotting方法检测SCD1蛋白在3个年龄段不同肌肉组织间的表达水平，结果显示（图3-22），内参GAPDH蛋白水平在背最长肌、三角肌、臀中肌、臂三头肌、股四头肌、股二头肌、腓肠肌和半膜肌8个肌肉组织中基本一致。

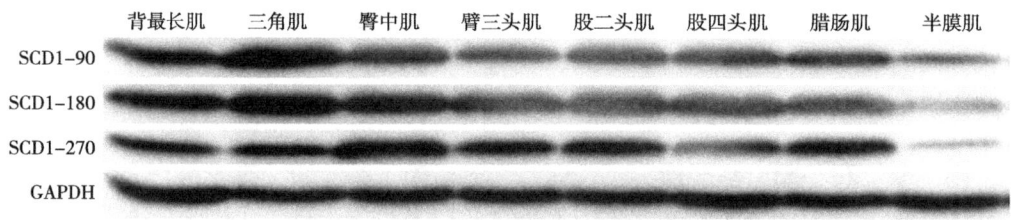

图3-22 SCD1蛋白Western Blotting结果

SCD1蛋白在3个年龄段的8个肌肉组织中均有表达，其中90日龄不同肌肉组织蛋白表达量：背最长肌和三角肌的SCD1蛋白表达量极显著高于其他6个肌肉组织（$P<0.01$），半膜肌的SCD1蛋白表达量极显著低于其他7个肌肉组织（$P<0.01$）；180日龄不同肌肉组织蛋白表达量：三角肌的SCD1蛋白表达量极显著高于其他7个肌肉组织（$P<0.01$），半膜肌的SCD1蛋白表达量极显著低于其他7个肌肉组织（$P<0.01$）；270日龄不同肌肉组织蛋白表达量，臀中肌的SCD1蛋白表达量极显著高于其他7个肌肉组织（$P<0.01$），半膜肌的SCD1蛋白表达量极显著低于其他7个肌肉组织（$P<0.01$）（图3-23）。

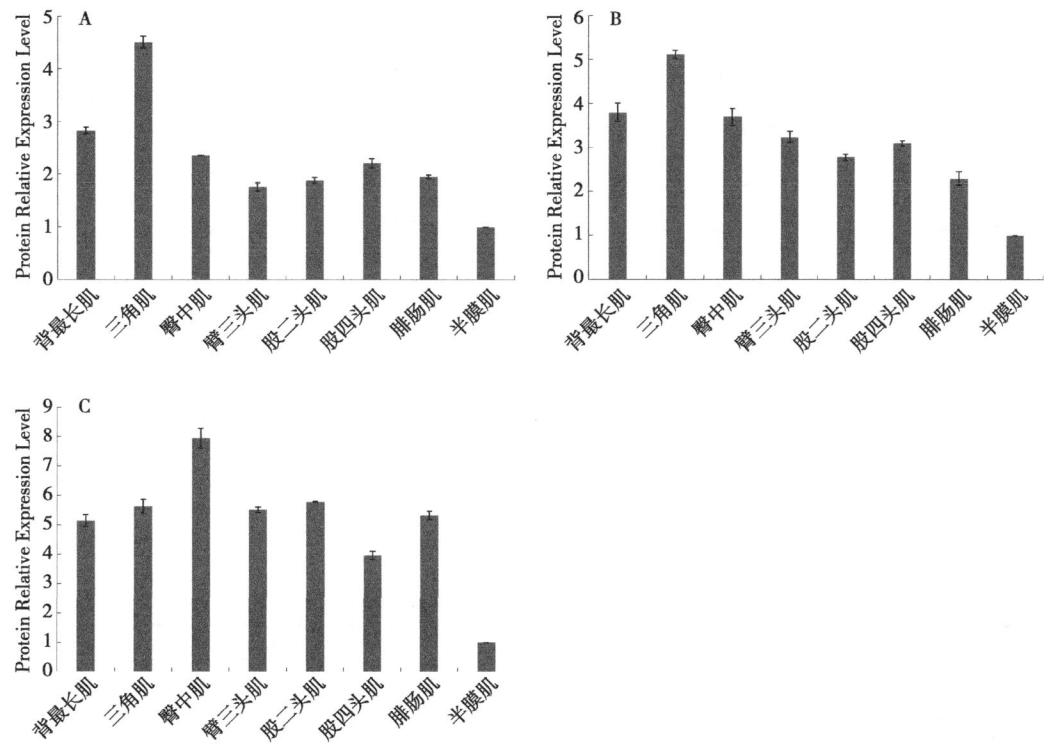

**图3-23 SCD1蛋白90日龄各肌肉组织相对表达量**

注：横坐标表示8种不同的肌肉，纵坐标表示相对表达量。

## （四）天府肉羊肌肉棕榈油酸和油酸含量

结果表明（表3-33、表3-34），日龄对棕榈油酸和油酸含量有极显著影响（$P<0.01$），而肌肉以及肌肉和日龄的互作相应对这两种脂肪酸的含量影响不显著。

**表3-33 棕榈油酸含量双因素方差分析结果**

| 效应 | 类型Ⅲ平方和 | 自由度 | 均方 | $F$值 | $P$值 |
| --- | --- | --- | --- | --- | --- |
| 日龄 | 1.711 | 2 | 0.856 | 236.724 | 0.000 |
| 肌肉 | 0.037 | 7 | 0.005 | 1.477 | 0.222 |
| 日龄×肌肉 | 0.034 | 14 | 0.002 | 0.675 | 0.776 |
| 误差 | 0.087 | 48 | 0.004 | | |
| 总计 | 278.014 | 72 | | | |

表3-34 油酸含量双因素方差分析结果

| 效应 | 类型Ⅲ平方和 | 自由度 | 均方 | $F$值 | $P$值 |
| --- | --- | --- | --- | --- | --- |
| 日龄 | 37.195 | 2 | 18.598 | 36.130 | 0.000 |
| 肌肉 | 1.272 | 7 | 0.182 | 0.353 | 0.920 |
| 日龄×肌肉 | 3.699 | 14 | 0.264 | 0.513 | 0.902 |
| 误差 | 12.354 | 48 | 0.515 | | |
| 总计 | 66 463.217 | 72 | | | |

由表3-35可知，棕榈油酸在180日龄的背最长肌和臂三头肌中的含量显著高于臀中肌（$P<0.05$），油酸在270日龄的半膜肌中的含量显著高于股四头肌。除此之外，两种脂肪酸在三个年龄段中不同肌肉间的含量没有显著性差异。

表3-35 棕榈油酸和油酸含量

| 项目 | 棕榈油酸（%） | | | 油酸（%） | | |
| --- | --- | --- | --- | --- | --- | --- |
| | 90日龄 | 180日龄 | 270日龄 | 90日龄 | 180日龄 | 270日龄 |
| 背最长肌 | 2.64±0.02 | 2.46±0.01 | 2.20±0.035 | 36.28±0.09 | 36.74±0.38 | 38.37±1.05 |
| 三角肌 | 2.66±0.015 | 2.40±0.04 | 2.16±0.07 | 36.25±0.105 | 37.11±0.55 | 38.44±0.21 |
| 臀中肌 | 2.66±0.02 | 2.32±0.03 | 2.13±0.015 | 36.54±0.26 | 37.11±0.735 | 37.77±0.225 |
| 臂三头肌 | 2.64±0.01 | 2.46±0.005 | 2.27±0.055 | 36.42±0.035 | 37.12±0.9 | 38.68±0.355 |
| 股二头肌 | 2.60±0.01 | 2.42±0.09 | 2.16±0.065 | 36.27±0.065 | 36.49±0.66 | 38.68±0.355 |
| 股四头肌 | 2.60±0.01 | 2.40±0.01 | 2.13±0.035 | 36.14±0.12 | 36.92±0.745 | 37.49±0.165 |
| 腓肠肌 | 2.62±0.035 | 2.35±0.005 | 2.18±0.05 | 36.2±0.21 | 37.1±1.01 | 38.6±0.28 |
| 半膜肌 | 2.64±0.025 | 2.38±0.045 | 2.14±0.1 | 36.27±0.25 | 36.64±0.77 | 39.11±0.09 |

随着日龄的增长，棕榈油酸在各肌肉组织中的含量逐渐降低，而油酸的含量逐渐升高。臀中肌、三头肌、股四头肌和腓肠肌在90日龄的棕榈油酸含量极显著高于270日龄（$P<0.01$），背最长肌、三角肌、股二头肌和半膜肌在90日龄的棕榈油酸含量显著高于270日龄（$P<0.05$）。背最长肌、三角肌、股二头肌和半膜肌在270日龄的油酸含量显著高于90日龄（$P<0.05$），其他4个肌肉组织在270日龄的油酸含量与90日龄无显著性差异。

### （五）SCD1基因相对表达量与棕榈油酸、油酸的相关分析

结果表明（表3-36、表3-37），SCD1基因相对表达量与棕榈油酸和油酸的

Spearman相关系数分别为-0.051和0.271,但是差异不显著($P>0.05$)。

表3-36 *SCD*1基因相对表达量与棕榈油酸含量的相关分析

| 变量 | | 棕榈油酸 | *SCD*1基因表达量 |
|---|---|---|---|
| 棕榈油酸 | 相关性 | 1.000 | -0.051 |
| | 显著性(两尾检验) | | 0.814 |
| | 自由度 | 0 | 21 |
| *SCD*1基因表达量 | 相关性 | -0.051 | 1.000 |
| | 显著性(两尾检验) | 0.814 | |
| | 自由度 | 21 | 0 |

表3-37 *SCD*1基因相对表达量与油酸含量的相关分析

| 变量 | | 油酸 | *SCD*1基因表达量 |
|---|---|---|---|
| 油酸 | 相关性 | 1.000 | 0.271 |
| | 显著性(两尾检验) | | 0.200 |
| | 自由度 | 0 | 21 |
| *SCD*1基因表达量 | 相关性 | 0.271 | 1.000 |
| | 显著性(两尾检验) | 0.200 | |
| | 自由度 | 21 | 0 |

## (六)SCD1蛋白表达量与棕榈油酸、油酸的相关分析

结果表明(表3-38、表3-39),SCD1蛋白表达量与棕榈油酸含量呈负相关关系,Spearman相关系数为-0.644,差异极显著($P<0.01$);SCD1蛋白表达量与油酸含量呈正相关关系,Spearman相关系数为0.675,差异极显著($P<0.01$)。

表3-38 SCD1蛋白表达量与棕榈油酸的相关分析结果

| 变量 | | 棕榈油酸 | SCD1蛋白表达量 |
|---|---|---|---|
| 棕榈油酸 | 相关性 | 1.000 | -0.644 |
| | 显著性(两尾检验) | | 0.001 |
| | 自由度 | 0 | 21 |

（续表）

| 变量 | | 棕榈油酸 | SCD1蛋白表达量 |
|---|---|---|---|
| SCD1蛋白表达量 | 相关性 | -0.644 | 1.000 |
| | 显著性（两尾检验） | 0.001 | |
| | 自由度 | 21 | 0 |

**表3-39　SCD1蛋白表达量与油酸的相关分析结果**

| 变量 | | 油酸 | SCD1蛋白表达量 |
|---|---|---|---|
| 油酸 | 相关性 | 1.000 | 0.675 |
| | 显著性（两尾检验） | | 0.000 |
| | 自由度 | 0 | 21 |
| SCD1蛋白表达量 | 相关性 | 0.675 | 1.000 |
| | 显著性（两尾检验） | 0.000 | |
| | 自由度 | 21 | 0 |

## 三、主要研究结论

本试验克隆获得了天府肉羊$SCD1$基因的全编码序列，CDS区长1 080 bp，编码359个氨基酸。提交至NCBI在线数据库，获得GeneBank登录号：KT315581。生物信息学分析表明，核酸和氨基酸序列比对发现，$SCD1$基因与哺乳动物具有高度的相似性，其中和绵羊的相似性最高；SCD1是疏水蛋白，有多个磷酸化位点，含有4个跨膜结构域，并含有一个可能的N-糖基化位点，但不含信号肽序列；蛋白质二级结构预测显示SCD1蛋白质的氨基酸序列包含α-螺旋、无规则卷曲及延伸片段，以前两者为主。

$SCD1$基因mRNA表达分析发现，$SCD1$基因在所有被检测的3个年龄段的肌肉中均有表达，$SCD1$基因在3个年龄段的三角肌中的相对表达水平最高；时间表达分析发现，$SCD1$基因在180日龄的各肌肉组织中相对表达量最高。

Western Blotting结果显示，三个年龄段的半膜肌SCD1蛋白相对表达水平最低，90日龄和180日龄的三角肌SCD1蛋白相对表达水平最高，而270日龄的臀中肌SCD1蛋白相对表达水平最高。棕榈油酸和油酸含量分析发现，日龄对两者含量有极显著影响，棕榈油酸在各肌肉组织中含量逐渐降低，而油酸含量逐渐升高。$SCD1$基因及蛋白相对表达水平与棕榈油酸和油酸含量的相关性分析发现，$SCD1$基因在肌肉中的表达量与棕榈油酸和油酸含量没有显著的相关性;SCD1蛋白表达量与棕榈油酸含量呈极显著的负相关关系,而与油酸含量呈极显著的正相关关系。这表明了*SCD1*基因及其编码产物在天府肉羊肌肉单不饱和脂肪酸的合成中具有重要作用。关于*SCD1*基因作为肉质候选基因对天府肉羊肉品质提高的效果有待进一步研究。

## 第七节 天府肉羊*LPL*基因在不同组织及年龄阶段的表达情况分析

脂蛋白酯酶(LPL)是甘油三酯(TG)降解为甘油和游离脂肪酸(FFA)反应的限速酶,是催化与蛋白质相连的甘油三酯(TG)水解的酶。该酶位于血管内皮细胞表面,在控制脂肪沉积中起到核心作用,在前脂肪细胞向成熟脂肪细胞分化过程中对脂肪酸代谢有重要作用,控制脂肪和肌肉中甘油三酯的分配,尤其是在肌内脂肪合成时。脂蛋白酯酶基因(*LPL*)是脂肪酶基因家族的成员,主要在脂肪组织、心肌、骨骼肌和乳腺中表达。*LPL*基因的表达是脂肪细胞分化的一个早期标志。近年来,在家畜家禽育种中,*LPL*基因被作为猪、鸡、羊等畜禽脂肪沉积的候选基因来进行研究,并取得一定的进展和成效。本试验通过对脂蛋白酯酶基因(*LPL*)在天府肉羊体内的时空表达情况进行研究,为进一步研究天府肉羊肌内脂肪含量的形成机制奠定基础。

### 一、试验材料与方法

#### (一)试验材料

选择同等饲养条件、4月龄、6月龄、9月龄、12月龄和24月龄天府肉羊各3只,共15只;宰前禁食24 h,停水2 h,采用常规方法屠宰后,立即采取所有羊只的背最长肌样,另对12月龄羊采集心脏、肝脏、脾脏、肺脏、肾脏和眼肌样。将采集的肉样迅速置于液氮中,立即带回实验室中于-80 ℃低温冰箱中保存备用;另将采集的背最长肌肉样置入盛有冰块的箱内带回实验室中保存在-20 ℃的冰箱内,用于测定肌内脂肪含量。

#### (二)试验方法

1. 引物设计

利用NCBI在线资源设计*LPL*的特异引物,选择*GAPDH*作为内参基因,经分析、筛选后确定的基因的引物见表3-40。

表3-40 LPL和GAPDH基因引物信息

| 基因 | 引物名称 | 序列（5′-3′） | 片段长度（bp） | NCBI登录号 | 用途 |
|---|---|---|---|---|---|
| LPL | P3 | F：5′-CTGGACGGTGACAGGAATGTAT-3′<br>R：5′-GTCGTCGTAATAGGTCACAGAC-3′ | 131 | DQ997818 | 荧光定量 |
| GAPDH | P4 | F：5′-TTGGATGAAACGGGAGTGG-3′<br>R：5′-CCGTCCACCTTTTGTTGTTG-3′ | 127 | AJ431207 | 定量对照 |

2. RT-PCR扩增与基因克隆

提取组织总RNA，采用1.0%普通琼脂糖凝胶电泳检测分析RNA质量，用核酸蛋白分析仪测定其浓度。根据所测定浓度，用适量的DEPC水将各RNA稀释为1 μg/μL备用。按照宝生物细M-MLV反转录试剂盒说明书操作步骤进行反转录，合成cDNA第一条链。以cDNA第一链为模板克隆LPL基因。

3. 实时荧光定量PCR

制备LPL和GAPDH基因标准品，采用50 μL反应体系，在Bio-Radiq5荧光定量PCR仪上进行实时荧光定量PCR。在反应过程中，设定无cDNA样品的空白管作为阴性对照，每个样品的基因表达均以GAPDH为对照，制作标准曲线。利用荧光定量PCR分别检测目的基因LPL和内参基因GAPDH的$Ct$值，计算出目的基因与内参基因的相对表达量。利用双变量公式将定量表达的测定结果与IMF含量进行相关性分析，以求得两者之间的相关性及相关系数。

## 二、试验结果与分析

### （一）LPL荧光定量表达的准确性及特异性

从反映荧光定量扩增过程的"S"形荧光定量动力学曲线可以看出，目的基因和内参基因的荧光定量动力学曲线基线平整，指数区较明显，斜率大且固定（平行线），线性范围广，为理想的扩增曲线。

分析熔解曲线的负一次微分曲线可知，目的基因（LPL）和内参基因（GAPDH）的反应熔解曲线都是只有单一峰型的曲线，没有其他杂峰，说明扩增产物单一，为特异性产物，没有引物二聚体等非特异性扩增产物。

## （二）LPL基因在组织中的表达情况

对12月龄天府肉羊6个不同组织中LPL基因表达情况进行检测，结果显示（图3-24、表3-41、表3-42）：在所检测的组织中，LPL基因均能表达；LPL基因在背最长肌中表达量最为丰富，极显著高于其他各组织（$P<0.01$）；心肌组织的表达也极显著高于其他4个内脏组织（$P<0.01$）；肝脏和脾脏组织的差异不显著（$P>0.05$），但极显著高于肺脏和肾脏组织（$P<0.05$），肺脏和肾脏差异不显著（$P>0.05$）。在背最长肌中，随着月龄的增加，LPL基因的表达量呈现先上升后下降的趋势，在检测的5个阶段中，4月龄的表达量最低，与6月龄、9月龄、12月龄差异不显著，但显著低于24月龄（$P<0.05$）；6月龄、9月龄、12月龄和24月龄的表达量差异不显著（$P>0.05$）。

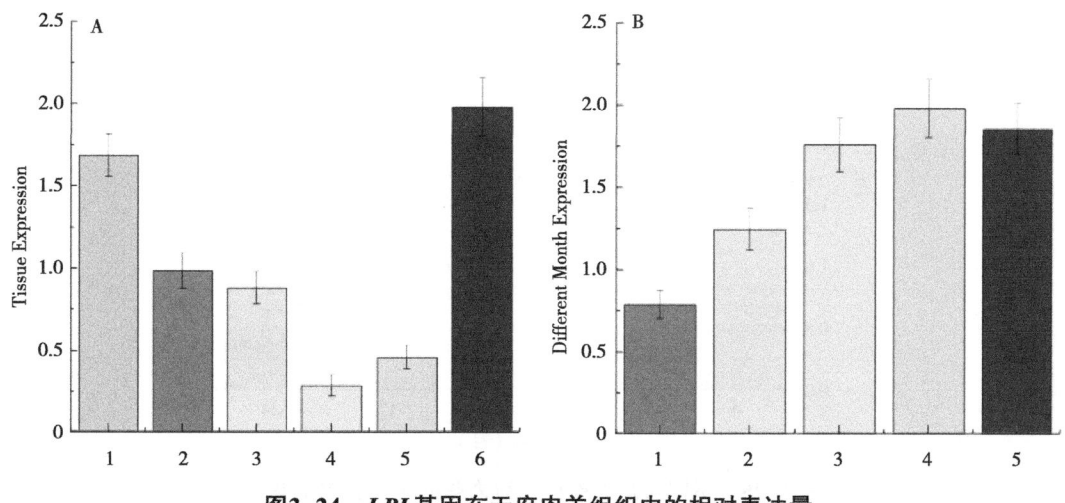

**图3-24　LPL基因在天府肉羊组织中的相对表达量**

注：A. 12月龄天府肉羊不同组织中LPL基因的相对表达量，1~6分别为心脏、肝脏、脾脏、肺脏、肾脏和背最长肌；B. 不同月龄阶段天府肉羊眼肌中LPL基因的相对表达量，1~5分别为4月龄、6月龄、9月龄、12月龄和24月龄。

**表3-41　12月龄天府肉羊不同组织中LPL基因的相对表达量**

| 组织 | 心脏 | 肝脏 | 脾脏 | 肺脏 | 肾脏 | 眼肌 |
| --- | --- | --- | --- | --- | --- | --- |
| 表达量 | $1.686 \pm 0.128^B$ | $0.985 \pm 0.110^C$ | $0.882 \pm 0.098^C$ | $0.288 \pm 0.065^D$ | $0.462 \pm 0.072^D$ | $1.981 \pm 0.177^A$ |

**表3-42　不同月龄天府肉羊眼肌中LPL基因的相对表达量**

| | 4月龄 | 6月龄 | 9月龄 | 12月龄 | 24月龄 |
| --- | --- | --- | --- | --- | --- |
| 表达量 | $0.789 \pm 0.085^b$ | $1.246 \pm 0.128^{ab}$ | $1.760 \pm 0.162^{ab}$ | $1.981 \pm 0.177^{ab}$ | $1.856 \pm 0.156^a$ |

## (三)天府肉羊背最长肌肌内脂肪含量的发育性变化

取4月龄、6月龄、9月龄、12月龄和24月龄天府肉羊背最长肌样品,用索氏抽提法进行脂肪含量测定,每个样品设3个重复,从图3-25、表3-43可以看出,天府肉羊背最长肌的肌内脂肪含量在检测的前4个月龄阶段中,随着月龄增加肌内脂肪含量持续上升,且在各月龄间的差异显著($P<0.05$);以12月龄为对照,天府肉羊背最长肌肌内脂肪在4~12月龄一直保持较高的增长率,且差异极显著($P<0.01$);12月龄之后,背最长肌肌内脂肪含量维持在一个较高水平,且没有出现增加的趋势。

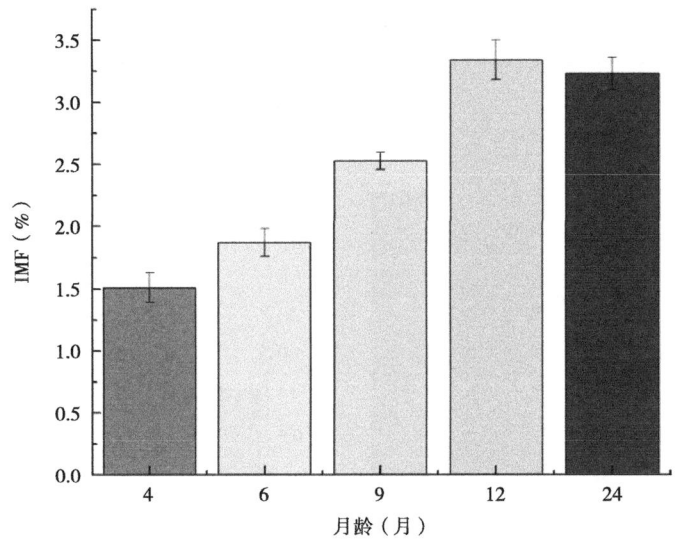

图3-25 不同月龄天府肉羊肌内脂肪含量发育变化

表3-43 不同月龄天府肉羊肌内脂肪含量发育变化

| 月龄 | 样本数(个) | 肌内脂肪含量(%) |
| --- | --- | --- |
| 4 | 3 | $1.51^D \pm 0.12$ |
| 6 | 3 | $1.87^C \pm 0.11$ |
| 9 | 3 | $2.53^B \pm 0.07$ |
| 12 | 3 | $3.34^A \pm 0.16$ |
| 24 | 3 | $3.23^A \pm 0.13$ |

## (四)*LPL*基因mRNA表达量与IMF的相关分析

使用SPSS 18.0软件,将天府肉羊肌内脂肪含量值分别与*LPL*基因的相对表达量值进行双变量相关性分析。结果表明,天府肉羊背最长肌中*LPL*基因与IMF含量相关系数为0.598，这表明IMF含量越高，*LPL*基因的相对表达量就越高。*LPL*基因与IMF不相关的假设检验值为0.018，可以否定假设，因此，*LPL*基因表达量会随着IMF含量的增加而增加。

### 三、主要研究结论

本试验对12月龄天府肉羊各组织（心脏、肝脏、脾脏、肺脏、肾脏和背最长肌）中*LPL*基因进行荧光定量分析，结果表明，在所检测的组织中，*LPL*基因均能表达；*LPL*基因在背最长肌中表达量最为丰富，其次是心肌组织；肝脏和脾脏组织的差异不显著（$P>0.05$），但极显著高于肺脏和肾脏组织（$P<0.05$）；*LPL*基因的表达量在肺脏和肾脏组织中都含量较低，这可能与肝脏、肺脏、脾脏和肾脏均是由结缔组织和实质构成有关。

背最长肌中*LPL*基因随着年龄的增加表达量基本呈现一个上升的趋势，以12月龄为对照，4月龄的表达量最低，显著低于其他月龄（$P<0.05$）；6月龄、9月龄、12月龄和24月龄的表达量差异都不显著（$P>0.05$）。本研究表明，*LPL*基因的表达量在12月龄达到高峰，在成年阶段维持在一个相对稳定的较高水平。*LPL*基因的荧光定量表达量随着IMF含量的增加而增加，呈显著相关，相关系数为0.598，但12月龄过后，IMF含量不再增加，而*LPL*基因的表达量维持在一定的水平。可能是因为脂肪细胞数目的增加是发生在生长早期，IMF含量在不断增加，*LPL*基因的表达量也在不断增加。而在生长后期，脂肪细胞数却没有明显增加，脂肪相关基因的相对浓度稳定在一定的水平，对肌内脂肪的沉积起着一定的积极作用，其机制及应用有待进一步研究。

## 第八节 天府肉羊*CTSD*、*CSTB*基因克隆及其组织表达分析

组织蛋白酶D（CTSD，cathepsin D）隶属于溶酶体组织蛋白酶家族，对宰后动物肌肉的降解具有重要的作用，是影响肌肉嫩化的重要物质之一，它可将完整的肌肉蛋白直接降解成肽链，继而供其他组织蛋白酶进行分解。半胱氨酸蛋白酶抑制剂B（CSTB，CystatinB）隶属于半胱氨酸蛋白酶抑制因子超家族，是最重要的细胞内组织蛋白酶之一，它可以抑制组织蛋白酶B（CathepsinB），对其他组织蛋白酶也有较强的

抑制作用。动物被屠宰以后，细胞内溶酶体破裂并释放出大量的组织蛋白酶以降解肌球蛋白、肌钙蛋白、肌动蛋白和原肌球蛋白，半胱氨酸蛋白酶抑制剂可以通过抑制组织蛋白酶B、组织蛋白酶D等的活性，保护细胞免受错误的蛋白水解的伤害，降低蛋白质的降解水平，进而影响肉质嫩化的调控。

本试验通过克隆天府肉羊 *CTSD* 和 *CSTB* 基因的cDNA核苷酸序列，并采用实时荧光定量RT-PCR技术和蛋白免疫印迹杂交技术（Western Blotting）探究其mRNA及蛋白在天府肉羊不同年龄段和不同组织器官中的表达情况，为进一步将 *CTSD* 和 *CSTB* 基因用于天府肉羊分子标记辅助选择育种提供试验依据。

## 一、试验材料与方法

### （一）试验材料

本试验以天府肉羊为研究对象，选取6月龄、12月龄、18月龄、24月龄体况中等、健康的天府肉羊羯羊各5只为样本（共20只）。屠宰前禁食24 h并停水2 h，采用常规的屠宰方法，采集心脏、肝脏、脾脏、肺、肾脏、股二头肌、腹直肌和背最长肌适量放于1.5 mL的离心管中，并迅速置于液氮内，带回实验室后转放于−80 ℃冰箱中保存备用。

### （二）试验方法

1. 引物设计

利用NCBI在线资源，采用Primer 5.0设计克隆 *CTSD*、*CSTB* 基因所需的特异性引物，并利用克隆得到的 *CTSD* 和 *CSTB* 基因全长CDS区设计定量引物，选 *GAPDH* 基因作为内参基因并设计引物（表3-44）。

表3-44 *CSTD* 基因引物信息

| 基因 | 引物名称 | 序列（5'-3'） | 片段长度(bp) | 用途 | NCBI登录号 |
| --- | --- | --- | --- | --- | --- |
| CTSD | *CTSD*-F1 | 5'-CATGCAGACGCCCAGACT-3' | 386 | | |
| | *CTSD*-R1 | 5'-TGGACTTGTCGCTGTTGTATTT-3' | | | |
| | *CTSD*-F2 | 5'-GACCCACCGCAAATACAACA-3' | 465 | 克隆 | KJ004415 |
| | *CTSD*-R2 | 5'-TCCATGTGGATCTGCCAGTAG-3' | | | |
| | *CTSD*-F3 | 5'-CTGAACAGGGACCCGAAAG-3' | 648 | | |
| | *CTSD*-R3 | 5'-GTGGTGCGACTGTGAGTGC-3' | | | |

（续表）

| 基因 | 引物名称 | 序列（5'-3'） | 片段长度(bp) | 用途 | NCBI登录号 |
|---|---|---|---|---|---|
| CSTB | CSTB-F | 5'-AGCCTGCCGACTGCTGACAT-3' | 440 | 克隆 | KF991243 |
| | CSTB-R | 5'-AACACAGTGAAAGCAGGGAACAGA-3' | | | |
| GAPDH | GAPDH-f | 5'-GCAAGTTCCACGGCACAG-3' | 118 | 定量 | AJ431207 |
| | GAPDH-r | 5'-TCAGCACCAGCATCACCC-3' | | | |
| CTSD | CTSD-f | 5'-TGAACAGGGACCCGAAAG-3' | 188 | 定量 | KJ004415 |
| | CTSD-r | 5'-TCCACGATAGCCTCACAGC-3' | | | |
| CSTB | CSTB-f | 5'-CGGGTTCTCAGATCCTCA-3' | 182 | 定量 | KF991243 |
| | CSTB-r | 5'-CGAAGTCATCCTCGTCCA-3' | | | |

#### 2. RT-PCR扩增与基因克隆

按照TrizolRNA提取试剂盒的方法提取总RNA，使用1.0%普通琼脂糖凝胶电泳分析检测总RNA的质量，使用核酸蛋白分析仪检测计算RNA的浓度。使用TaKaRa公司的Reverse Transcriptase M-MLV反转录试剂盒进行合成cDNA第一条链。以cDNA为模板，进行PCR克隆CTSD和CSTB基因，使用1.0%的琼脂糖凝胶对PCR产物进行电泳检测。使用AxyPrep$^{TM}$DNA Gel Exraction kit DNA凝胶回收试剂盒回收并纯化PCR产物。将纯化并回收后的PCR产物与pMD19-T载体连接，16 ℃孵育过夜。采取 E. coli JM109菌制备感受态细胞，并进行连接物的转化。挑选阳性克隆送北京华大基因进行测序。

#### 3. 实时荧光定量PCR

制备CTSD、CSTB、GAPDH标准品，利用Bio-RadiCycleriq5荧光定量PCR仪检测天府肉羊CTSD、CSTB基因表达含量。选择GAPDH基因作内参基因，用作CTSD和CSTB基因的表达对照。在荧光定量反应过程中，对照组使用无菌水替代cDNA样品，试验组和对照组都检测三个平行试验。对PCR产物进行凝胶电泳回收获得DNA溶液，使用TaKaRa公司的EASYDilution将溶液依次稀释$1 \times 10^{-1} \sim 1 \times 10^{-7}$共7个浓度梯度，制作标准曲线。

#### 4. 蛋白质免疫杂交（Western Blotting）

提取组织总蛋白，按照BCA蛋白质定量试剂盒的操作说明书进行样品浓度的测定。经变性处理后进行SDS-PAGE聚丙酰胺凝胶电泳，电泳至溴酚蓝跑至分离胶的下边缘时停止电泳，取出胶板，切胶，将切好的凝胶放于转膜仪上，连接转膜仪导线转膜，转膜电压为20 V，转膜时间为25 min。转膜结束后，进行免疫反应，将PVDF膜移至装有封闭液的离心管中，放于37 ℃的摇床中摇动封闭2 h，再分别进行一抗孵育、漂洗、二抗孵育、漂洗，用凝胶成像仪进行显影反应和拍照。

## 二、试验结果与分析

### （一）CTSD和CSTB基因克隆与序列分析

1. CTSD基因RT-PCR结果

将双向测序得到的CTSD第一段、第二段和第三段基因序列用DNAman 6.0软件进行拼接，得到天府肉羊CTSD基因cDNA序列全长1 366 bp，经NCBI OFRFinder分析得到完整开放阅读框1 239 bp，编码412个氨基酸，将序列提交至NCBI获得登录号为KJ004415。

利用NCBI的Blast程序，比对天府肉羊的CTSD基因cDNA序列与GenBank中其他物种的CTSD基因cDNA序列，发现同源性最高的是牛（95%），其次是猪（89%）、猕猴（87%）、东非狒狒（87%）和人（87%）（表3-45）；比对天府肉羊CTSD基因编码的氨基酸与GenBank中其他物种的CTSD蛋白的氨基酸序列，结果发现同源性最高的是牛（96%），其次是猪（87%）、中央狐蝠（86%）、人（85%）和猕猴（85%）（表3-46）。

表3-45 CTSD基因核苷酸的一致性

| 物种 | 核苷酸一致性（%） | GenBank ID |
| --- | --- | --- |
| Tianfu goat（天府肉羊） |  | KJ004415.1 |
| Bos taurus（牛） | 95 | NM_001166521.1 |
| Sus scrofa（猪） | 89 | NM_001037721.1 |
| Macaca mulatta（猕猴） | 87 | NM_001260554.1 |
| Papio anubis（东非狒狒） | 87 | NM_001168903.1 |
| Homo sapiens（人） | 87 | BT020155.1 |
| Pongo abelii（苏门答腊猩猩） | 87 | NM_001132020.1 |
| Canis lupus familiaris（家犬） | 86 | NM_001025621.1 |
| Rattus norvegicus（褐家鼠） | 80 | NM_134334.2 |
| Salmo salar（安大略鲑） | 77 | BT043515.1 |

表3-46　CTSD蛋白的氨基酸序列一致性

| 物种 | 氨基酸一致性（%） | GenBank ID |
| --- | --- | --- |
| Tianfu goat（天府肉羊） |  | AHN49637.1 |
| Bos taurus（牛） | 96 | BAB21620.1 |
| Sus scrofa（猪） | 87 | AAV90625.1 |
| Pteropus alecto（中央狐蝠） | 86 | ELK13201.1 |
| Homo sapiens（人） | 85 | AAP36305.1 |
| Macaca mulatta（猕猴） | 85 | EHH22561.1 |
| Mus musculus（小家鼠） | 79 | AAH48900.1 |
| Myotis davidii（大卫属耳蝠） | 78 | ELK28547.1 |
| Myotis brandtii（布氏鼠耳蝠） | 76 | EPQ20059.1 |
| Miichthys miiuy（鮸鱼） | 67 | ADP89523.1 |

构建CTSD核苷酸的NJ（Neighobr-Joining）分子系统发育树，结果表明天府肉羊CTSD基因与牛的亲缘关系最近，与猪聚合形成一个偶蹄目，之后与家犬、人、东非狒狒、苏门答腊猩猩、猕猴聚合形成一个哺乳纲，最后与硬骨鱼纲的安大略鲑聚合形成脊椎动物亚门。

利用ExPASy服务器上的ProtParam程序对CTSD蛋白的理化性质进行分析，结果表明（表3-47）其分子式为$C_{2006}H_{3159}N_{527}O_{585}S_{18}$，分子质量约为44.60 kDa，理论等电点pI为7.56；负电荷总数（Asp+Glu）为35，正电荷（Arg+Lys）总数为36，蛋白整体带正电荷；CTSD蛋白的不稳定系数为36.03，表明该蛋白是稳定的；序列的N-端残基为Met，理论推导半衰期为30 h；在组成CTSD蛋白的20种氨基酸中，甘氨酸（Gly）所占的比例最高（10.0%），而色氨酸（Trp）所占的比例最低（1.0%）。

表3-47　天府肉羊CTSD蛋白质的氨基酸组成

| 名称 | 个数 | 占比（%） | 名称 | 个数 | 占比（%） |
| --- | --- | --- | --- | --- | --- |
| Ala（A） | 27 | 6.6 | Arg（R） | 15 | 3.6 |
| Asn（N） | 12 | 2.9 | Asp（D） | 20 | 4.9 |
| Cys（C） | 8 | 1.9 | Gln（Q） | 19 | 4.6 |
| Glu（E） | 15 | 3.6 | Gly（G） | 41 | 10.0 |
| His（H） | 7 | 1.7 | Ile（I） | 24 | 5.8 |

（续表）

| 名称 | 个数 | 占比（%） | 名称 | 个数 | 占比（%） |
|---|---|---|---|---|---|
| Leu（L） | 40 | 9.7 | Lys（K） | 21 | 5.1 |
| Met（M） | 10 | 2.4 | Phe（F） | 14 | 3.4 |
| Pro（P） | 29 | 7.0 | Ser（S） | 30 | 7.3 |
| Thr（T） | 24 | 5.8 | Trp（W） | 4 | 1.0 |
| Tyr（Y） | 17 | 4.1 | Val（V） | 35 | 8.5 |

将试验所得CTSD蛋白序列提交至PSORTII蛋白质亚细胞定位服务器预测，结果表明该蛋白位于细胞外或者细胞壁的可能性最大为33.3%，有22.2%的可能性位于细胞质中，位于线粒体中的可能性为11.1%，而位于其他细胞器中的可能性则较小。

利用ExPASy服务器上的ProtScale程序在线对CTSD蛋白的疏水性进行分析，结果表明天府肉羊CTSD蛋白为亲水蛋白。

使用CBS服务器上的NetPhos 2.0程序对天府肉羊CTSD蛋白磷酸化位点进行预测，结果发现20个磷酸化位点，其中9个丝氨酸（Ser）磷酸化位点（位点33、39、55、127、130、159、168、207、350），6个苏氨酸（Thr）磷酸化位点（位点3、37、89、178、355、395），5个酪氨酸（Tyr）磷酸化位点（位点82、133、254、261、354）。

使用TMHMMServerv.2.0对天府肉羊CTSD蛋白进行跨膜区分析，结果发现该蛋白的30~412位氨基酸位于细胞膜表面，7~30位氨基酸之间形成一个典型的跨膜螺旋区，可能暗示CTSD蛋白可能与某些细胞信号传导存在一定的关系。

通过SingalP4.1server分析发现CTSD蛋白含有信号肽，具体位点为MQTPRLLPLLLALGLLAAPAAA，说明CTSD蛋白可能在跨膜运输中起到信号识别作用，剪切位点位于第22~23位氨基酸，表明成熟肽始于22位氨基酸。

用CBS软件中的NetOGlyc 3.1和NetNGlyc 1.0程序分别预测天府肉羊CTSD蛋白的O端和N-端糖基化位点，结果表明（图3-48、图3-49）CTSD蛋白可能存在2个O端-糖化位点（157T、173T），3个N-端-糖基化位点（136NGTT、163NPSS、263NVTR）。

使用生物信息学软件SPOMA蛋白二级结构预测发现：α-螺旋占20.63%，无规则卷曲占43.20%成为最大量结构，延伸链占30.58%，散布在蛋白中，β-折叠的量比较少只占5.58%。

使用SMART服务器分析天府肉羊CTSD蛋白的结构功能域，结果发现在23~51位氨基酸存在A1_Propeptide，在80~409位氨基酸存在Asp结构域，利用PORSITE数据库的对天府肉羊CTSD蛋白进行motif搜索，结果发现：CTSD蛋白中有2处位置与指定的序列模式相匹配，96~107位的氨基酸序列为VVFDTGSANLWV；292~303位的氨基酸序列为AIVDTGTSLIVG。

**2. CSTB基因的RT-PCR**

经分析测序结果CSTB基因cDNA序列全长425 bp，其中ORF（完整开放阅读框）306 bp，编码101个氨基酸，提交至NCBI后序列的登录号为KF991243。

使用DNAman 6.0进行核苷酸序列比对，结果发现：同源性最高的是牛（93.14%），其次是猪（70.74%）、马（70.41%，预测的序列）、人（73.86%）和小家鼠（64.38%）；将天府肉羊CSTB基因编码的氨基酸与GenBank中其他物种的CSTB蛋白的氨基酸序列进行比对，结果发现同源性最高的是牛（91.09%），其次是猪（73.27%）、马（73.27%）、人（67.33%）和小家鼠（58.42%），其中不同物种的CSTB氨基酸序列都存在一个谷酰胺酸-X-缬氨酸-X-甘氨酸（QXVXG）结构位点。

使用MEG 5.0软件构建CSTB系统进化树，结果表明在进化过程中天府肉羊CSTB基因与牛的亲缘关系最近，之后与猪聚合成偶蹄目，然后与奇蹄目的马和白犀牛聚合，再与灵长目的黑猩猩、大猩猩和人聚合，并与啮齿目的小家鼠聚合后形成哺乳动物纲，之后与鸟纲的原鸡和斑胸草雀聚合，最后与硬骨鱼纲的梭子鱼和两栖纲的热带爪蟾聚合。

利用ExPASy服务器上的ProtParam程序对CSTB蛋白的理化性质进行分析，结果表明（表3-48）：其分子式为$C_{515}H_{793}N_{135}O_{156}S_2$，分子质量约为11.44 kDa，理论等电点pI为5.06；负电荷总数（Asp+Glu）为15，正电荷（Arg+Lys）总数为10，蛋白整体带负电荷；CSTB蛋白的不稳定系数为38.51，表明该蛋白是稳定的；序列的N-端残基为蛋氨酸（Met），理论推导半衰期为30 h；在组成CSTB蛋白的20种氨基酸中，甘氨酸（Gly）所占的比例最高（10.0%），而色氨酸（Trp）所占的比例最低（1.0%）。

表3-48 天府肉羊CSTB蛋白质的氨基酸组成

| 名称 | 个数 | 占比（%） | 名称 | 个数 | 占比（%） |
| --- | --- | --- | --- | --- | --- |
| Ala（A） | 8 | 7.9 | Arg（R） | 2 | 2.0 |
| Asn（N） | 4 | 4.0 | Asp（D） | 6 | 5.9 |
| Cys（C） | 0 | 0 | Gln（Q） | 9 | 8.9 |
| Glu（E） | 9 | 8.9 | Gly（G） | 5 | 5.0 |
| His（H） | 3 | 3.0 | Ile（I） | 5 | 5.0 |
| Leu（L） | 5 | 5.0 | Lys（K） | 8 | 7.9 |
| Met（M） | 2 | 2.0 | Phe（F） | 7 | 6.9 |
| Pro（P） | 5 | 5.0 | Ser（S） | 5 | 5.0 |
| Thr（T） | 4 | 4.0 | Trp（W） | 1 | 1.0 |
| Tyr（Y） | 2 | 2.0 | Val（V） | 11 | 10.9 |

将试验所得序列提交至PSORTII蛋白质亚细胞定位服务器预测，结果表明该蛋白位于细胞质中的可能性最大为47.8%，有21.7%的可能性位于细胞核中，位于线粒体中的可能性为13%，而位于其他细胞器中的可能性则较小。

利用ExPASy服务器上的ProtScale程序在线对CSTB蛋白的疏水性进行分析，结果表明：天府肉羊CSTB蛋白为亲水蛋白。

使用CBS服务器上的NetPhos 2.0程序对天府肉羊CSTB蛋白磷酸化位点进行预测，结果发现存在1个Ser磷酸化位点（位点28）和2个Thr磷酸化位点（位点86、90）共3个磷酸化位点，没有发现Tyr磷酸化位点。

使用TMHMM Serverv 2.0对天府肉羊CSTB蛋白进行跨膜区分析，结果发现该蛋白不存在跨膜结构域。

通过SingalP 4.1 server预测分析CSTB蛋白的信号肽，结果显示天府肉羊CSTB蛋白不存在信号肽序列，该蛋白为非分泌型蛋白。

使用CBS软件中的NetOGlyc 3.1和NetNGlyc 1.0程序分别预测CSTB蛋白的O-端和N-端糖基化位点，表明该蛋白没有N-端-糖基化位点和O端-糖基化位点。

通过SPOMA蛋白二级结构预测，结果发现：天府肉羊CSTB蛋白α-螺旋占35.64%，无规则卷曲占37.62%成为最大量结构，延伸链占22.77%散布在蛋白中，β-折叠的量比较少只占3.96%。

使用SMART服务器分析天府肉羊CSTB蛋白的结构功能域，结果发现：在4~101位氨基酸存在Cystatin-like（CY）结构域；用PORSITE数据库的对天府肉羊CSTB蛋白进行motif搜索，结果发现：CSTB蛋白中存在1处位置与指定的序列模式相匹配，具体为48~61位的氨基酸序列为SQVVAGMNYlIKVQ，该motif为CSTB蛋白功能位点研究提供重要的参考信息。

运用SWISS-MODEL服务器下的Automatedmode程序预测天府肉羊CSTB蛋白的三级结构，从模型信息可以发现该目标蛋白是基于1stfI链（PDB：1stfChain：I）建模的，两者序列的一致性达到69.792%。

## （二）*CTSD*和*CSTB*基因荧光定量PCR结果

1. PCR检测及其标准曲线

抽提天府肉羊心脏肌肉组织RNA，经检测结果表明PCR产物的条带清晰明亮，没有杂带且片段的大小与预期设计的一致，表明3个基因的荧光定量RT-PCR的引物正确并且特异性较好。

经过实时荧光定量RT-PCR反应后，在模板浓度为$10^{-7} \sim 10^{-1}$的范围内构建内参基因*GAPDH*、目的基因*CTSD*和*CSTB*的标准曲线，并且得到了这三个基因扩增产物的标准曲线。各基因所有的点基本上都在同一直线，其中CSTB基因的扩增效率（Efficiency）为90.9%，相关系数$R^2$=0.991；CSTB基因的扩增效率为91.2%，相关系数$R^2$=1.000；内参GAPDH基因的扩增效率为91.0%，相关系数$R^2$=0.998；三个基因标准曲线的扩增效率都符合90%～105%的理想扩增范围，说明各基因的反应条件和引物适宜各自的荧光定量反应，试验所得到的Ct值能够准确地确定起始cDNA的拷贝数。

**2. CTSD基因在组织中的表达情况**

应用RT-PCR技术检测一岁的天府肉羊心脏、肝脏、脾脏、肺脏、肾脏、股二头肌、腹直肌和背最长肌的CTSD基因的表达情况，结果表明（图3-26、表3-49、表3-50）：CTSD基因在内脏组织较骨骼肌组织的表达量高，其中肺的表达量与其他组织差异极显著（$P<0.01$）；股二头肌、腹直肌和背最长肌之间的表达量差异不显著（$P>0.05$）；背最长肌在不同时间段的表达呈现先上升后下降的趋势，在12月达到最高点，之后开始下降。

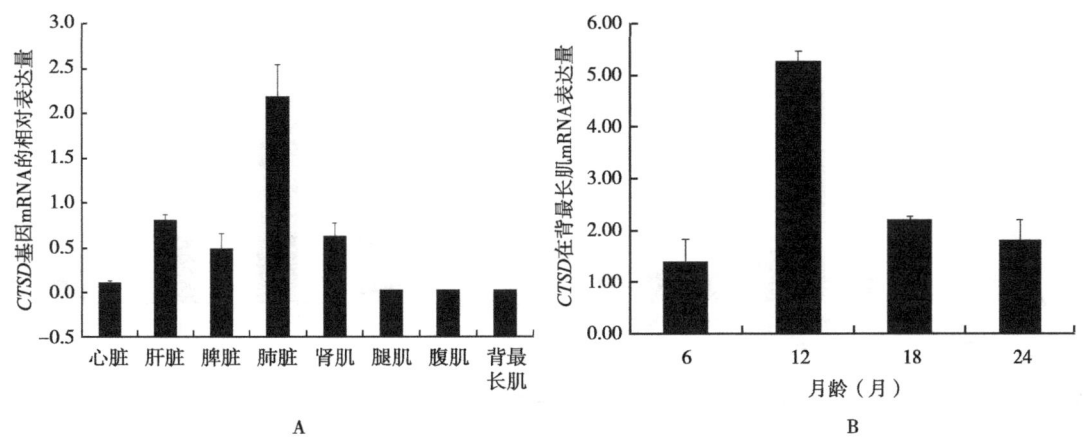

**图3-26　CTSD基因在天府肉羊的时空性表达**

注：A. CTSD基因在一岁天府肉羊8个组织中的表达量；B. 不同月龄阶段天府肉羊背最长肌中CTSD基因的相对表达量。

**表3-49　CTSD基因在一岁天府肉羊8个组织中的表达**

| 组织 | 心脏 | 肝脏 | 脾脏 | 肺脏 | 肾脏 | 股二头肌 | 腹直肌 | 背最长肌 |
|---|---|---|---|---|---|---|---|---|
| 表达量 | 0.112 9 ± 0.008 6[Cd] | 0.802 2 ± 0.039 2[Bb] | 0.493 9 ± 0.095 3[Bc] | 2.188 1 ± 0.208 2[Aa] | 0.626 6 ± 0.084 6[Bbc] | 0.029 0 ± 0.001 3[Cd] | 0.024 2 ± 0.000 8[Cd] | 0.025 2 ± 0.000 6[Cd] |

**表3-50　CTSD基因在天府肉羊不同时间段的背最长肌中的表达**

| 月龄 | 6月龄 | 12月龄 | 18月龄 | 24月龄 |
|---|---|---|---|---|
| 表达量 | 2.67 ± 1.202[Bc] | 11.00 ± 0.577[Aa] | 7.33 ± 0.882[ABb] | 5.00 ± 1.528[Bbc] |

注：同行上标大写字母不同表示差异极显著（$P<0.01$），大写字母相同、小写字母不同表示差异显著（$P<0.05$），大写字母相同、小写字母相同表示差异不显著（$P>0.05$）。

## 3. CSTB基因在组织中的表达情况

使用实时荧光定量PCR的方法检测12月龄的天府肉羊心脏、肝脏、脾脏、肺脏、肾脏、股二头肌、腹直肌和背最长肌的CSTB基因的表达情况，结果表明（图3-27、表3-51、表3-52），CSTB基因在天府肉羊的肺中表达量最高（$P<0.01$），其次是脾、肺和肾的表达量（$P<0.01$），在肌肉组织中的表达量较低（$P>0.05$），尤其是骨骼肌；CSTB基因在天府肉羊不同年龄段的表达呈现先上升后下降的趋势，在12月龄达到最高，之后便开始下降。

通过绘制散点图发现：CTSD和CSTB基因在天府肉羊不同组织、不同年龄段中的相对表达量存在线性相关趋势，进一步采用直线相关分析该基因mRNA的相对表达量发现，在天府肉羊6~24月龄的8个试验组织中，CTSD和CSTB mRNA的表达量呈现显著正相关（$r=0.795$，$P<0.0001$）。

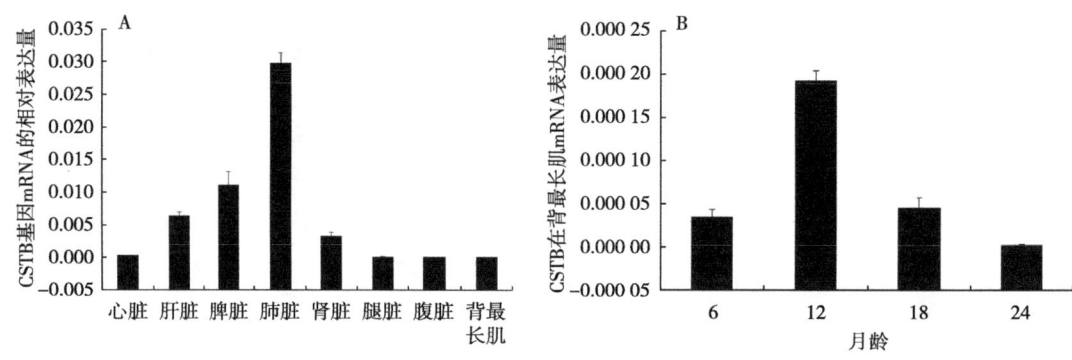

图3-27　CSTB基因在天府肉羊的时空性表达

表3-51　CSTB基因在一岁天府肉羊8个组织中的表达

| 组织 | 心脏 | 肝脏 | 脾脏 | 肺脏 | 肾脏 | 股二头肌 | 腹直肌 | 背最长肌 |
|---|---|---|---|---|---|---|---|---|
| 表达量 | $0.0003 \pm 0.00005^E$ | $0.0063 \pm 0.0003^C$ | $0.0111 \pm 0.0012^B$ | $0.0297 \pm 0.0009^A$ | $0.0033 \pm 0.0003^D$ | $0.00009 \pm 0.00003^{Ea}$ | $0.00003 \pm 0.000004^E$ | $0.00005 \pm 0.000007^E$ |

表3-52　CSTB基因在天府肉羊不同时间段的背最长肌中的表达

| | 6月龄 | 12月龄 | 18月龄 | 24月龄 |
|---|---|---|---|---|
| 表达量 | $5.33 \pm 0.882^{BCb}$ | $11.00 \pm 0.577^{Aa}$ | $7.67 \pm 0.882^{ABb}$ | $2.00 \pm 0.577^{Cc}$ |

## （三）CTSD和CSTB蛋白表达差异

**1. CTSD蛋白表达差异**

提取12月龄的天府肉羊的心脏、肝脏、脾脏、肺脏、肾脏、股二头肌、腹直肌和背最长肌组织蛋白样品，把GAPDH抗体当作内参，选择具有较强特异性的CTSD单克隆抗体，利用蛋白印迹杂交技术进一步分析天府肉羊CTSD蛋白时空性的表达情况。结果表明，CTSD蛋白在天府肉羊的同一时期不同组织的表达量各不相同，仅在股二头肌、腹直肌和背最长肌中检测到目的条带，心脏、肝脏、脾脏和肺中均未检测到表达信号。

**2. CSTB蛋白表达差异**

提取12月龄的天府肉羊的心脏、肝脏、脾脏、肺脏、肾脏、股二头肌、腹直肌和背最长肌组织蛋白样品，把GAPDH抗体当作内参，选择具有较强特异性的CSTB多克隆抗体，利用蛋白印迹杂交技术进一步分析天府肉羊CSTB蛋白时空性的表达情况。结果表明，CSTB蛋白在天府肉羊的同一时期不同组织中的表达量不同，其中在心脏、肝脏、脾脏、肺和肾脏中检测到目的条带，在股二头肌、腹直肌和背最长肌骨骼肌中均未检测到表达信号。

## 三、主要研究结论

本试验在天府肉羊中首次选择*CTSD*和*CSTB*基因运用分子克隆技术进行CDS区的克隆，并提交至NCBI获得登录号为：KJ004415和KF991243，随后采用实时荧光定量RT-PCR技术检测这两个基因的mRNA在天府肉羊的心脏、肝脏、脾脏、肺、肾脏、股二头肌、腹直肌和背最长肌8个组织中的表达，继而检测了这两个基因在天府肉羊不同时间段的表达，并用蛋白印迹杂交技术在蛋白水平检测了它们在天府肉羊各个组织中的表达情况。

结果显示：*CTSD*基因完整的开放阅读框为1 239 bp，共编码412个氨基酸，该氨基酸拥有20个磷酸化位点，预测的蛋白二级结构主要无规则卷曲和延伸链，CTSD蛋白存在信号肽、A1_Propeptide前体结构域和Asp结构域，这个结构与CTSD蛋白在其他物种上研究相符合，系统进化树分析显示其与牛的基因的同源性最高，与物种间的同源性和生物进化关系亲源性的远近也相符合。实时荧光定量RT-PCR结果显示：在8个试验组织中，*CTSD*基因在肺中的表达量最高，其次是肝脏和肾脏，在股二头肌、腹直肌和背最长肌三种骨骼肌中的表达量最低；在背最长肌中，*CTSD*基因随着时间的增长其表达量呈现出先上升后下降的趋势，在12月龄达到最高点；蛋白印迹杂交显示：CTSD蛋白在天府肉羊股二头肌、腹直肌和背最长肌中表达较高。

*CTSB*基因的完整开放阅读框为306 bp，共编码101个氨基酸，CSTB蛋白拥有3个磷酸化位点，预测的蛋白二级结构也是以无规则卷曲和α-螺旋为主，并且不存在信号肽，预测到存在Cystatin-like结构域；在系统进化树分析显示天府肉羊CSTB蛋白与牛的CSTB蛋白有很近的进化关系和遗传关系，并与其他物种间的同源性、生物进化关系亲源性的远近也相符合；实时荧光定量RT-PCR结果显示：在天府肉羊8个试验组织中，*CSTB*基因在肺的表达量最高，其次是脾脏，同样在股二头肌、腹直肌和背最长肌三种骨骼肌中的表达量低；在背最长肌中*CSTB*基因随着天府肉羊年龄的增长其表达量出现先上升后下降的趋势，同样是在12月龄达到最高点，之后开始下降，而蛋白印迹杂交结果显示，CSTB蛋白在心脏、肝脏、脾脏、肺脏和肾脏中检测到积极的信号。

## 第九节　天府肉羊*CTSL*、*CTSH*和*CTSF*基因克隆及其在部分组织器官中的表达分析

　　组织蛋白酶（cathepsin）家族属于半胱氨酸蛋白酶类，它不仅能水解肌纤维中的蛋白，而且还能使动物的结缔组织变松散，进而影响到肉的嫩度。根据组织蛋白酶底物的特异性，组织蛋白酶可分为肽链内切酶、肽链端解酶、氨基肽酶和羧肽酶。其中，组织蛋白酶H（*CTSH*）既属于肽链内切酶也属于肽链端解酶还属于氨基肽酶；而组织蛋白酶L（*CTSL*）和组织蛋白酶F（*CTSF*）都仅仅属于肽链内切酶。在猪、牛和鱼类的有关研究结果表明，组织蛋白酶基因家族成员可以作为影响畜禽的肉质性状候选基因。

　　本试验运用RT-PCR结合克隆测序方法和蛋白质免疫印迹（Western Blotting）方法，克隆天府肉羊*CTSL*、*CTSH*和*CTSF*基因的cDNA核苷酸序列，分析其生物信息学特征，并检测各基因在不同年龄和不同组织器官中的表达情况，为进一步揭示该家族基因的生物学功能，将其用于天府肉羊分子标记辅助育种提供试验依据。

### 一、试验材料与方法

#### （一）试验材料

　　以天府肉羊为试验对象，分别选取1月龄、6月龄、12月龄和18月龄健康的天府肉羊羯羊各3只，从屠宰的前一天开始禁食，屠宰前2 h开始禁水，用常规方法屠宰。宰后，采集心脏、肝脏、肺、肾脏、胸肌、腹直肌、股二头肌和膈肌（各1 g左右，样本

各边的厚度<0.5 cm），然后迅速地放进1.5 mL的EP管中，并迅速地置于液氮中保存，尽快转放于-80 ℃冰箱中保存备用。

## （二）试验方法

### 1. 引物设计

选择NCBI在线数据库中牛的 *CTSL*（GenBank ID：BC151425.1）、*CTSH*（GenBank ID：NM001034385.2）和 *CTSF*（GenBank ID：NM001075416.2）基因序列作为参考，设计本试验所需的克隆引物，克隆得到 *CTSL*、*CTSH* 和 *CTSF* 基因全长CDS区以后再根据其序列设计定量引物，选择 *GAPDH*（甘油醛-3-磷酸脱氢酶）（GenBank ID：AJ431207）作为内参并设计出内参引物。利用软件Primer 5.0与DNAman 6.0进行引物设计，经分析、筛选后确定的基因的引物见表3-53。

表3-53 试验引物信息

| 基因 | 引物名称 | 序列（5'-3'） | 片段长度（bp） | 用途 |
| --- | --- | --- | --- | --- |
| *CTSL* | *CTSL*-F | 5'-ACGTGCGACCGTGGAGTG-3' | 1 098 | 克隆 |
| | *CTSL*-R | 5'-GGCTGTCCTCAAGTCCTCTAC-3' | | |
| *CTSH* | *CTSH*-F | 5'-GCCGAGCAGTCACAGCCG-3' | 1 072 | 克隆 |
| | *CTSH*-R | 5'-GGTCCTCGCTTTCTCCACTGA-3' | | |
| *CTSF* | *CTSF*-F | 5'-TCCGTCCGTGCGTGAGTC-3' | 1 536 | 克隆 |
| | *CTSF*-R | 5'-TGTCCCTGTGGCCTTTGCT-3' | | |
| *GAPDH* | *GAPDH*-f | 5'-GCAAGTTCCACGGCACAG-3' | 118 | 定量对照 |
| | *GAPDH*-r | 5'-TCAGCACCAGCATCACCC-3' | | |
| *CTSL* | *CTSL*-f | 5'-CATTCTTCCTGACCGTCCTTT-3' | 202 | 定量引物 |
| | *CTSL*-r | 5'-TGTTTCCCTTGGCTGTATTCC-3' | | |
| *CTSH* | *CTSH*-f | 5'-ACGACGAGGAGGCGATGGTA-3' | 147 | 定量引物 |
| | *CTSH*-r | 5'-CCGCGTGGTTTACTTTATCCG-3' | | |
| *CTSF* | *CTSF*-f | 5'-GTGACCTGACAGAGGAGGAGTTC-3' | 324 | 定量引物 |
| | *CTSF*-r | 5'-TGGCCGAGTAGGCGTTAGAG-3' | | |

### 2. RT-PCR扩增与基因克隆

根据Trizol试剂盒提取总RNA，用1.5%琼脂糖凝胶电泳检测，用核酸蛋白仪测定其OD值，分析其纯度，计算其浓度。按照宝生物工程（大连）有限公司生产的M-MLV反转录试剂盒说明书合成cDNA，以cDNA第一链为模板进行CTSL、CTSH和CTSF基因克隆，得到的PCR产物经过1.0%的琼脂糖凝胶进行电泳检测。采取E. coli JM109制备感受态细胞，将含有目的基因的PCR产物与pMD19-T载体连接，用感受态细胞进行连接物的转化，筛选阳性克隆菌落送北京六合华大基因科技股份有限公司进行测序。

3. 实时荧光定量PCR

荧光定量PCR采用12.5 μL反应体系，包括第一链cDNA 1.0 μL，PCRMastermix 6.25 μL，上游引物0.5 μL，下游引物0.5 μL，ddH$_2$O 4.25 μL。反应程序设定为：CTSL基因：首先95 ℃预变性30 s，接着95 ℃变性5 s，然后62 ℃退火30 s，变性退火过程共进行40个循环，4 ℃保存。CTSH基因：95 ℃预变性30 s，接着95 ℃变性5 s，然后64 ℃退火30 s，变性退火过程共进行40个循环，4 ℃保存。CTSF基因：95 ℃预变性30 s，接着95 ℃变性5 s，然后53.7 ℃退火30 s，变性退火过程共进行40个循环，4 ℃保存。采取Kenneth方法计算CTSL、CTSH和CTSF基因mRNA相对表达量。

## 二、试验结果与分析

### （一）CTSL、CTSH和CTSF基因克隆与序列分析

1. CTSL基因的克隆测序分析

将克隆试验所得的白色阳性菌液送北京六合华大基因科技股份有限公司双向测序，将双向测序返回的序列结果拼接校对，最终成功获得CTSL基因包含全编码区（CDS区）序列在内的cDNA长为1 103 bp。经开放阅读框查找器在线预测获得CTSL基因最长的开放阅读框（ORF）为1 005 bp（第56～1 060 bp），编码氨基酸的数量为334个。提交序列至GenBank数据库，获得登录号KF953544.1。

分别导入天府肉羊的CTSL基因核苷酸序列的CDS区和其他8个物种的CTSL基因核苷酸序列的CDS区到同源性分析软件DNAman6.0上，然后比对分析他们之间的同源性。结果发现：天府肉羊核苷酸序列的CDS区与绵羊（Ovis aries）、牛属（Bos taurus）、猪属（Sus scrofa）、人属（Homo species）、大鼠属（Rattus）、小鼠属（Mus）、青鳉鱼（Spinibarbus caldwelli）、斑马鱼（Danio rerio）的核苷酸序列的CDS区相似性分别为99.30%、97.21%、91.24%、84.08%、77.68%、76.79%、65.32%、64.83%。然后将天府肉羊和其他8个物种的CTSL基因的CDS区翻译成氨基酸序列，也是运用DNAman6.0软件比对分析天府肉羊CTSL氨基酸序列和其他8个物种CTSL氨基酸序列的同源性，结果发现天府肉羊与绵羊（Ovis aries）、牛属（Bos taurus）、猪属（Sus Scrofa）、人属（Homo species）、大鼠属（Rattus）、小鼠

属（*Mus*）、青鳞鱼（*Haregula zunasi*）、斑马鱼（*Danio rerio*）的相似性分别为99.10%、96.71%、90.12%、76.95%、76.12%、75.82%、66.17%、61.42%。

用MEGA5.2软件构建天府肉羊CTSL氨基酸序列与其他14个物种的CTSL氨基酸序列的NJ分子系统发育树，天府肉羊*CTSL*与绵羊的亲缘关系最近，其次与牛聚为一支，然后依次与猪、狼属、人、猕猴、大鼠、小鼠、斑马鱼、青鳞鱼、西部锦龟、地山雀、虎皮鹦鹉聚为一支，与非洲爪蟾的亲缘关系最远。

2. *CTSH*基因的克隆测序分析

将克隆所得的白色阳性菌液送北京六合华大基因科技股份有限公司双向测序，将双向测序结果拼接，成功获得*CTSH*基因包含全编码区（CDS区）序列在内的cDNA长为1 043 bp。经开放阅读框查找器在线预测获得*CTSH*基因最长的开放阅读框（ORF）为1 008 bp（第7～1 014 bp），编码氨基酸的数量为335个。提交序列至GenBank数据库，获得登录号KJ650499。

分别导入天府肉羊的*CTSH*基因核苷酸序列的CDS区和其他10个物种的*CTSH*基因核苷酸序列的CDS区到同源性分析软件DNAman 6.0上，然后比对分析他们之间的同源性。结果显示天府肉羊核苷酸序列的CDS区与绵羊（*Ovis aries*）、牛属（*Bos taurus*）、人属（*Hom ospecies*）、猪属（*Sus scrofa*）、家兔属（*Oryctolagus*）、大鼠属（*Rattus*）、犬属（*Canis*）、猫属（*Felis*）、骆驼属（*Camelus*）和斑马鱼（*Danio rerio*）的核苷酸序列的CDS区相似性分别为97.52%、91.68%、87.10%、86.01%、83.83%、82.34%、78.82%、77.28%、72.02%和64.16%。然后将天府肉羊和其他8个物种的*CTSH*基因的CDS区翻译成氨基酸序列，运用DNAman6.0软件比对分析天府肉羊CTSH氨基酸序列和其他10个物种CTSH氨基酸序列的同源性，结果发现天府肉羊与绵羊（*Ovis aries*）、牛属（*Bos taurus*）、人属（*Homo species*）、猪属（*Sus scrofa*）、家兔属（*Oryctolagus*）、大鼠属（*Rattus*）、犬属（*Canis*）、猫属（*Felis*）、骆驼属（*Camelus*）和斑马鱼（*Danio rerio*）的相似性分别为97.91%、90.99%、86.87%、84.78%、84.18%、82.39%、78.28%、78.51%、68.66%、61.90%。

同样运用MEGA 5.2软件构建天府肉羊CTSH氨基酸序列与其他11个物种的CTSH氨基酸序列的NJ分子系统发育树，天府肉羊CTSH也是与绵羊的亲缘关系最近，其次是反刍动物牛，然后依次与骆驼属、猪属、人类、家兔属、猫属、犬属、大鼠、斑马鱼聚为一支，最后与非洲爪蟾聚为一支。

3. *CTSF*基因的克隆测序分析

将双向测序返回的序列结果拼接校对成功获得*CTSF*基因包含全编码区（CDS区）序列在内的cDNA长为1 477 bp，经开放阅读框查找器在线预测获得*CTSF*基因最长的开放阅读框（ORF）为1 383 bp（第15～1 397 bp），编码氨基酸的数量为460个。提交序列至GenBank数据库，获得登录号KJ650498。

分别导入天府肉羊的CTSF基因核苷酸序列的CDS区和其他11个物种的CTSF基因核苷酸序列的CDS区到同源性分析软件DNAman6.0上，然后比对分析他们之间的同源性。结果发现天府肉羊核苷酸序列的CDS区与牛属（*Bos taurus*）、绵羊（*Ovis aries*）、人属（*Homo sapiens*）、猪属（*Sus scrofa*）、家兔属（*Oryctolagus*）、小鼠属（*Mus*）、犬属（*Canis*）、猫属（*Felis*）、小羊驼（*Vicugna pacos*）、藏羚羊（*Pan thalops*）和熊猫属（*Ailuropoda*）的核苷酸序列的CDS区相似性分别为97.54%、95.68%、81.51%、85.06%、85.69%、80.06%、87.73%、81.15%、77.44%、85.91%和75.49%。然后将天府肉羊和其他11个物种的CTSF基因的CDS区翻译成氨基酸序列，也是运用DNAman6.0软件比对分析天府肉羊CTSF氨基酸序列和其他11个物种CTSF氨基酸序列的同源性，结果发现天府肉羊与牛属（*Bos taurus*）、绵羊（*Ovis aries*）、人属（*Homo sapiens*）、猪属（*Sus scrofa*）、家兔属（*Oryctolagus*）、大鼠属（*Rattus*）、犬属（*Canis*）、猫属（*Felis*）、小羊驼（*Vicugna pacos*）、藏羚羊（*Pan thalops*）和熊猫属（*Ailuropoda*）的相似性分别为97.61%、96.02%、77.89%、85.10%、80.87%、75.76%、86.55%、76.03%、76.74%、85.22%和73.91%。

运用同样的方法构建天府肉羊CTSF氨基酸序列与其他14个物种的CTSF氨基酸序列的NJ分子系统发育树，天府肉羊CTSF还是与绵羊的亲缘关系最近，其次与反刍动物牛聚为一支，然后依次与猪属、羊驼属、犬属、猫属、熊猫属、人类、猕猴属、狒狒、家兔属聚为一支，与大鼠和仓鼠的亲缘关系最远。

## （二）CTSL、CTSH和CTSF基因理化性质分析

1. CTSL理化性质分析

天府肉羊CTSL理化性质的分析在ProtParam在线程序中完成（表3-54），在线软件预测的分子量大小为37.2 kDa，等电点为7.55，分子式为$C_{1649}H_{2499}N_{455}O_{495}S_{19}$，在体外的活性时间大概为30 h。它所带负电荷，即天冬氨酸（Asp）与谷氨酸（Glu）数量之和为35个；而所带正电荷，即精氨酸（Arg）与赖氨酸（Lys）数量之和为36个，正电荷数量多于负电荷的数量表明天府肉羊CTSL带正电荷。序列N-端残基为Met。通过SWISS-MODEL计算出该序列的不稳定指数（instabilityindex）为28.62，表明该蛋白在理化性质上是稳定的。它的脂肪系数（aliphaticindex）为59.88，亲水性的总平均值（GRAVY）为-0.561。

表3-54 天府肉羊CTSL氨基酸残基组成比例

| 名称 | 数量（个） | 比例（%） | 名称 | 数量（个） | 比例（%） | 名称 | 数量（个） | 比例（%） |
|---|---|---|---|---|---|---|---|---|
| Ala（A） | 25 | 7.5 | Arg（R） | 10 | 3.0 | Asn（N） | 23 | 6.9 |
| Asp（D） | 19 | 5.7 | Cys（C） | 9 | 2.7 | Gln（Q） | 16 | 4.8 |
| Glu（E） | 16 | 4.8 | Gly（G） | 32 | 9.6 | His（H） | 8 | 2.4 |
| Ile（I） | 10 | 3.0 | Leu（L） | 20 | 6.0 | Lys（K） | 26 | 7.8 |
| Met（M） | 10 | 3.0 | Phe（F） | 15 | 4.5 | Pro（P） | 14 | 4.2 |
| Ser（S） | 23 | 6.9 | Thr（T） | 15 | 4.5 | Trp（W） | 10 | 3.0 |
| Tyr（Y） | 13 | 3.9 | Val（V） | 20 | 6.0 | | | |

采用NetPhos 2.0在线软件和NetPhos 1.0在线软件预测天府肉羊CTSL氨基酸磷酸化位点，其中NetPhos 1.0在线软件预测特异性蛋白激酶C（Protein kinase C，PKC）磷酸化位点，NetPhos 2.0在线软件则预测一般的磷酸化位点。结果显示：天府肉羊CTSL氨基酸序列有17个磷酸化位点，包含有7个丝氨酸（Ser）位点，5个苏氨酸（Thr）位点，5个酪氨酸（Tyr）位点，另外还有9个特异性蛋白激酶C磷酸化位点。

利用在线预测程序protscale进行CTSL氨基酸的疏水性预测，显示天府肉羊CTSL虽然存在一个明显的疏水性区域，但大多数氨基酸都是亲水性的，那么总体上来说天府肉羊CTSL是亲水性的。通过在线预测程序SignalP-4.1Server预测CTSL氨基酸信号肽序列，预测结果显示该氨基酸序列存在信号肽序列，属于分泌型蛋白，最可能的剪切位点位于第17位和第18位氨基酸之间。CTSL的氨基酸糖基化位点预测运用NetOGlyc 3.1和NetNGlyc 1.0分析，其中NetOGlyc 3.1预测天府肉羊CTSL的O-糖基化位点，NetNGlyc 1.0预测天府肉羊CTSL的N-糖基化位点。预测结果表明：CTSL存在2个N-糖基化位点和2个O-糖基化位点。通过在线预测程序TMHMM-2预测CTSL的氨基酸跨膜结构，结果显示CTSL属于非跨膜蛋白。

通过在线预测软件SOPMA预测CTSL的氨基酸的二级结构，结果表明CTSL的二级结构共包含了四种类型，其中α-螺旋占32.34%，延伸主链占16.47%，β-转角占6.89%，无规则卷曲占44.31%，以α-螺旋和无规则卷曲为主。通过在线预测软件SMART预测CTSL蛋白功能结构域，天府肉羊CTSL含有两个结构域，分别是第29位氨基酸残基到第88位氨基酸残基的组织蛋白酶前肽抑制剂（inhibitor129）结构域和第114位氨基酸残基到第333位氨基酸残基的半胱氨酸蛋白酶木瓜蛋白酶家族（PeptC1）结构域。依靠在线软件SWISS-MODELServer预测CTSL蛋白三级结构，结果显示，天府肉羊CTSL蛋白的三级结构以人类组织蛋白酶V（CTSV）（PDB编号：1fh0B）为模板，相似性达到82.88%。天府肉羊CTSL蛋白的三级结构以α-螺旋为主，数量为10个，此外还含有6个无规则卷曲。

2. CTSH理化性质分析

通过ProtParam在线程序预测（表3-55），CTSL蛋白的分子量大小为37.4 kDa，等电点为7.95，分子式为$C_{1679}H_{2527}N_{449}O_{480}S_{22}$，在体外的活性时间大概为30 h。它所带负电荷，即天冬氨酸（Asp）与谷氨酸（Glu）数量之和为29个；而所带正电荷，即精氨酸（Arg）与赖氨酸（Lys）数量之和为31个，正电荷数量多于负电荷的数量表明天府肉羊CTSH带正电荷。序列N-端残基同样也是Met。通过SWISS-MODEL计算出该序列的不稳定指数（instabilityindex）为34.32，表明这个蛋白在理化性质上是稳定的。它的脂肪系数（aliphaticindex）为67.04，亲水性的总平均值（GRAVY）为-0.292。

表3-55 天府肉羊CTSH氨基酸残基组成比例

| 名称 | 数量（个） | 比例（%） | 名称 | 数量（个） | 比例（%） | 名称 | 数量（个） | 比例（%） |
| --- | --- | --- | --- | --- | --- | --- | --- | --- |
| Ala（A） | 33 | 9.9 | Arg（R） | 10 | 3.0 | Asn（N） | 20 | 6.0 |
| Asp（D） | 10 | 3.0 | Cys（C） | 11 | 3.3 | Gln（Q） | 14 | 4.2 |
| Glu（E） | 19 | 5.7 | Gly（G） | 27 | 8.1 | His（H） | 10 | 3.0 |
| Ile（I） | 11 | 3.3 | Leu（L） | 24 | 7.2 | Lys（K） | 21 | 6.3 |
| Met（M） | 11 | 3.3 | Phe（F） | 17 | 5.1 | Pro（P） | 17 | 5.1 |
| Ser（S） | 23 | 6.9 | Thr（T） | 13 | 3.9 | Trp（W） | 9 | 2.7 |
| Tyr（Y） | 16 | 4.8 | Val（V） | 19 | 5.7 | | | |

采用NetPhos 2.0在线软件和NetPhos 1.0在线软件预测天府肉羊CTSH氨基酸磷酸化位点，其中NetPhos 1.0在线软件预测特异性蛋白激酶C（Protein kinase C，PKC）磷酸化位点，NetPhos 2.0在线软件预测一般的磷酸化位点。结果显示天府肉羊CTSH氨基酸序列有11个磷酸化位点，包含有5个丝氨酸（Ser）位点，2个苏氨酸（Thr）位点，4个酪氨酸（Tyr）位点，另外还有8个特异性蛋白激酶C磷酸化位点。

利用在线预测程序protscale预测CTSH氨基酸的疏水性，结果显示天府肉羊CTSH亲水性的氨基酸略多于疏水性的氨基酸，说明天府肉羊CTSH略微呈现出一定的亲水性。通过在线预测程序SignalP-4.1Server预测CTSH氨基酸信号肽序列，结果显示该氨基酸序列存在信号肽序列，属于分泌型蛋白，最可能的剪切位点位于第22位和第23位氨基酸之间。通过NetOGlyc 3.1预测天府肉羊CTSH的O-糖基化位点、NetNGlyc 1.0预测天府肉羊CTSH的N-糖基化位点，结果表明：CTSH存在2个N-糖基化位点，但不存在O-糖基化位点。通过在线程序TMHMM-2预测CTSH的氨基酸跨膜结构，结果显示CTSH属于非跨膜蛋白。

通过在线预测软件SOPMA预测天府肉羊CTSH的氨基酸的二级结构，结果表明CTSH的二级结构共包含了四种类型，其中α-螺旋占36.12%，延伸主链占17.61%，β转角占6.27%，无规则卷曲占40.00%，以α-螺旋和无规则卷曲为主。通过在线预测软件SMART预测CTSH蛋白功能结构域，同CTSL一样，天府肉羊CTSH也含有两个结构域，而且两个结构域与对应的CTSL的两个结构域是相同的，但起始与结束的位置略有不同。天府肉羊CTSH的两个结构域分别是第35位氨基酸残基到第90位氨基酸残基的组织蛋白酶前肽抑制剂（inhibitor129）结构域和第116位氨基酸残基到第332位氨基酸残基的半胱氨酸蛋白酶木瓜蛋白酶家族（PeptC1）结构域。依靠在线软件SWISS-MODELServer预测CTSH蛋白三级结构，结果显示天府肉羊CTSH蛋白的三级结构以与生物相关的组织蛋白酶H（PDB编号：1nb5C）为模板，相似性达到91.26%。天府肉羊CTSH蛋白的三级结构以无规则卷曲为主，数量为9个，此外还含有6个α-螺旋。

**3. CTSF理化性质分析**

通过ProtParam在线程序预测（表3-56），天府肉羊CTSF的分子量大小为50.82 kDa，理论等电点为8.20，分子式为$C_{2262}H_{3527}N_{625}O_{667}S_{21}$，在体外的活性时间大概为30 h。它所带负电荷，即天冬氨酸（Asp）与谷氨酸（Glu）数量之和为48个；而所带正电荷，即精氨酸（Arg）与赖氨酸（Lys）数量之和为51个，正电荷数量略微多于负电荷的数量表明天府肉羊CTSF带正电荷。序列N-端残基同样也是Met。通过SWISS-MODEL计算出该序列的不稳定指数为39.92，表明这个蛋白在理化性质上是稳定的。它的脂肪系数为79.80，亲水性的总平均值（GRAVY）为-0.286。

表3-56 天府肉羊CTSF氨基酸残基组成比例

| 名称 | 数量（个） | 比例（%） | 名称 | 数量（个） | 比例（%） | 名称 | 数量（个） | 比例（%） |
| --- | --- | --- | --- | --- | --- | --- | --- | --- |
| Ala（A） | 45 | 9.8 | Arg（R） | 27 | 5.9 | Asn（N） | 20 | 4.3 |
| Asp（D） | 25 | 5.4 | Cys（C） | 11 | 2.4 | Gln（Q） | 16 | 3.5 |
| Glu（E） | 23 | 5.0 | Gly（G） | 35 | 7.6 | His（H） | 6 | 1.3 |
| Ile（I） | 12 | 2.6 | Leu（L） | 52 | 11.3 | Lys（K） | 24 | 5.2 |
| Met（M） | 10 | 2.2 | Phe（F） | 16 | 3.5 | Pro（P） | 27 | 5.9 |

(续表)

| 名称 | 数量（个） | 比例（%） | 名称 | 数量（个） | 比例（%） | 名称 | 数量（个） | 比例（%） |
|---|---|---|---|---|---|---|---|---|
| Ser（S） | 34 | 7.4 | Thr（T） | 25 | 5.4 | Trp（W） | 12 | 2.6 |
| Tyr（Y） | 15 | 3.3 | Val（V） | 25 | 5.4 | | | |
| Tyr（Y） | 16 | 4.8 | Val（V） | 19 | 5.7 | | | |

采用NetPhos 2.0在线软件和NetPhos 1.0在线软件预测天府肉羊CTSF氨基酸磷酸化位点，其中NetPhos 1.0在线软件预测特异性蛋白激酶C（Protein kinase C，PKC）磷酸化位点，NetPhos 2.0在线软件预测一般的磷酸化位点。结果显示：天府肉羊CTSF氨基酸序列有28个磷酸化位点，包含有17个丝氨酸（Ser）位点，7个苏氨酸（Thr）位点，4个酪氨酸（Tyr）位点，另外还有10个特异性蛋白激酶C磷酸化位点。

利用在线预测程序protscale预测CTSF氨基酸的疏水性，结果显示天府肉羊CTSF亲水性的氨基酸远远多于疏水性的氨基酸，那么说明天府肉羊CTSF属于亲水性蛋白质。通过在线预测程序SignalP-4.1Server预测CTSF氨基酸信号肽序列，结果显示该氨基酸序列存在信号肽序列，属于分泌型蛋白，最可能的剪切位点也同样位于第22位和第23位氨基酸之间。运用了NetOGlye 3.1和NetNGlyc 1.0预测CTSF的氨基酸糖基化位点，其中NetOGlyc 3.1预测天府肉羊CTSF的O-糖基化位点，NetNGlyc 1.0预测天府肉羊CTSF的N-糖基化位点。预测结果表明：CTSF存在2个N-糖基化位点和1个O-糖基化位点。通过在线预测程序TMHMM-2预测天府肉羊CTSF的氨基酸跨膜结构，结果显示CTSF属于非跨膜蛋白。

通过在线预测软件SOPMA预测CTSF的氨基酸的二级结构，结果表明CTSF的二级结构共包含了四种类型，其中α-螺旋占36.09%，延伸主链占13.04%，β转角占5.87%，无规则卷曲占45.00%，以α-螺旋和无规则卷曲为主。通过在线预测软件SMART预测CTSF蛋白功能结构域，同CTSL和CTSH一样，天府肉羊CTSF也含有两个与它们对应相同的结构域，但起始与结束的位置不同。天府肉羊CTSF的两个结构域分别是第163位氨基酸残基到第220位氨基酸残基的组织蛋白酶前肽抑制剂（inhibitor129）结构域和第247位氨基酸残基到第458位氨基酸残基的半胱氨酸蛋白酶木瓜蛋白酶家族（PeptC1）结构域。依靠在线软件SWISS-MODELServer预测CTSF蛋白三级结构，结果显示天府肉羊CTSF蛋白的三级结构以人类的CTSF晶体结构（PDB编号：1m6dA）为模板，相似性达到88.74%。天府肉羊CTSF蛋白的三级结构以无规则卷曲为主，数量为10个，此外还含有5个α-螺旋。

## (三) *CTSL*、*CTSH*和*CTSF*基因在组织中的表达情况

1. *CTSL*基因在组织中的表达情况

利用实时荧光定量PCR方法检测了天府肉羊*CTSL*基因在12月龄的心肌、肝脏、肺、肾脏、胸肌、腹直肌、股二头肌和膈肌等组织的表达情况,以及1日龄、6月龄、12月龄和18月龄肺的表达特性;12月龄天府肉羊*CTSL*基因在组织中的表达情况结果显示(图3-28、图3-29、图3-30):在肺中检测到*CTSL*相对表达量最高,极显著高于其他7个组织($P<0.01$);其次是肝脏和肾脏,然后依次高于腹直肌、胸肌、心肌、膈肌和股二头肌,但彼此差异都不显著($P>0.05$);对不同年龄段的肺和股二头肌组织*CTSL*基因mRNA进行检测,结果显示肺中*CTSL*基因随着年龄的增加表达量先升高后降低,6月龄的相对表达量最高,极显著高于其他月龄($P<0.01$);其次是12月龄极显著高于18月龄和1月龄($P<0.01$);18月龄高于1月龄,但差异并不显著($P>0.05$)。而股二头肌组织中*CTSL*基因随着年龄的增加表达量则是先降低后升高,1月龄的表达量最高,极显著高于其他月龄($P<0.01$);其次是12月龄极显著18月龄和6月龄($P<0.01$);18月龄也极显著高于6月龄。

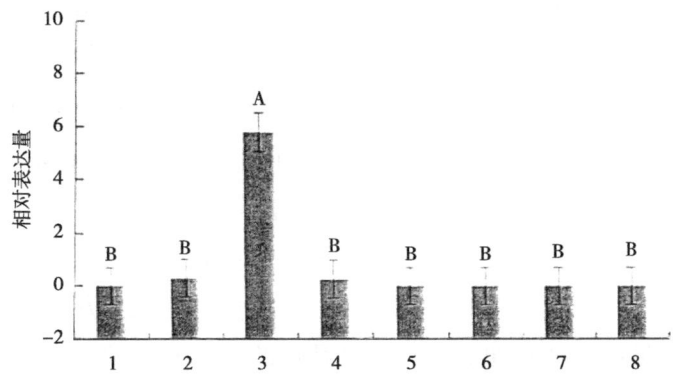

**图3-28 12月龄天府肉羊各组织中*CTSL*基因的相对表达量**

注:1~8代表的是心脏、肝脏、肺、肾脏、胸肌、腹直肌、股二头肌和膈肌

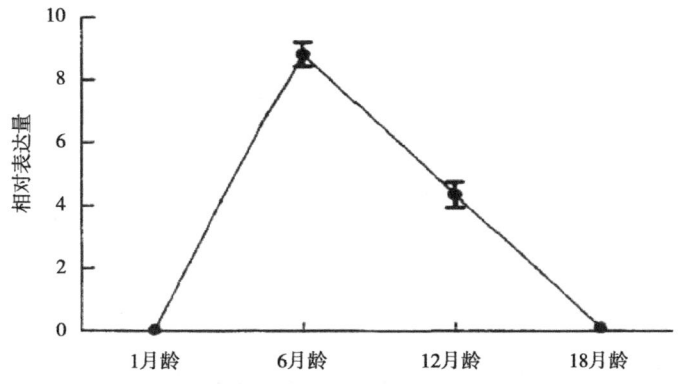

**图3-29 不同月龄段天府肉羊肺中*CTSL*基因的相对表达量**

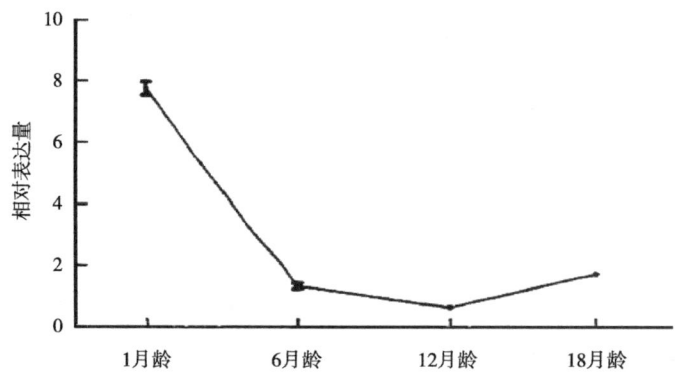

图3-30　不同月龄天府肉羊股二头肌中*CTSL*基因的相对表达量

**2. *CTSH*基因在组织中的表达情况**

运用实时荧光定量PCR方法检测天府肉羊*CTSH*基因在12月龄的心脏、肝脏、肺、肾脏、胸肌、腹直肌、股二头肌和膈肌等组织的表达情况，以及1月龄、6月龄、12月龄和18月龄肺的表达特性；12月龄天府肉羊*CTSH*基因在组织中的表达情况结果显示：在肺中检测到*CTSH*表达量最高，极显著高于其他7个组织（$P<0.01$）；然后依次是肝脏、肾脏、胸肌、膈肌、腹直肌、心脏和股二头肌，但彼此之间差异不显著（$P>0.05$）；对不同年龄段的肺和股二头肌组织的*CTSH*基因mRNA进行检测，结果显示（图3-31至图3-33）肺*CTSH*基因随着年龄的增加表达量先升高后降低，12月龄的相对表达量高于6月龄的相对表达量，差异不显著（$P>0.05$）；但极显著高于1月龄和18月龄（$P<0.01$）；6月龄高于1月龄，差异不显著（$P>0.05$），但极显著高于18月龄（$P<0.01$）；1月龄也极显著高于18月龄（$P<0.01$）。而股二头肌组织中*CTSH*基因随着年龄的增加表达量则是先降低后升高，1月龄的表达量最高，极显著高于其他月龄（$P<0.01$）；其次是12月龄极显著18月龄和6月龄（$P<0.01$）；18月龄高于6月龄，但差异不显著（$P>0.05$）。

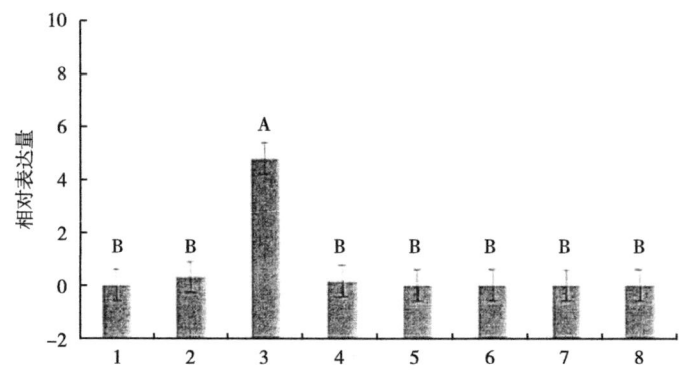

图3-31　12月龄天府肉羊各组织中*CTSH*基因的相对表达量

注：1～8代表的是心脏、肝脏、肺、肾脏、胸肌、腹直肌、股二头肌和膈肌。

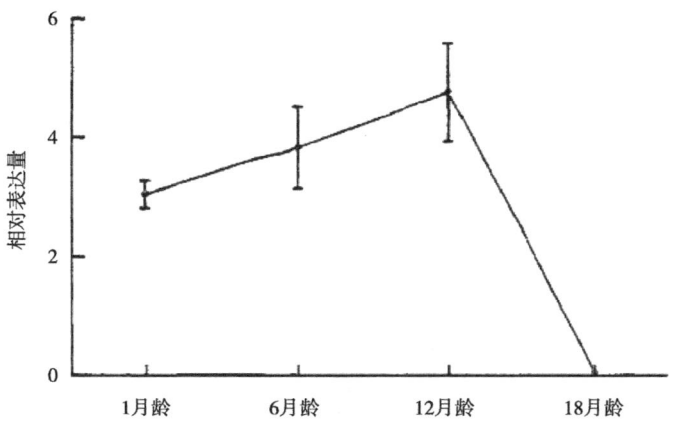

图3-32　不同月龄段天府肉羊肺中 *CTSH* 基因的相对表达量

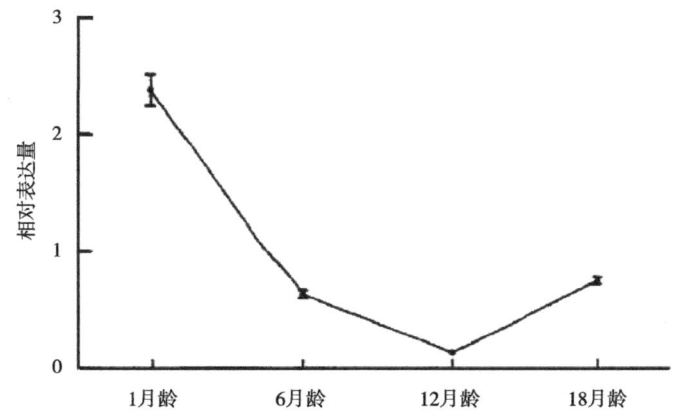

图3-33　不同月龄天府肉羊股二头肌中 *CTSH* 基因的相对表达量

**3. *CTSF* 基因在组织中的表达情况**

同样采用实时荧光定量PCR方法检测天府肉羊 *CTSF* 基因在12月龄的心脏、肝脏、肺、肾脏、胸肌、腹直肌、股二头肌和膈肌等组织的表达情况，以及1月龄、6月龄、12月龄和18月龄肺的表达特性；12月龄天府肉羊 *CTSF* 基因在组织中的表达情况结果显示（图3-34至图3-36）：在肺中检测到 *CTSF* 基因表达量最高，高于肝脏组织，但差异不显著（$P>0.05$）；极显著高于其他6个组织（$P<0.01$）；其次是肝脏组织显著高于肾脏组织（$P<0.05$），极显著高于其他5个组织（$P<0.01$）；肾脏组织也极显著高于其他余下的5个组织（$P<0.01$）；余下的5个组织依次排序为心脏、腹直肌、胸肌、股二头肌和膈肌，且彼此之间差异不显著（$P>0.05$）；对不同年龄段的肺和股二头肌组织中的 *CTSF* 基因mRNA进行检测，结果显示肺 *CTSF* 基因随着年龄的增加相对表达量先升高后降低，6月龄的相对表达量最高，极显著高于其他月龄（$P<0.01$）；然后是12月龄极显著高于1月龄和18月龄（$P<0.01$）；1月龄高于18月龄，差异并不显著（$P>0.05$）。而股二头肌组织CTSF基因随着年龄的增加相对表达量先升高再降低再升高，18月龄高于6月龄，差异不显著（$P>0.05$），但极显著高于12月龄和1月龄（$P<0.01$）；6月龄也极显著高于12月龄和1月龄（$P<0.01$）；12月龄极显著高于1月龄（$P<0.01$）。

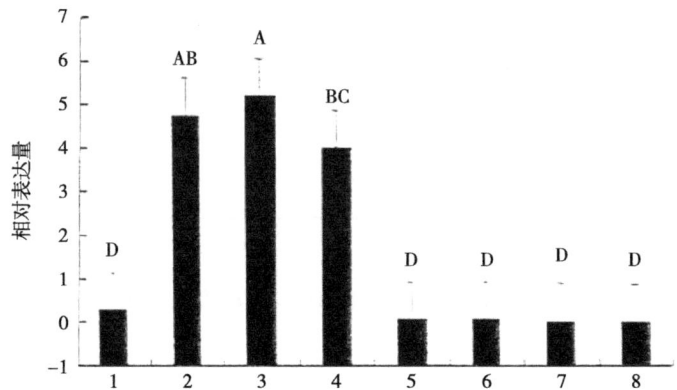

图3-34　12月龄天府肉羊各组织中CTSF基因的相对表达量

注：1~8代表的是心脏、肝脏、肺、肾脏、胸肌、腹直肌、股二头肌和膈肌。

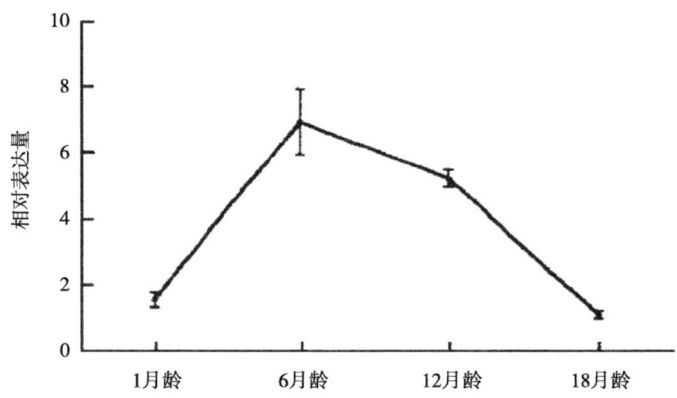

图3-35　不同月龄段天府肉羊肺中CTSF基因的相对表达量

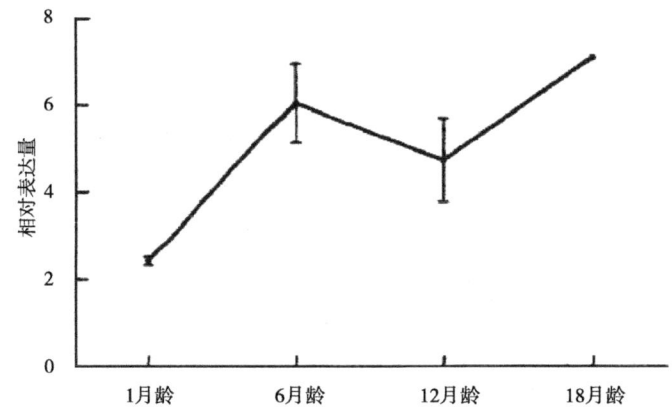

图3-36　不同月龄天府肉羊股二头肌中CTSF基因的相对表达量

## 三、主要研究结论

本研究运用RT-PCR结合克隆测序方法获得了天府肉羊$CTSL$、$CTSH$、$CTSF$基因的全编码区序列。结果显示，天府肉羊$CTSL$基因长1 103 bp包括有1 005 bp的开放阅读框，编码334个氨基酸，序列提交得到登录号：KF953544.1。CTSL氨基酸存在信号肽，含有17个磷酸化位点，属于亲水性非跨膜蛋白。序列预测表明：CTSL氨基酸序列含有两个保守的结构域，即inhibitor129结构域和PeptC1结构域。氨基酸序列的同源性分析显示天府肉羊CTSL氨基酸序列和其他哺乳动物之间有很高的相似性；系统进化分析显示天府肉羊CTSL与绵羊CTSL具有很近的遗传关系。CTSL的二级结构以α-螺旋和无规则卷曲为主。

天府肉羊$CTSH$基因长1 043 bp包括有1 008 bp的编码区，编码335个氨基酸，序列提交得到登录号：KJ650499。CTSH氨基酸存在信号肽，有11个磷酸化位点，属于亲水性非跨膜蛋白。CTSH也含有inhibitor129结构域和PeptC1结构域。氨基酸序列的同源性分析和系统进化分析显示天府肉羊$CTSH$和其他哺乳动物的CTSH有很近的遗传关系。CTSH二级结构以α-螺旋和无规则卷曲为主。

天府肉羊$CTSF$基因长1 477 bp包括有1 383 bp的编码区，编码460个氨基酸，序列提交得到登录号：KJ650498。它含有28个磷酸化位点，存在信号肽序列，属于亲水性非跨膜蛋白。氨基酸序列的同源性分析和系统进化分析显示天府肉羊CTSF与牛和绵羊的CTSF具有很近进化关系。CTSF二级结构以α-螺旋和无规则卷曲为主。

实时荧光定量分析了12月龄天府肉羊$CTSL$基因、$CTSH$基因和$CTSF$基因在心脏、肝脏、肺、肾脏、胸肌、腹直肌、股二头肌和膈肌等8个组织的相对表达情况，及其在1月龄、6月龄、12月龄和18月龄阶段天府肉羊的肺和股二头肌组织中相对表达的情况。结果显示，$CTSL$基因、$CTSH$基因和$CTSF$基因在8个组织中都有表达，且都是在肺中的表达量最高。在肺中，3个基因的相对表达量都是随年龄的增加而呈现先升高再降低的趋势；在股二头肌组织中，$CTSL$基因和$CTSH$基因随着年龄的增长在股二头肌中的相对表达量呈现先降低再升高的趋势，$CTSF$基因的相对表达量则呈现先升高再降低再升高的趋势。从本试验检测$CTSL$、$CTSH$和$CTSF$基因在天府肉羊肌肉组织的相对表达情况看，可将其作为肉质性状候选功能基因进行深入研究。

# 参考文献

陈浩林，2012. 天府肉羊*TNNC*1、*TNNC*2、*TNNT*3基因克隆及其组织表达测定[D]. 成都：四川农业大学.

黄建文，2014. 天府肉羊*CTSL*、*CTSH*和*CTSF*基因克隆及其在部分组织器官中的表达分析[D]. 成都：四川农业大学.

黄磊，2010. *PRL*和*PL*基因SNP与天府肉羊哺乳期产奶量及产羔数的关联性分析[D]. 成都：四川农业大学.

马基斯，2019. *Akirin*基因在山羊肌肉组织中的表达及其调控肌卫星细胞增殖与分化机制的研究[D]. 成都：四川农业大学.

马基斯，2014. 天府肉羊*Akirin*基因克隆、生物信息学分析及其组织表达规律研究[D]. 成都：四川农业大学.

万璐，2014. 天府肉羊*MYOZ*2和*MYOZ*3基因的克隆及其在肌肉组织和部分器官中的表达分析[D]. 成都：四川农业大学.

汪代华，张珂，徐刚毅，等，2011. 天府肉羊新品群PRLR基因第10外显子多态性与产羔数的关联分析[J]. 中国畜牧杂志，47（03）：10-13.

汪代华，2010. 天府肉羊种质特性及重要候选功能基因研究[D]. 成都：四川农业大学.

王念璐，2014. 天府肉羊*CTSD*和*CSTB*基因克隆及其组织表达测定[D]. 成都：四川农业大学.

韦宏伟，徐刚毅，汪代华，等，2011. *Myf*5基因多态性与山羊生长性状相关分析[J]. 中国畜牧杂志，47（07）：15-17.

韦宏伟，2010. 山羊*Myf*5、*MyoG*基因多态性及其与生长性状的关联性分析[D]. 成都：四川农业大学.

魏聪，2016. 天府肉羊*SCD*1基因在肌肉中的表达与棕榈油酸和油酸含量的相关性研究[D]. 成都：四川农业大学.

吴婷婷，2013. 天府肉羊*TNNI*1和*TNNI*3基因的克隆、表达及其与肌肉组织学性状相关性研究[D]. 成都：四川农业大学.

徐洪刚，2013. 天府肉羊*MYLPF*和*PID*1基因克隆、表达及其与肌内脂肪含量关系研究[D]. 成都：四川农业大学.

余俊旭，2017. 天府肉羊*FAM134B*和*A-FABP*基因克隆、序列分析及其肌内脂肪含量的相关性研究[D]. 成都：四川农业大学.

云志彬，2012. 天府肉羊*BTG*1基因和*TCAP*基因的克隆及其组织表达特性[D]. 成都：四川农业大学.

张毫其，2014. 天府肉羊*TNNT*1、*TNNT*2和*TNNI*2基因的克隆以及组织表达[D]. 成都：四川农业大学.

张珂，2009. 山羊PRLR基因多态性及其与产羔数相关性分析[D]. 成都：四川农业大学.

赵伯阳，汪代华，徐刚毅，等，2011. 山羊*CAST*基因Ⅱ型转录本的克隆及在山羊不同组织中的表达[J]. 遗传，33（04）：358-364.

赵伯阳，2011. 山羊*CAPN*1基因和*CAST*基因Ⅱ型转录本克隆及在不同组织中的表达[D]. 成都：四川农业大学.

郑程莉，2012. 天府肉羊*H-FABP*、*L-FABP*和*LPL*基因生物信息学与组织表达分析[D]. 成都：四川农业大学.

俎国，2017. 天府肉羊*Pax*3/7基因cDNA序列克隆及表达特性的研究[D]. 成都：四川农业大学.

WANG D H，XU G Y，WU D J，et al.，2011. Characteristics and production performance of Tianfu goat，a new breed population[J]. Small Ruminant Research，95：88-91.

WANG D H，XU G Y，WU D J，et al.，2010. Molecular cloning and characterization of caprine calpastatin gene[J]. Molecular Biology Reports，38：3 665-3 670.

XU H G，XU G Y，WANG D H，et al.，2013. Molecular cloning and tissue distribution of the phosphotyrosine interaction domain containing 1（PID1）gene in Tianfu goat[J]. Gene，515：71-77.

XU H G，XU G Y，WANG D H，et al.，2013. Molecular cloning，sequence identification and expression analysis of novel caprine MYLPF gene[J]. Molecular Biology Reports，40：2 565-2 572.

MA J S，XU G Y，WAN L，et al.，2015. Molecular cloning，sequence analysis and tissue-specific expression of Akirin2 gene in Tianfu goat[J]. Gene，554：9-15.

MA J S，WAN L，XU G Y，et al.，2014. Molecular Cloning，Structural Analysis and Tissue-Specific Expression of Akirin1 Gene in Tianfu Goat[J]. Jourmal of Animal and Veterinary Advances，13（5）：336-343.

WAN L，MA J S，XU G Y，et al.，2014. Molecular Cloning，Structural Analysis and Tissue Expression of Protein Phosphatase 3 Catalytic Subunit Alpha Isoform（PPP3CA）Gene in Tianfu Goat Muscle[J]. International Journal of Molecular Sciences，15：2 346-2 358.